U0184562

现代风电机组
桨距控制技术

王维庆　崔双喜　庞云亭　张 迪　著

重庆大学出版社

内容提要

本书在空气动力学和控制理论的基础上，围绕现代风电机组桨距控制技术，系统介绍了风电机组及其载荷模型、变桨距风电机组桨距控制技术。全书内容涉及了直驱永磁风力发电机的关键控制技术，提出了优化桨距控制系统参数的具体方案，建立了完整的变桨控制动态特性，实现了三桨叶独立变桨距控制的调节，能在很大程度上降低单机载荷，提高机组发电量。

图书在版编目（CIP）数据

现代风电机组桨距控制技术 / 王维庆等著. -- 重庆：重庆大学出版社，2023.1

（风力发电自主创新技术丛书）

ISBN 978-7-5689-2536-5

Ⅰ. ①现… Ⅱ. ①王… Ⅲ. ①风力发电机—发电机组—控制系统 Ⅳ. ①TM315.03

中国版本图书馆 CIP 数据核字（2020）第 267807 号

现代风电机组桨距控制技术

XIANDAI FENGDIAN JIZU JIANGJU KONGZHI JISHU

王维庆 崔双喜 庞云亭 张 迪 著

策划编辑：鲁 黎

责任编辑：张红梅 版式设计：鲁 黎

责任校对：邹 忌 责任印制：张 策

*

重庆大学出版社出版发行

出版人：饶帮华

社址：重庆市沙坪坝区大学城西路 21 号

邮编：401331

电话：（023）88617190 88617185（中小学）

传真：（023）88617186 88617166

网址：http://www.cqup.com.cn

邮箱：fxk@cqup.com.cn（营销中心）

全国新华书店经销

重庆升光电力印务有限公司印刷

*

开本：720mm×1020mm 1/16 印张：12 字数：251 千

2023 年 1 月第 1 版 2023 年 1 月第 1 次印刷

印数：1—1 000

ISBN 978-7-5689-2536-5 定价：88.00 元

前　言

风电是当今开发速度最快的可再生能源之一，全球风电装机容量年增长率超过30%。2014年，中国、丹麦可再生能源发展项目发布的研究报告《中国可再生能源发展路线图2050》，预测了中国2020年、2030年、2050年可再生能源高比例发展情景。根据项目研究，在风电发展规划上，在基本情景下预计2030年4亿kW，2050年10亿kW；在积极情景下预计2020年风电装机3亿kW，2030年12亿kW，2050年20亿kW，风电成为中国的五大电源之一。中国风能资源丰富，潜力在30亿kW以上，在现有风电技术条件下，足够支撑20亿kW以上风电装机。

为推动这一重要领域的快速发展，本书围绕现代风电机组桨距控制技术，系统介绍了大型风电机组及其载荷模型、变桨距风电机组桨距控制技术。全书共9章，主要内容包括：

第1章为绪论，介绍了风电技术的研究意义、风电控制技术尤其是变桨距控制技术的研究现状及趋势，以及各章安排及主要内容。

第2章针对时变强耦合非线性大型风力发电系统，在风能特性分析的基础上建立了风速模型；从风力发电机组的各组成部分入手，建立了风力发电机组整体模型，并进行了模型的分析。

第3章针对大型风电机组在运行过程中所承受的载荷，阐述了载荷的来源、性质及分类，分析了大型风电机组产生空气动力载荷不平衡的原因，建立了叶片产生的空气动力载荷模型，并进行了分析。

第4章至第6章以建立的大型风电机组及载荷模型为基础，针对多变量、非线性、强耦合的风电系统，从变桨距控制技术展开，分别采用反馈线性化理论、数据驱动理论和自适应与反演控制设计相结合的方法，研究了大型风电机组的变桨距控制技术，并进行了仿真实验验证。

第 7 章针对大型风力机组，提出了变桨角度的变换算法，并在某大型风力机组上安装硬件设备，验证独立变桨算法在大型风机上的降载效果。

第 8 章至第 9 章通过研究变桨系统速度补偿方法和矢量控制算法提升变桨系统位置跟踪精准度，保证独立变桨降载应用。

本书由王维庆、崔双喜、庞云亭、张迪撰写。由于编者水平有限，错误及疏漏之处在所难免，敬请各位专家和广大读者批评指正。

著　者

2020 年 2 月

目　录

第1章 绪论

1.1 风电技术的研究意义

1.1.1 能源现状概述

当今，在世界经济复苏、全球气候变化及相关能源政策的影响下，世界能源结构正在发生巨大变化。未来几十年，世界将形成一个前所未有的能源体系，能源政策、创新技术和国际合作是全球能源发展的关键。

随着经济全球化的发展，能源资源已经全球配置。无论是对当下仍占主流的传统能源，还是对代表未来趋势的绿色能源，世界能源合作都将拥有无限广阔的前景。世界各国能源的产能升级和国际竞争力都在快速提升，积极参与全球能源治理、开展全方位能源国际合作、打造国际能源合作的利益共同体和命运共同体将是世界各国能源发展的新趋势。

能源短缺和环境恶化仍然是当今世界面临的两大课题，而能源更是备受关注，它是国民经济的基础和人类赖以生存的保障。如不尽快采取有效措施，切实转变依靠透支资源、环境的粗放发展方式，预计到2030年我国能源消费总量可能超过75亿tce。这将过快地消耗我国未来的资源，过早地耗尽大部分发展潜力，严重影响我国经济社会可持续发展。

随着世界经济的持续发展和工业规模的不断扩大，全球能源消耗呈现出如下几个特点：

①一次能源的消耗量不断增加，石油、煤炭等的消耗量居高不下。此类能源被大量开采，地球所蕴藏的不可再生能源逐渐枯竭。

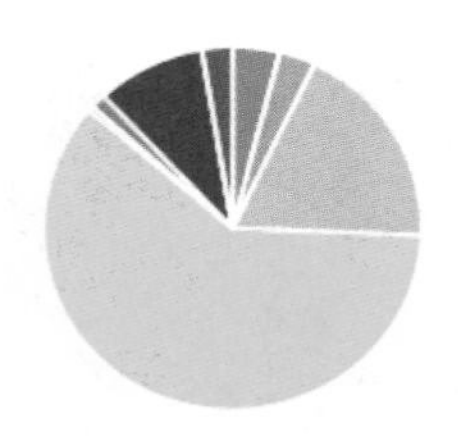

图 1-1　2020 年我国各类能源发电装机容量占比

②能源消费格局渐趋优化，但发展中国家能源消费增长率较高。一次能源的消耗比率正趋于稳定；太阳能、风能等可再生能源比率正逐步增加。近些年，可再生能源对世界能源的贡献超过了 20%。发展中国家，尤其是中国的能源消耗量超过美国，成为世界第一大能源消耗国。在满足能源需求的情况下，节能减排和环境保护问题显得尤为突出，加快洁净能源的开发和利用，是一项重要的战略措施。

③太阳能、风能、生物质能等可再生能源的开发利用正逐步增加。加快开发可再生能源，对优化能源结构、填补能源缺口、实现可持续发展意义重大。

④能源发展呈现多元化和清洁化趋势。一次能源的大量消耗，对风能、太阳能等清洁可再生能源的迫切需求日益增强，出现了一次能源开采消耗与清洁能源开发利用并存的多元化能源格局。

石油、煤炭等一次不可再生能源逐年开采，最终将消耗殆尽。为此世界各国都在努力寻求和发展可再生清洁能源。风能作为可再生能源，在地球上的蕴藏量极其丰富，是一种安全、环保、洁净能源。相对于核电来说，风能更安全；相对于太阳能，大规模开发风能成本更低；相对于生物质能，风能开发技术更成熟。因此，风能越来越受世界各国的重视。我国地域经济存在差异，中部、西部地区虽然地广人稀，相对比较落后，但可利用的风力资源相当丰富。在当地发展分布式风电场，对提升工业基础、优化能源结构具有重要的意义，对国家能源战略规划也具有重大而深远的政治意义和经济意义。

1.1.2　发展风电的意义

风是没有公害的能源之一，而且取之不尽、用之不竭。对于缺水、缺燃料和交通不便的沿海岛屿、草原牧区、山区和高原地带，因地制宜地利用风力发电，非常适合，大有可为。

风电作为一种新型的可再生能源，由于具有资源丰富、洁净无污染、建设周期短、战略意义重大、技术日趋成熟、发电成本逐渐降低等优势，在过去几十年间，在全球范围内得到了快速发展，风电装机总量迅速增长。2018 年，北极星风力发电网讯：当前，风力发电已成为全球能源发电的重要来源，全球发电量达到 600 GW 以上。但新增发电量每年在每个地区的情况不尽相同，例如，与 2017 年相比，欧洲 2018 年的风力发电量减少了 32%。全球十大风力发电国家的情况如下：

中国：装机容量 221 GW。中国拥有世界三分之一以上的风电装机容量，中国甘肃拥有世界上最大的陆上风电场，装机容量达到 7 965 MW，是世界第二大陆上风电场装机容量的 5 倍。

美国：装机容量 96.4 GW，位居世界第二，在陆上风电方面尤为强劲。全球最大的 10 个陆上风电场中有 6 个位于美国，其中包括加利福尼亚的 Alta 风能中心——世界第二大陆上风电场，容量为 1 548 MW；俄勒冈州 Shepherd's Flat 风电场（845 MW）和得克萨斯州 Roscoe 风电场（781.5 MW），仅得克萨斯州就产生了 24.9 GW 风电装机容量，是美国风力发电量的四分之一，提供的风力发电量超过美国其他 25 个州的总和。

德国：装机容量 59.3 GW。德国的风电装机容量在欧洲最高，其最大的海上风电场是 Gode Windfarms（第 1 阶段和第 2 阶段），总容量为 582 MW。德国也是 Nordsee One 海上风电场的所在地，容量为 382 MW，可为 40 万户家庭提供能源。根据 Wind Europe 的数据，欧洲在 2018 年安装了 11.7 GW 的风能，其中，德国占 29%，总容量不到 3.4 GW（陆上 2.4 GW，海上风电不到 1 GW）。

印度：装机容量 35 GW。印度是亚洲风力发电量第二高的国家，也是除中国以外唯一一个挤入世界风电装机容量前十位的亚洲国家。印度拥有世界上第三和第四大陆上风电场，分别是印度南部泰米尔纳德邦的 Muppandal 风电场（1 500 MW）和印度北部拉贾斯坦邦的 Jaisalmer 风电场（1 064 MW）。

西班牙：装机容量 23 GW。西班牙在风能开发方面表现强劲，占西班牙电力供应的 18%。西班牙风电在世界上排名第五，尽管其陆上或海上风电场的容量都没有达到前 20 名。

英国：装机总容量略高于 20.7 GW。英国在海上风电方面尤其值得注意，全球十大海上风电项目英国占 6 个。其中之一是位于英格兰西北部坎布里亚郡海岸的 Walney 项目。这是世界上最大的海上风电项目，Walney 1 & 2（367 MW）和 Walney Extension（659 MW）总计 1 026 MW。不过，在 2020 年 Hornsea One 海上风电装机容量全面投产后，取代了 Walney 海上风电场世界第一的地位。

法国：装机容量 15.3 GW。按容量计算，法国在十大风能国家中名列第七。它目前正在远离核电，而核电此前已经满足了该国 75% 的能源需求，这将使其在 2030 年前将陆上风电容量增加两倍。

巴西：装机容量 14.5 GW，是南美地区最大的风电国家，并且正在大幅扩大其产能。

最新数据显示,2019 年 2 月风电量同比增长 8.9%。风电在巴西的总能源结构中排名第四,占巴西总能量(162.5 GW)的 8%左右。

加拿大:装机容量 12.8 GW。2018 年增加了 566 MW 的新装机容量,由 299 个风电场和 6 596 个风力发电机组产生。

意大利:装机容量 10.1 GW。2018 年意大利风电装机容量首次突破 10 GW。意大利的风能产业主要集中在南部及其岛屿上,例如,所有意大利能源公司 ERG 的陆上风电装置都位于罗马南部。

中国具有丰富的风能资源,风电发展前景广阔。已探明的风能储量达 32.26 亿 kW,主要集中在西北、华北、东北(三北)地区,海上风能资源主要集中在东南沿海地区及附近岛屿。三北地区风能储量几乎占陆地储量的五分之四,且地域辽阔平坦、风速平稳,是建设风场的理想处所。同时,我国海岸线较长,海上风速高,发电利用率高;海水表面粗糙度低、海水湍流强度小,随高度增加,风速变化不明显,海上风电有利于机组减载荷运行,是我国风电发展的又一个方向。

2017 年,中国风电新增装机容量 1 966 万 kW,累计装机容量达到 1.88 亿 kW。2018 年,全国(除港、澳、台地区外)新增装机容量 2 114.3 万 kW,同比增长 7.5%,累计装机容量 2.1 亿 kW,同比增长 11.2%,保持稳定增长态势。

中投顾问产业研究中心预计,未来 5 年(2019—2023 年)年均复合增长率约为 9.02%,2023 年将达到 3.15 亿 kW,如图 1-2 所示。

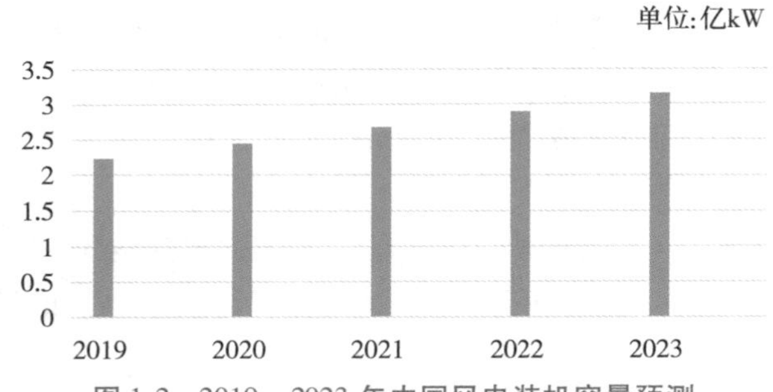

图 1-2 2019—2023 年中国风电装机容量预测

中国的风电发展经历了 30 多年的历程,自 2003 年风电场建设进入规模化及国产化以来,自主研发能力逐渐提高,风电制造技术渐趋成熟。但尚需处理好诸多矛盾与问题,比如,自主创新与国际合作;应用研究与基础研究;标准规范和因地制宜;风电机组并网与脱网;风电、其他电源与电网规划的综合协调;高效安全运行与先进控制策略;等等。风电技术的创新源于理论的发展,理论的发展会进一步促进技术的创新,风力发电系统尚有很多有待研究和深入探讨的理论问题。因此,深入研究风力发电机组的各项关键技术与理论问题,对促进风电产业的健康快速发展、合理有效开发风能资源和实现风力发电机组真正走自主国产化道路意义深远。

1.2 风电控制技术及发展趋势

1.2.1 风电控制技术

风电控制技术是风电机组安全、稳定、高效运行的关键，主要因为：

①风速大小和方向的变化，大气压、湿度和气温等的变化以及风电场所处地形、地貌等的不同，造成风力发电机捕获的风能随机而不可控。

②为增大捕获风能的利用率，MW 级风力发电机的叶片直径通常都很大，可达 100 m 以上，这样风轮就具有较大的转动惯量，可能造成机组不平衡载荷而减少机组的运行寿命。

③风电机组的并网、脱网、功率的优化及限制、风轮的主动对风和运行过程中的故障检测及保护都离不开安全可靠的控制技术。

④风资源丰富的地区大都环境条件较为恶劣，如人迹罕至的海岛和边远地区，故希望风电场能够实现无人值守和远程监控，这就更需要风电机组控制技术。

因此，国内外众多学者致力于研究风力发电的控制技术和控制系统，风电机组控制的研究对风电机组安全稳定的运行有着极其重要的意义。

风电机组控制技术主要包括：风力发电机变桨距控制、风力发电机偏航控制、风力发电机控制、机组载荷控制、并离网控制等以及对它们采取的控制策略。

1.2.2 风电控制技术发展趋势

计算机技术和现代控制技术在风电领域的应用，使并网风力发电控制技术得到了较快发展，控制方式从单一的定桨距失速控制向变桨距和变速恒频控制方向发展，甚至向智能控制方向发展。

风电现代控制技术主要包括变结构控制、鲁棒控制、自适应控制、智能控制等。风力发电系统中，变结构控制因具有快速响应、对系统参数变化不敏感、设计简单和易于实现等优点而在风电系统中得到广泛的应用。在处理一些多变量问题时，鲁棒控制技术可以发挥很好的作用，建模有误差、参数不准确和干扰位置系统的控制问题，在强稳定性的鲁棒控制中可得到直接解决。而智能控制技术最突出的方法是模糊控制，它无须过度依赖数学模型，只需凭借专家经验就能克服一些非线性因素带来的影响。由于风力发电机的精确数学模型难以建立，模糊控制非常适合风力发电机组的控制，因此模糊控制越来越受风电研究人员的重视。人工神经网络是以工程技术手段来模拟人脑神经元网络的结构与特征的系统。利用神经元可以构成各种不同的拓扑结构的神经网络,它是生物神经网络的一种模拟和近似。利用神经网络的学习特性,可用于风力发电机的低风速的桨距控制。另外,仿生智能控制也是近年来备受关注的控制技术之一,其自适应、在线优化、非线性逼近等优良特性使其在风电机组的控制和监测领域得到应用和发展。

1.3 变桨距风电机组桨距控制技术的研究现状及发展趋势

1.3.1 变桨距风电机组桨距控制技术的研究现状

随着全球风电装机容量的增加,风电技术得到了快速发展。风力发电机组朝着大型化、变速运行、变桨距调节等技术方向发展,具有单机 MW 级容量的大型变速变桨距风力发电机已成为当今风电市场的主流机型。对于大型风力发电系统来说,关键部分是叶轮和控制系统。叶轮是风电机组直接获取风能的前端部分,要求运行过程中应具有一定的耐疲劳机械强度和寿命,控制系统是保证机组正常运行的核心,而控制技术是风电机组的关键技术之一,控制性能的好坏将直接影响机组的安全、效率及寿命。

风力发电机组变桨距控制有统一变桨距和独立变桨距两种。风力发电机使用统一变桨距的前提是风轮整个扫掠面上的风速是均匀的。然而随着风机单机容量的增加,风轮叶片尺寸及塔架高度不断增大。由于风湍流、风切变、塔影效应等对风轮扫掠面风速的影响,风力发电机 3 个叶片所受风速很不均匀。风轮不均匀的风速,使叶片、传动轴以及风力发电机结构部件之间承受的载荷分布不均,导致风轮转矩波动和桨叶承受不平衡载荷,从而产生桨叶拍打和塔架振动。这些不均匀的载荷会加速风力发电机结构部件的磨损,减少机组的耐疲劳寿命,降低发电效率,使得风力发电机组维修维护频次增多,电能质量恶化。独立变桨距调节风机的出现,为削弱和平衡气动不平衡载荷,有效地减小机组承受的动态载荷、风电机组塔架振动和风轮转矩的波动,提供了便利条件。

独立变桨距是在统一变桨距的基础上发展起来的,它按照每个桨叶所处的位置和风速的大小,利用桨叶各自独立的变桨距执行机构,对每个桨叶分别进行独立调节,以达到在额定风速及以上时,不仅稳定发电机的输出功率,而且削弱桨叶所受不平衡载荷的目的,从而有效抑制桨叶拍打和塔架振动,甚至在一个变桨执行机构出现故障时,通过自适应容错变桨技术,使另外两个桨叶通过自身桨距角的调节来完成控制目的,从而维持控制系统在故障情况下的稳定性,使风机具有一定的安全运行能力。由此可见,独立变桨距控制技术的研究既有其理论意义,又有其工程实际意义。

独立变桨距技术的关键在于桨距角控制策略,国内在大型风电机组独立变桨距控制研究方面,考虑风机动态不平衡载荷影响的独立变桨距研究起步较晚,经验相对不足,缺乏强有力的理论指导与实践经验,又存在竞争、技术和知识产权保护问题,与其他风电强国相比存在一定差距。由于在桨距控制策略和机组载荷的相互关系方面缺乏足够的重视和较深入的研究,国内一些风电机组在运行过程中出现过很多事故和故障,比如机组叶片裂纹及断裂、传动系统断轴、齿轮箱齿圈开裂等。机组变桨距控制策略对机组所受的动态载荷、机组的结构强度和耐疲劳寿命以及电能质量等方面有很大的影响。在国内外不可再生一次能源紧缺和大力发展可再生洁净能源的背景下,本书对大型风力发电机独立变桨距控制中的一些关键技术问题进行研究,为大型风机独立变桨距控制提供理论指导和奠定实践基础。

变桨距是借助控制技术和动力系统,改变风电机组安装在轮毂上的叶片的桨距角,从而改变桨叶的气动特性,限制额定风速及以上时风力发电机吸收的风能,改善桨叶和整个风力发电机的受力状况。变桨距控制多用于大型风力发电机组主流机型。大型变速风力发电机组运行在额定风速及以上时,由于受机组机械强度和电气设备额定值的限制,为使机组能够安全稳定运行,必须设法控制风能吸收。变桨距控制可划分为被动变桨距控制和主动变桨距控制。被动变桨距控制的思想是将叶片或叶片的轮毂设计成在叶片载荷的作用下扭转,以便获得需要的桨距角。这种被动变桨距控制实现起来很难,因为随风速变化,叶片扭转量一般情况下与其载荷变化匹配存在难度,在并网运行的风电机组中,这种被动变桨距还处在概念阶段。主动变桨距的实现是通过一定的变桨距控制策略,将每个叶片的部分或全部相对于叶片轴旋转,以改变桨叶桨距角,从而限制额定风速及以上时的功率吸收。若采用独立变桨控制,还可优化风电机组所受载荷,这是研究变桨距控制的主要目的所在。

目前,对于变桨距技术的研究主要集中在变桨控制策略和变桨执行机构的实现上。大型风力发电机组变桨距执行机构主要有以下两种。

1)桨叶由电机驱动的电动变桨距执行机构

这种变桨距执行机构结构简单,产生的扭矩大,不存在液压变桨距的漏油现象。电动变桨距系统每个叶片单独装设电动变桨距机构,能够对每个桨叶实现独立控制,控制精度高,响应快,这对大容量风电机组实现载荷优化是十分重要的,因此越来越受重视并得到广泛应用。全球风电机组实力供应商多采用电动变桨距机构,比如,GE Wind-Power 的 3.6 MW 风电机组、Repower 公司的 5 MW 风电机组、Siemens 公司的 3.6 MW 风电机组等。

2)桨叶由液压缸驱动的液压变桨距执行机构

这种变桨距执行机构以液压缸为原动机,通过偏心块推动桨叶旋转,具有扭矩大、驱动速度快、操作方便等优点,缺点是液压系统复杂、存在漏油卡涩现象,桨叶独立液压变桨时,3 个液压缸的控制难度较大,维护不便。变桨距执行机构采用液压驱动的代表厂商有 GE、Repower、Suzlon、Nordex、华锐和金风等。

这两种驱动方式各有优缺点,表 1-1 给出了两者的对比。

表 1-1　变桨执行机构由电机驱动与由液压驱动的比较

驱动方式	优　点	缺　点
电机驱动	结构简单、可靠,可充分利用有限空间,实现分散布置,并对单一桨叶进行控制	对于大功率风机,动态特性相对较差
液压缸驱动	控制性能好、频响快、扭矩大、便于集中布置、结构紧凑	传动系统相对复杂,存在非线性,有时会发生漏油卡涩现象

无论变桨距执行机构是电机驱动还是液压驱动,根据变桨时 3 个桨叶是同时控制还是单独控制,变桨距控制又分为统一变桨距控制和独立变桨距控制两种。

统一变桨距控制是指控制风力发电机 3 个桨叶的桨距角同时改变相同的角度,3 个桨叶的执行机构采用同一个执行机构,3 个桨叶的桨距角变化及其变桨速率相同。它是最早发展起来的变桨距控制型风力发电机,也是应用最为成熟的一种变桨距控制方法。在额定风速以上,统一变桨距控制根据风速的变化来调节桨距角,控制风力发电机吸收的风能,一方面保证风力发电机吸收的功率维持在额定功率附近,另一方面又可略微改善风力对风力发电机的冲击,在并网时,还可实现快速无冲击并网。变桨距控制与变速恒频技术相结合,还可以提高整个风电系统的发电效率和电能质量。

随着风力发电机组单机容量的增大,风力发电机塔架的高度和风轮的直径也在不断扩大,仅 2 MW 风力发电机组在额定风速的情况下,其桨叶扫掠面最低端和最高端由于垂直高度上风速增加的影响(风剪切),风力发电机吸收功率就相差 20% 以上,3 个桨叶所受的风载荷很不平衡。统一变桨距控制很显然不能对上述问题进行很好调节,无法解决垂直高度上的风速变化带来的功率变化以及风速变化对风机载荷的影响。此时,独立变桨距控制就显示了其优越性。独立变桨距控制是在统一变桨距控制技术的基础上,顺应大容量变桨风电机组发展趋势而发展起来的一种新型变桨距控制方式。其叶片的安装和统一变桨没有差别,但每个叶片都装有各自的变桨驱动机构,3 个叶片能够按照自身的控制规律独立控制各自桨距角,每个叶片桨距角变化不一致,使得 3 个桨叶的空气动力学特性不同。独立变桨距控制既可满足功率控制的要求,又可以补偿由于风切变和塔影效应等引起的风的不均匀性带来的不平衡载荷,从而降低桨叶上的力矩波动,减弱桨叶拍打和塔架振动,提高风电机组的运行稳定性,延长风电机组的耐疲劳寿命。

风力发电机组采用的变桨控制策略决定了变桨控制器性能的优劣。近年来,随着现代控制理论、电力电子技术、计算机技术在风机控制与实际应用中的快速发展,风力发电机组统一变桨距控制策略根据控制算法的不同,总体分为两类,即基于数学模型的经典控制策略和现代控制策略。

(1)经典控制策略

经典的统一变桨距控制大多基于风力发电机风轮线性化模型,以转速、功率测量值进行反馈控制。由于PID控制器原理简单,便于实现,因此在风电机组统一变桨距控制研究中得到了应用。文献[34,35]基于风力发电机转速测量信号,设计了风力发电机组变桨距PI控制器,但是对于桨距系统参数和模型结构随时间和工作环境变化的情况,这种单一PI控制器难以达到预期的控制效果。文献[36]在单一风速风况下,基于功率测量信号,针对变桨距系统设计了经典PID控制器,取得了一定的控制效果和响应速度。

风电系统处在快速变化的工作环境中,系统具有较多不确定性及较强干扰时,单一PID控制器无法对其精确控制,并且抗干扰能力差,无法达到优良的控制效果,为弥补经典PID的不足,实现更优的控制效果,可将PI或PID与现代控制策略结合,构成复合PID控制,如模糊PID、神经网络PID、自适应PID等。文献[37]针对低风速和额定风速及以上两种工况,设计了模糊PID变桨距控制器,有效抑制了发电机输出功率和转速在起始阶段的超调和波动,很好地实现了控制要求。文献[38]基于模糊前馈与模糊PID控制,针对大型风电机组设计变桨距控制器,结果表明控制效果明显优于传统的单一PID控制器。文献[44,45]将专家知识与PID算法结合,利用专家知识库来修正PID参数,实现了桨距角和电机转矩的控制,通过加入滤波器避免了塔架振动。该系统能快速跟随风速变化调节输出功率,很好地改善其动态性和稳定裕量。但模糊控制方法过于依赖知识规则,自适应能力不是太高。

(2)现代控制策略

风电机组统一变桨距的现代控制策略包括最优控制、鲁棒 H_∞ 控制、滑模变结构控制、非线性自适应控制及智能控制等。

①最优控制策略。最优控制策略属于现代控制理论范畴,它是依靠风力发电机系统的数学模型,运用状态空间,采用极值原理和动态规划等进行最优解的控制。以状态变量和(或)控制变量的二次型函数的积分为性能指标泛函的最优控制称为线性二次型调节(Linear Quadratic Regulator, LQR)最优控制。如果考虑系统噪声和量测噪声,利用Kalman滤波结合LQR则构成线性二次型高斯(Linear Quadratic Gaussian, LQG)最优控制。对于状态变量存在噪声干扰以及多变量参数优化等变桨距控制的问题,多采用LQG来解决。文献[49]提出了一种平均风速估计自适应增益调度(Adaptive Gain

Scheduling，AGS）线性二次型高斯（AGS-LQG）最优控制策略，实现了多变量优化变桨距控制。结果表明，与传统控制策略相比，AGS-LQG 最优控制策略既能稳定风轮转速、平滑输出功率，又可减少变桨距机构的动作频率，对传动链上的疲劳载荷也具有一定的缓和作用。

②鲁棒 H_∞ 控制。大型风电机组是一个复杂的非线性系统，包含气动非线特性、桨距控制机构以及柔性传动链动态，一般都采取线性化处理，利用 H_∞ 控制，满足系统对不确定性界内的被控对象的性能指标的要求。文献[53]建立了风力发电机数学模型，利用 H_∞ 控制理论对风电机组实施恒功率控制，结果表明基于 H_∞ 控制理论设计的控制器能够实现额定风速及以上时的输出功率恒定，并且控制器具有一定的鲁棒性。但设计过程复杂，设计的控制器的阶数较高，实用性受到一定的限制。此外，H_∞ 鲁棒控制还可解决轮毂的一定偏航问题，以及通过对传动链转矩的控制实现风能转换过程中动态载荷控制器设计。

③滑模变结构控制。滑模变结构（Sliding Mode Control，SMC）控制本质上是一类特殊的非线性控制，且非线性表现为控制的不连续性，能够频繁、快速地切换系统的控制状态，具有快速响应、对应参数变化及扰动不灵敏、无须系统在线辨识等特点，为风机变桨距提供了一种有效的控制方法。文献[59]提出了一种滑模变结构桨距控制方法，该方法充分利用了变结构控制对受控制对象的模型误差、参数变化不敏感的优点，结果显示所提出的控制方案是有效的。文献[60]利用滑模变结构理论对风机的变桨距进行控制，在额定风速以上，很好地解决了不确定参数变化对风机控制系统的影响，有效保证了风电机组的运行稳定性。滑模变结构控制的不连续，使得滑模变结构理论尚存在的问题中最突出的是易出现抖振。为解决滑模变结构控制中出现的抖振问题，通常将神经网络、模糊等理论与滑模变结构理论相结合，来设计控制器。

④非线性自适应控制。在统一变桨控制器设计时，通常忽略一些系统时变非线性因素，做某些合理假设，用线性系统控制理论的知识来设计控制器。然而，风力发电机组是一个存在很多时变变量、强耦合的非线性系统，采用非线性控制方法设计控制器较为合理。自适应控制的主要特点是控制系统对过程参数的变化或系统未知状态的变化不敏感，它通过测量系统状态数据来得到系统当前运行指标与期望指标的误差，实时地调节控制器的参数或结构，保证系统在最优状态下运行，因此，被广泛用于复杂的非线性时变系统的控制器设计。文献[61]通过设计自适应变桨距控制器，实现了风力发电机在低风速时的最大风能捕获，额定风速及以上的恒定功率，并且使桨距角趋于最优值。文献[62]利用非线性自适应控制方法，在一定程度上解决了风电机组非线性因素的影响，又提高了系统的适应性和抗干扰能力。当前，自适应控制研究的重点在补偿参数的漂移及控制系统的鲁棒性方面。

⑤智能控制。在统一变桨距控制研究中，智能控制方法主要是模糊控制和神经网

络控制。文献[70]以风机的实际输出功率与额定参考功率的偏差及偏差率为输入、风力发电机桨距角为输出,设计了变桨模糊控制器,通过仿真对比结果,证明了所设计的模糊变桨控制器的优越性和有效性。文献[71]提出了一种混沌小世界优化算法神经网络预测控制的策略,基于神经网络模型来建立预测模型。该方法将目标函数引入桨距角控制信号的改变量中,可以有效防止变桨系统动作幅度过大,很好地解决了变桨风机的转速实时性控制问题。模糊变桨控制方法将专家的知识与经验表示成语言规则应用于控制中,针对风电机组的非线性及随机性,能够较好地实施转速跟踪和功率控制,但该方法的明显不足在于过度依赖知识规则、自适应能力不强、很容易造成控制精度下降。而神经网络控制与模糊控制相比,在学习规则上类似,但它可以充分利用观测数据,在线学习修正权值或时变参数,以适应风机运行和控制的要求。

综上可见,风电机组统一变桨的各种控制策略都可取得一定的控制效果,但也存在各自的缺点。由于风速的随机性、风电系统的复杂性、系统参数的时变性,加上机组应用地域广阔、环境复杂多变、不确定性强,设计集所有控制算法的优点于一体的控制器是相当困难的。所以,在设计性能优良的机组变桨控制策略时,只能够针对具体风能环境,兼顾控制成本、控制目的及控制性能,最大限度量化控制指标,实现系统的优化设计。

目前,大型风电机组均采用变桨距控制方式。相对独立变桨距控制,统一变桨距控制的研究理论及技术都比较成熟。虽然统一变桨距控制能够在额定风速及以上时较好地稳定输出功率,但无法兼顾处在多维风场中的风机所受载荷,载荷控制效果不佳。独立变桨距控制可以很好地弥补以上缺陷。独立变桨距控制可以根据桨叶上不同的风速,对每支叶片采用独立变桨距控制,可以避免叶轮上的负载不平衡,机组容量越大,采取此控制措施就越发显得必要。在额定风速及以上时,独立变桨距控制的任务不仅在于控制发电机输出功率在额定值附近,同时还在于减小或优化机组不平衡载荷,避免桨叶拍打、塔架振动,延长机组的耐疲劳寿命。国内外对独立变桨距控制策略的研究大致可分为基于权系数分配的独立变桨距控制、基于来流角预测的独立变桨距控制、基于坐标变换的独立变桨距控制和基于现代控制算法的独立变桨距控制。

①基于权系数分配的独立变桨距控制。基于权系数分配的独立变桨距控制思想是,在统一变桨距桨距角的基础上,按照每个桨叶的载荷情况,给每个桨叶分配一个权系数以修正桨距角,以此来改善桨叶的受力情况,减小叶片不平衡载荷造成的机组疲劳和塔架振动,从而完成独立变桨距控制。桨距角权系数分配可以从桨叶方位角信号、攻角等方面实现。文献[77]提出了一种基于桨叶方位角信号的多段权系数分配独立变桨距控制方法,该方法根据桨叶的方位角信号判断每个桨叶所处的风速区域,选取该区域所对应的相关权系数对桨叶统一桨距角进行重新分配微调,将统一桨距角转化为桨叶各自独立变化的桨距角,仿真结果表明,该方法在稳定输出功率的同时能够减

小桨叶拍打振动，并且方法简单易于实现。这种方法的优点在于桨叶方位角易测量，但是由于无法准确得到桨叶所受的气动载荷的大小，因此控制效果波动较大。文献[78]指出，在传统桨叶方位角权系数分配的基础上，桨叶的倾斜角变化将影响攻角变化，而攻角的变化又决定着桨叶所受气动力的大小，这样就可以根据倾斜角的变化对传统方位角权系数分配进行校正和调整，从而增强控制效果，然而这种控制方法下的方位角的相位难以保证。基于权系数分配的独立变桨距控制的关键在于，采取何种合理策略进行桨距角权系数的分配，权系数分配准确与否关系到独立变桨距控制输出功率的平稳性和平衡以及抑制载荷的效果。

②基于来流角预测的独立变桨距控制。桨叶发生拍打和震颤甚至疲劳损坏，与风轮所受轴向力与波动有关，而桨叶所受轴向力的大小又受风速的影响较大，风速在整个风轮旋转平面上的分布是很不均匀的，造成每个桨叶攻角的变化，由于攻角与来流角有一定的关系，因此每个桨叶的来流角也就各不相同。这种风速、来流角、攻角及桨叶所受载荷的因果关系，为我们提供了一种基于来流角预测的独立变桨距思路。风速在垂直高度上的分布带有持续性和规律性，可以事先找到风剪切和塔影效应与风速分布的关系，再预测不同高度的风速，进而预测桨叶来流角。利用桨叶来流角的变化，在统一桨距角的基础上，分别对每个桨叶的桨距角进行修正。文献[80]首先设计了参数自整定的模糊 PID 统一变桨距，然后根据神经网络技术预测风轮平面不同高度处的风速和来流角，利用来流角的变化量修正统一桨距角，进而实现基于来流角预测的独立桨距控制，仿真表明，该方法有效减小了桨叶的气动疲劳载荷，并且在风力发电机输出功率的稳定性上，独立变桨距控制性能比统一变桨距控制性能更加优良。

③基于坐标变换的独立变桨距控制。国内外对基于坐标变换的独立变桨距控制的研究大致可分为两种情况：

a. 基于 d—q 轴坐标变换的独立变桨控制。d—q 轴变换的独立桨距控制是利用载荷传感器测量叶片根部载荷，将它们转换成平均值，并运用 d—q 轴变换得到正交的两个分量：俯仰风量和偏航分量。让这两个分量在正交的两个坐标轴上进行变化，并且假设这两个正交的坐标轴间没有任何耦合和联系，这样利用经典的单输入单输出控制技术就可以得到 d 轴和 q 轴的桨距角，然后利用 d—q 轴坐标逆变换，将旋转坐标下的桨距角转化为静止坐标下的桨叶桨距角的变化量，最后再与统一桨距角进行合并，完成独立桨距角的给定与控制。基于 d—q 轴变换的独立变桨控制方法的不足之处在于，测量的叶片载荷可能会产生时间迟延，并且测量的载荷与实际载荷也可能存在一定误差。为改善独立变桨距控制效果及适应环境变化的要求，基于 d—q 轴变换的独立变桨距控制，对单输入单输出系统而言，除采用传统的 PID 控制外，自适应控制、单神经元 PID 控制等也都被研究了。

b. 基于卡尔曼(Coleman)坐标变换的独立变桨控制。这种独立变桨距控制方法的思路是:利用 Coleman 坐标变换方法,将多变量控制问题中的线性时变模型变换成时不变固定坐标系下的线性模型。这样多变量耦合的风力发电机控制系统就被卡尔曼坐标变换解耦成3个控制回路,并假设3个回路是相互独立的。解耦的三个控制回路是:统一变桨距控制回路、偏航控制回路和俯仰控制回路。这种控制方法实质上是将多变量的控制问题,利用卡尔曼坐标变换变换成3个独立的线性反馈时不变控制环。这3个控制回路实际上不是完全独立的,其间存在耦合。而且这种基于卡尔曼变换的独立变桨距控制方法低频段减载效果较好,在高频率范围内,减载效果不明显。原因是当频率到达一定范围时,桨叶叶片的空气动力、弹性力等载荷将引起桨叶和塔架的耦合振动,主要表现为桨叶摆振和塔架侧弯间的耦合振动、桨叶挥舞和塔架前后弯曲间的耦合振动。在桨叶旋转频率达到桨叶和塔架耦合的固有频率附近时会产生共振,使得耦合振动加剧,如果这种耦合振动不加以控制,最终将导致风力发电机系统结构的疲劳及损坏。考虑这种耦合的研究文献较多,基本上都建立在现代控制算法上。

④基于现代控制算法的独立变桨距控制。现代控制理论和人工智能几十年来的发展,为如今大型风力发电机组采用先进控制技术奠定了应用理论基础。近年来,独立变桨距采用现代控制算法的研究主要包括鲁棒 H_∞ 控制、最优控制、滑模变结构控制、非线性自适应控制及智能控制等几个方面。

运用鲁棒 H_∞ 控制算法可以同时考虑风电系统建模不确定性、随机风扰动及受控系统工作状况变动等问题,以获得良好的控制效果和鲁棒性。文献[106]针对柔性风力发电机在运行过程中工作稳定性差、叶片俯仰阻尼小和疲劳载荷严重等特点,运用鲁棒 H_∞ 控制,结合风力发电机动力学模型,设计了变桨距 H_∞ 控制器。仿真结果表明,所设计的鲁棒 H_∞ 控制器使发电机工作的稳定性、变桨性能及叶片位移、速度都较佳,并且有效减少了风力发电机的疲劳载荷、极限载荷和叶片俯仰载荷。但该方法仅研究了双桨叶风机,对流行的三桨叶风机未作研究。自适应控制由于具有对模型参数及结构的适应性、良好的抗干扰及控制性能鲁棒等特点,近年来逐渐应用到风机控制的研究中。文献[111]利用模型参考自适应理论,设计基于 LPV 模型的独立变桨模型参考自适应控制器,给出了风电机组自适应控制律的形式,并对所设计的独立变桨距控制系统进行仿真。结果表明,所设计的自适应控制器能够适应风电机组参数的大范围变化,独立变桨系统控制具有很好的快速性和稳定性。在现代控制策略中,最优控制不仅在风力发电机统一变桨距控制中应用,在独立变桨距控制中也有所研究,比如文献[47,101]等。文献[112]将最优控制线性二次型调节和自适应控制技术有机结合,设计独立变桨距控制器,通过与统一变桨距仿真结果对比分析,该方法能够有效减小风电机组的振动激励荷载。滑模控制由于具有响应速度快、鲁棒性强、抗干扰的优点,适用于高阶非线性强耦合风力发电机控制系统的设计。文献[113]针对风力发电机扩展线性模型,利用滑模变结构控制理论设计独立变桨距控制器,通过与传统的统一变桨距和基于 PI 的独立变桨距控制进行比较，证实建立在滑模控制上的独立变桨距策略在削弱机组不对称载荷方面具有更好的控制效果。

非线性智能控制是现代控制中很受关注的控制方法之一，它针对复杂快变的非线性系统，利用自寻优、变结构、动态补偿等来克服系统非线性时变因素及参数的不确定性，以实现快速高精度控制的目的。令人遗憾的是，利用智能控制对独立变桨距控制的研究进展缓慢，大多还是基于方位角权系数分配或来流角预测等传统思路展开的。

从以上各种独立变桨距控制策略可看出，这些方法各有所长，也各有不足和局限，这些方法既相互独立又相互结合，可将一种策略与另一种策略结合来设计独立变桨距控制器。然而上述绝大部分独立变桨距控制的共同特点是控制目标单一，如针对传动链振荡、桨叶不平衡载荷、风轮力矩波动等，不能够兼顾多个目标来实现多目标最优控制，目前也没有出现集所有控制策略的优点于一体的控制算法。

1.3.2 变桨距风电机组桨距控制技术的发展趋势

近些年来，虽然国内外学者对变桨距技术做了大量而卓有成效的研究，但尚存在一些关键技术问题需要进一步研究和探讨，这些问题主要表现在：

①风速具有随机性、空间多变性的特点，难以建立与自然风况完全一致的风速仿真数学模型。为解决风电机组的功率控制和载荷控制问题，保证风电机组在复杂工况下稳定运行，建立何种合理有效的风速仿真模型是一个值得探讨的问题。

②风电机组是一个具有高度非线性的系统、某些系统参数会随时间和运行环境的变化而变化，最突出的非线性表现是在桨叶翼型和载荷的非线性特性方面，建立在系统数学模型基础上的变桨距控制策略难以满足实时性和鲁棒性的要求。如何在系统模型参数不能精确可知且时变的前提下，设计出控制算法简单、动态特性满足控制要求、具有一定自适应能力的鲁棒控制器，是变桨距控制研究的重要问题。

③控制系统在执行过程中，会对机组载荷产生一定的影响（如塔架振动与变桨距控制的相互影响等）。如何在设计高性能的控制器时，考虑此类影响因素，保证控制指标，同时防止控制器动作时导致的过载及其载荷进一步波动问题。

④风力发电机大型化意味着叶轮的增大，叶片惯性地随之增大。变桨执行机构如何在克服大惯性、随控制指令快速变化等方面保持一定的动作响应能力和机构运行的可靠性。

⑤针对复杂多变非线性风电变桨控制系统的安全可靠运行问题，在变桨距系统发生不完全故障的情况下，如何通过一定的容错控制策略，保持系统具有一定的容错能力，提高控制系统的鲁棒性和自适应能力，实现机组“自维持”运行，利用诊断技术“感知”风机故障，利用容错技术“防范”故障，力求从根本上保证风力发电机系统的自主可靠运行。

1.4 各章安排及主要内容

本书针对大型变速恒频变桨距三桨叶风电机组，以建立的机组仿真实验模型为基础平台，在额定风速及以上，就变桨距若干关键技术问题展开研究。内容主要包括风速建模、风电机组建模、气动载荷分析及建模仿真、变桨距功率控制、功率兼顾载荷平衡的独立变桨距多目标控制、系统参数时变不确定和桨叶受到未知不平衡载荷以及未建模动态载荷情况下的鲁棒自适应独立桨距角跟踪控制研究。各章具体内容安排如下：

第1章　绪论。详细介绍风电背景和研究的意义，分析风电技术的发展现状和发展趋势，对变桨距技术、统一变桨距控制策略和独立变桨距控制策略国内外研究现状，进行深入的分析与总结，指出变桨距控制技术目前存在且尚需解决的诸多关键问题。最后给出本书各章安排及主要内容。

第2章　大型变速变桨距风力发电系统建模。分析自然界的风能特性，考虑风剪切及塔影效应对风力发电机风速的影响，建立完备的风速数学模型。针对实际风力发电机风速仪所测风速与风力发电机风轮感受的风速的差异，提出一种实用的风速校正模型。在风力发电机组建模方面，将机组分成机械子系统、气动子系统、电气子系统和桨距子系统，对各子系统进行详细的分析并分别进行建模，将各子系统有机结合，给出风电机组的整体仿真实验模型。在不调节桨距角的条件下，利用所建模型进行一些初步仿真实验，以此说明变速恒频变桨距机组变桨距控制的重要意义。本章所建风电机组模型，为后续章节风电机组实施变桨距控制及仿真实验验证提供平台和有力的支撑。

第3章　大型风电机组气动载荷分析建模及仿真。分析大型风电机组产生载荷的来源和影响桨叶气动载荷大小的因素，利用动量-叶素理论，建立风力发电机桨叶气动载荷模型，补充和完善风电机组整体仿真实验模型。通过建立的风电机组模型和载荷模型，搭建仿真实验平台，在不改变桨距角的情况下，对大型风电机组桨叶所受载荷进行初步仿真实验和分析，进一步指出变桨距控制研究的重要性。

第4章　非线性风电机组独立变桨距最优功率控制。在高于额定风速，针对大型变桨距时变强耦合非线性风电机组，将非线性系统状态反馈精确线性化方法和最优控制理论结合，提出一种风电机组独立变桨距最优功率控制策略。为便于说明该控制策略的可行性和有效性，与传统的独立变桨PI控制策略进行对比仿真分析，指出该控制策略下的风电机组输出功率更趋恒定，桨距角调节幅度、频度更小，有效提高风力发电机桨叶耐疲劳寿命。

第5章　功率兼顾载荷平衡的独立变桨多目标控制。针对大型变桨距风力发电机桨叶气动载荷较大,并且可能引起风电机组其他结构部件载荷波动及载荷耦合放大,危及桨叶自身耐疲劳寿命和风电机组整体安全稳定运行的问题,提出一种在额定风速及以上时,既考虑机组输出功率恒定又兼顾桨叶载荷抑制和平衡的独立变桨多目标控制策略,该控制策略突破现代控制理论的模型依赖性,摆脱未建模动态和鲁棒性问题,仅利用所建风电机组模型的输入输出数据,推导出控制律的形式,为风电机组独立变桨距多目标控制走实用化道路提供一种可行的方法。利用所建立的风电机组模型和载荷模型搭建仿真实验平台,与功率控制仿真实验对比验证,指出所提出多目标控制策略在保持机组输出功率恒定和削弱桨叶气动载荷方面的有效性和可行性。

第 6 章　大型风力发电机鲁棒自适应独立桨距角跟踪反演控制。针对具有时变参数和不确定项及未知载荷干扰的非线性桨叶变桨距调节机构,利用非线性反演控制方法,设计鲁棒自适应跟踪期望桨距角的桨叶执行控制器。该控制方法通过在实际控制量中引入自适应鲁棒项,有效消除系统参数不确定性、未知载荷干扰对非线性桨叶执行控制系统的影响。仿真实验结果验证该控制能够通过电动桨叶执行机构,使 3 个桨叶的桨距角分别独立快速跟踪各自桨叶的期望桨距角,表现出较好的鲁棒自适应能力。

第 7 章　针对大型风电机组,将风电机组的动态特性进行线性化处理,提出了独立改变桨叶节距角度的变换算法,构建了 LQG 控制器和 PI 控制器进行对比分析,并在某大型风电机组上安装硬件设备,验证了独立变桨算法在大型风机上的降载效果。

第 8 章　对比传统变桨方法和独立变桨方法,简述传统变桨 PI 控制器的设计过程及控制效果,以及独立变桨控制器的设计方法和控制效果。针对传统变桨控制系统位置跟踪算法存在的缺点,建立变桨控制系统位置跟踪过程的数学模型,研究新的变桨系统速度补偿方法,并在硬件平台上进行验证,增强了变桨跟踪效果。

第 9 章　针对传统 VF 控制策略精度不能满足要求的问题,研究变桨系统的矢量控制算法,以提升独立变桨驱动系统的控制精度。

第 2 章　大型风电机组建模

2.1 引　言

在对风力发电机组这一时变强耦合非线性复杂对象的研究方面，受客观条件的限制，到实际运行的风电场进行物理实验是不现实的，由于受风场地理位置、成本等条件限制，建立风电机组的实验模型，尤其载荷实验台更是不切实际，使得风电机组理论研究成果在短期内难以得到验证和实际应用。建模仿真由于具有与外部环境等客观条件无关、投入成本低、理论成果验证周期短等优点，已成为风力发电机组研究与测试的重要手段和前提。风力发电技术是涉及空气动力学、自动控制、机械传动、电机学、计算机等多学科的综合性高技术系统工程，建模仿真研究更是这种多学科综合研究的重要手段。因此，风电机组建模仿真有着重要的实际应用前期指导意义，是风电机组进行载荷分析、控制器设计、仿真实验等不可缺少的重要组成部分，为今后系统开发做相应的技术准备。风电机组数学模型建立是否符合实际运行工况，关系到控制器设计的成败以及仿真结果的正确性。

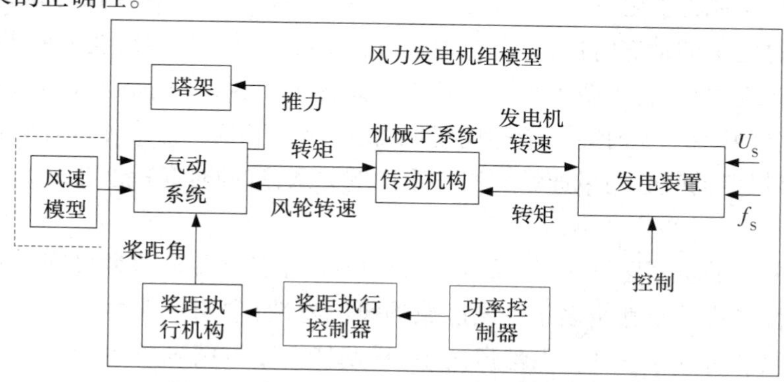

图 2-1　变速变桨距风力发电系统模型框图

图 2-1 所示是变速变桨距风力发电系统模型框图，从图上可以看出，变速变桨距风力发电系统模型主要包含两个部分：风速模型和风力发电机组模型。风速模型为风力发电机组提供风能，其对风力发电机桨叶所受的气动载荷有较大的影响。风力发电机组模型可看成是由风轮系统、机械子系统、电气子系统、桨距执行机构、控制器等几部分组成的。其中，气动系统模型的主要作用是把风能转化为机械能。机械子系统主要有两个作用：第一个作用是通过传动链将风轮转子转矩传递给发电机；第二个作用是支撑转子和其他装置，同时承受外界作用力。电气装置的作用是把传递过来的机械能转换成电能。变桨执行机构通过变桨距执行控制器发出指令，由液压或电动伺服系统驱动桨叶绕其轴转动，从而改变桨距角。

本章所建立的风电机组数学模型，为后续章节独立变桨距控制器的设计、载荷分析奠定部分理论基础和提供仿真验证平台。本章在风速建模时，首先分析风能特性，在此基础上，建立符合自然规律的风力发电机风速模型，同时给出风力发电机风剪切和塔影效应共同影响下的风速模型。考虑到风力发电机风速仪通常安装在机舱的尾部，所测风速为风力发电机风轮背面实际风速，与风力发电机风轮真实感受风速不同，为此又提出了测量实际风速向风力发电机风轮感受风速转化的风速校正模型，这种风速校正模型更加切合风力发电机实际风速情况。在风电机组建模时，考虑到风力发电机组最主要的动力在机械子系统中，因此把风电机组看成受气动力和电机作用力的机械结构。为此，首先建立机械子系统模型，然后再对各子系统进行建模，最终建立完整的风力发电机组数学模型。

2.2 风速模型

风速建模是风力发电系统建模仿真的重要组成部分，风速模型决定着风力发电系统模拟运行过程中的动态特性，建立合理且符合实际的风速模型是至关重要的。

要建立风速模型，首先要了解风能特性。总体上来说，变化是风最显著的特性：风作为空气流动的产物，受时间因素和地理环境的影响变化较大，在时间上和空间上均是变化的；并且风能的吸收与风速的三次方成比例关系，这种时变特性在风力发电中显得尤为突出。

对某一特定的空间区域来说，通常可以从长期、中期和短期 3 种尺度来考察风能特性。长期特性是指一年甚至多年在该区域的风能特性，中期特性可以季度或几个季度在该区域的风能特性来表征。虽然风的中、长期特性难以精确描述，但中、长期风能特性表现出一定的统计特性。由于威布尔（Weibull）分布曲线形状与风能现实状况很匹配，因此用威布尔分布来描述风速的分布较为合适。威布尔分布如式(2-1)所示。

$$p(v_a)=\frac{k}{C}\left(\frac{v_a}{C}\right)^{k-1}e^{-(v_a/C)^k} \tag{2-1}$$

式中，v_a 表示平均风速，m/s；$p(v_a)$ 表示平均风速对应的威布尔分布概率密度；k 表示形状系数；C 表示尺度系数。

k 和 C 随区域风资源数据变化，由区域气象和地理条件决定。

图 2-2 表示出了某区域在尺度系数不变（$C=8$），而形状系数 k 由 1.5 到 3 变化时，威布尔分布随平均风速变化的曲线。由曲线可见，随着形状系数的增大，平均风速的分布区域越集中，变化越小。

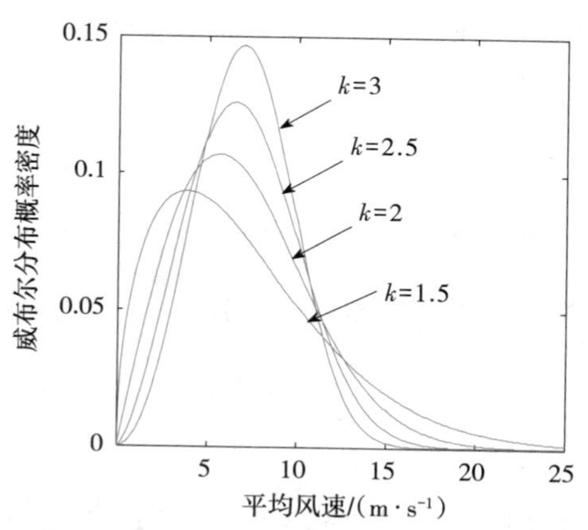

图 2-2　不同形状系数下威布尔分布随平均风速变化的曲线

图 2-3 表示出了某区域在形状系数不变（$k=3$），而尺度系数 C 由 3 到 12 变化时，威布尔分布随平均风速变化的曲线。由曲线可见，尺度系数在一定限度上反映了平均风速的"强度"。

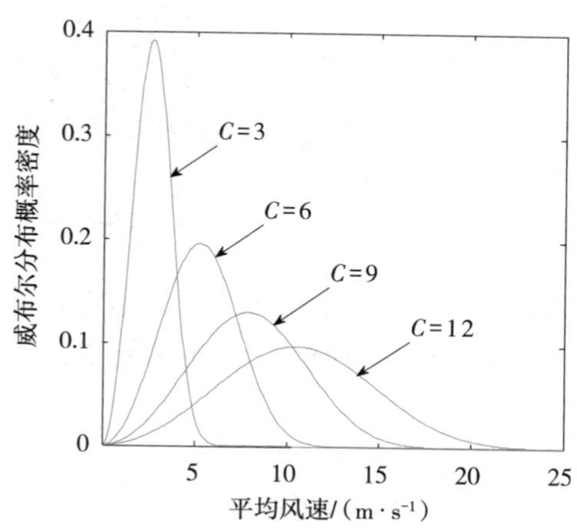

图 2-3　不同尺度系数下威布尔分布随平均风速变化的曲线

对于风能特性的短期尺度,可以用天、小时、分、秒甚至更小的时间段来衡量。风能的短期变化特性直接影响风力发电机的实时载荷,也就是说它决定着风能转化的质量。风能短期特性用湍流来描述,湍流包含了几乎不同频率风的风速波动,它无时无刻不存在于风的变化过程中。

风的变化是复杂的,但无论风况如何变化,风的特性都可以用数学模型来描述。

由著名的范德霍芬(Van der Hoven)频谱分布可知,不同地区的风能分布尽管有细微差别,但总体分布趋势是相同的,均显示出两个波峰:一个波峰处在风能的中长期低频变化特性区,可以用平均风速来衡量,另一个波峰处在风能的短期高频变化特性区,表示地区风的湍流,可以用湍流特性来表征。因此,要反映风速的整个动态变化过程,可以将风速模型看成是由平均风速和湍流风速两个分量组成的,如式(2-2)所示。

$$v(t) = v_m(t) + v_t(t) \tag{2-2}$$

式中,$v_m(t)$ 是对应的低频稳态平均风速;$v_t(t)$ 是随时间变化的大气层高频湍流风速。

2.2.1 平均风速模型

平均风速模型可以基于范德霍芬频谱分布来描述。平均风速随时间变化的数学表达式可写成式(2-3)的形式。

$$v_m(t) = V_0 + \sum_{i=1}^{m} A_i \cos(\omega_i t + \xi_i) \tag{2-3}$$

式中,V_0 为长期观测风速的平均值;ω_i 是角频率;ξ_i 是均匀分布在 $[-\pi,\pi]$ 上的相位角;m 是频谱低频范围内所分的间隔数;A_i 是由功率谱密度所决定的振幅,如式(2-4)所示。

$$A_i = \frac{2}{\pi}\sqrt{\frac{1}{2}[S_V(\omega_i) + S_V(\omega_{i+1})](\omega_{i+1} - \omega_i)} \tag{2-4}$$

式中,$S_V(\omega_i)$ 是功率谱密度函数,$S_V(\omega_i) = \dfrac{2K_N F^2 |\omega_i|}{\pi^2[1 + (F\omega_i/V_m\pi)^2]^{4/3}}$,其中,$K_N$ 表示地面粗糙系数;F 表示扰动范围(m^2);V_m 表示相对高度的平均风速。

2.2.2 湍流风速模型

湍流风速是一个随机过程,虽然它很复杂,但可以通过统计的方法来研究。研究过程中,通常基于冯·卡曼(von Karman)理论模拟风的湍流效应,von Karman 频谱分布如式(2-5)所示。

$$P(\omega) = \frac{0.475\sigma_V^2(L_V/V_m)}{\{1 + [\omega(L_V/V_m)]^2\}^{5/6}} \tag{2-5}$$

式中,L_V 是湍流相关长度;σ_V 是风速的湍流强度。L_V 和 σ_V 分别由地形条件和风速测量经验值来确定。通常情况下，L_V 的修正范围是 100 ~ 300 m，湍流强度值为 0.1 ~ 0.2。

本章在建立湍流风速模型时，首先基于 ZA(Ziggurat Algorithm)理论模拟产生白噪声，然后基于 von Karman 滤波器进行滤波整形，最后得到湍流风速。对于 von Karman 频谱，滤波器设计成式(2-6)的形式。

$$H(\mathrm{j}\omega)=\frac{K_V}{[1+(\mathrm{j}\omega T_V)^2]^{5/6}} \tag{2-6}$$

式中，K_V 是滤波器放大系数，$K_V = 0.475\sigma_V^2(L_V/V_m)$；$T_V$ 是滤波器时间常数，$T_V = L_V/V_m$。

在建立了平均风速模型和湍流风速模型的基础上，本章给出了风力发电机某固定运行点的风速模型，其框图如图 2-4 所示。

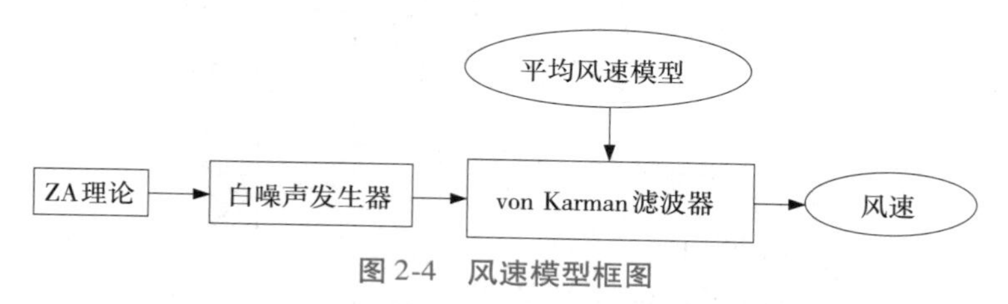

图 2-4　风速模型框图

图 2-5 给出了按式(2-5)模拟的风速曲线，参数取为：L_V =200 m，σ_V =0.15。

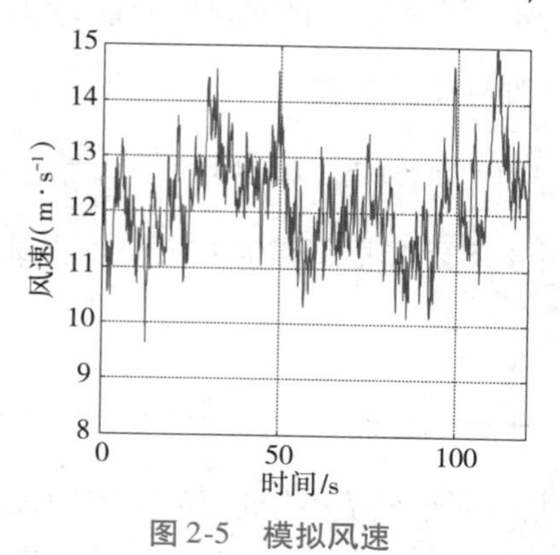

图 2-5　模拟风速

2.2.3　风剪切效应

自然界的风瞬息万变，不仅在时间上不断变化，在空间上也分布不均。影响风速变化的因素除了气候、地理环境等因素，高度也是十分显著的影响因素。当风吹过地表层时，由于受到地面植被、建筑物等粗糙因素的摩擦，风的动能减小，从而使平均风速减小。风速减小的程度随着高度的增加而降低。平均风速随离地高度的增加而增加的现象称为风剪切。风剪切是大型风力发电机产生气动载荷的主要原因。风剪切通常采用指数律或对数律分布来描述。研究表明，采用对数律计算的平均风速与实测值相比随高度的增加偏差会变大。所以，这里采用风剪切的指数分布律，如式(2-7)所示。

$$V_m(H)=V_m(H_0)(H/H_0)^{\alpha} \tag{2-7}$$

式中，$V_m(H)$ 表示离地高度为 H 处的平均风速；$V_m(H_0)$ 为离地参考高度 H_0 处的平均风速，即轮毂处风速；α 是风速廓线指数，取决于地面粗糙度和大气稳定度，通常情况下取值为 0.12 ~0.40。

风力发电机风轮转动平面上，风剪切引起的风速廓线如图 2-6 所示。定义图 2-6 中右端桨叶为第一个桨叶(桨叶 1)，顺时针转动，当前其所在方位角为 φ，并规定处在最顶端时的方位角为零。

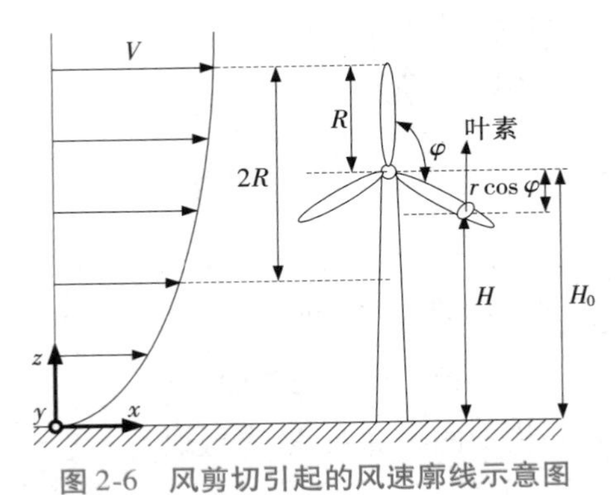

图 2-6　风剪切引起的风速廓线示意图

由图 2-6，可将式(2-7)改写成实用表达式，如式(2-8)。

$$V_m(r,\varphi)=V_m(H_0)\left(1+\frac{r\cos\varphi}{H_0}\right)^{\alpha} \tag{2-8}$$

式中，$V_m(r,\varphi)$ 为桨叶 1 上距叶根距离为 r、方位角为 φ 处的桨叶微元(叶素)所受的平均风速。

2.2.4　塔影效应

对于水平轴风力发电机，塔架成为影响气流的障碍物，使得风流过塔架附近时被迫改变方向，从而影响了风速的大小，使轴向风速减小，这种现象被称为塔影效应。图 2-7 为上风向风力发电机风速流过塔身时的塔影效应示意图。

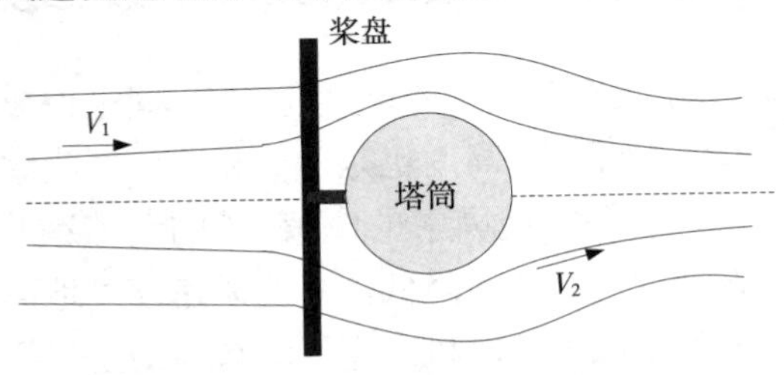

图 2-7　作用在气流上的塔影效应

对于上风向水平轴三桨叶风力发电机,选定的参考坐标系及各变量参数的含义如图 2-8 所示。

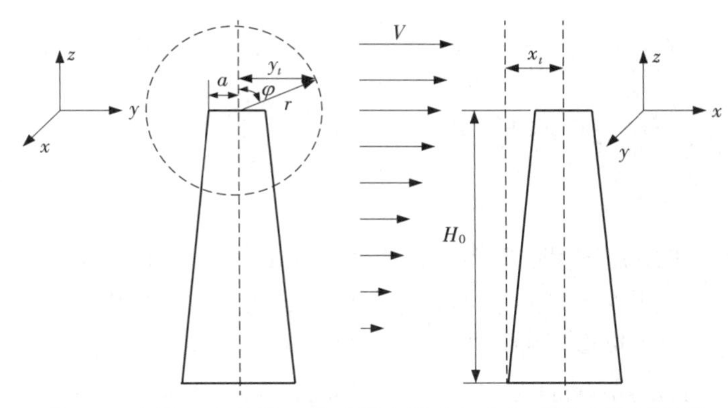

图 2-8　上风向水平轴三桨叶风力发电机坐标系及参数示意图

对于图 2-8,依然定义桨叶 1 所处的方位角为 φ,桨叶 1 上一桨叶微元距叶根的距离(微元半径)为 r。依据潜流理论,桨叶 1 上这一微元在塔影效应影响下的风速可写成式(2-9)的形式。

$$V(y_t,x_t) = V_m(H_0) + v(y_t,x_t) \tag{2-9}$$

$$v(y_t,x_t) = V_0 a^2 \frac{y_t^2 - x_t^2}{(y_t^2 + x_t^2)^2}$$

式中,$v(y_t,x_t)$ 是塔影效应引起的风速扰动; V_0 是空间平均风速;a 是塔架顶部半径; y_t 是叶素至塔架轴线的 y 轴方向的距离; x_t 是叶素转动平面至塔架轴线的 x 轴方向的距离,也就是悬垂距离,对于已知的风力发电机来说, x_t 近似看成常数。

塔影效应和风剪切在风速模型中使用的参考风速不一样,风剪切使用的参考风速是轮毂处平均风速 $V_m(H_0)$, 而塔影效应中使用的是空间平均风速 V_0。 两者之间的关系如式(2-10)所示。

$$V_0 = V_m(H_0)\left[1 + \frac{a(a-1)R_b^2}{8H_0^2}\right] = mV_m(H_0) \tag{2-10}$$

式中, $m = 1 + a(a-1)R_b^2/8H_0^2$;$R_b$ 是桨叶旋转半径。

将 $y_t = r\sin\varphi$ 和式(2-10)代入式(2-9)可得式(2-11)。

$$V(r,\varphi,x_t) = V_m(H_0)\left[1 + ma^2 \frac{r^2\sin^2\varphi - x_t^2}{(r^2\sin^2\varphi + x_t^2)^2}\right] = AV_m(H_0) \tag{2-11}$$

式中, $A = 1 + ma^2 \dfrac{r^2\sin^2\varphi - x_t^2}{(r^2\sin^2\varphi + x_t^2)^2}$。

2.2.5　风剪切和塔影效应共同影响下的风速模型

考虑到塔影效应起明显作用时,桨叶 1 的方位角处在 120° ~240°范围内,再结合本章 2. 2. 3 节，可以得到当风剪切和塔影效应同时存在时，风力发电机桨叶 1 上处在方位角为 φ、微元半径为 r 的桨叶微元的风速模型，如式(2-12)所示。

$$\begin{cases} V_m(r,\varphi) = V_m(H_0)\left(1 + \dfrac{r\cos\varphi}{H_0}\right)^{\alpha}, & 0° \leqslant \varphi < 120° \text{ 或 } 240° < \varphi \leqslant 360° \\ V_m(r,\varphi,x_t) = V_m(H_0)\left(1 + \dfrac{r\cos\varphi}{H_0}\right)^{\alpha}\left(1 + ma^2\dfrac{r^2\sin^2\varphi - x_t^2}{(r^2\sin^2\varphi + x_t^2)^2}\right), & 120° \leqslant \varphi \leqslant 240° \end{cases} \tag{2-12}$$

得到了桨叶 1 的风速模型，则桨叶 2 和桨叶 3 的风速模型就很容易通过桨叶 1 写出，但要注意的是，桨叶 2 和桨叶 3 的方位角是在 φ 的基础上分别加 120°和 240°。

图 2-9 给出了由于风剪切和塔影效应引起的风速变化对比曲线。仿真时，大型风力发电机参数取为 $H_0 = 100$ m，$R_b = 50$ m，$a = 4$ m，$x_t = 8$ m。风速廓线指数 α 取为 0. 25。曲线 1 为方位角 $\varphi = 0°$、微元半径 $r = R_b$、桨叶微元在风剪切影响下的风速；曲线 2 为方位角 $\varphi = 180°$、微元半径 $r = R_b$、桨叶微元仅在风剪切影响下的风速；曲线 3 与曲线 2 是同一桨叶微元，曲线 3 示出该桨叶微元在风剪切和塔影效应共同影响下的风速。从图中曲线 1 和曲线 2 对比可看出，风剪切对风速的影响较大，如以图中轮毂处的风速为参考，桨叶旋转平面最高点与最低点风速相差近 5 m/s。将曲线 2 和曲线 3 进行对比可看出，由于塔影效应的存在，同一风剪切影响下的风速进一步降低，此时桨叶旋转平面最高点与最低点风速相差近 10 m/s。

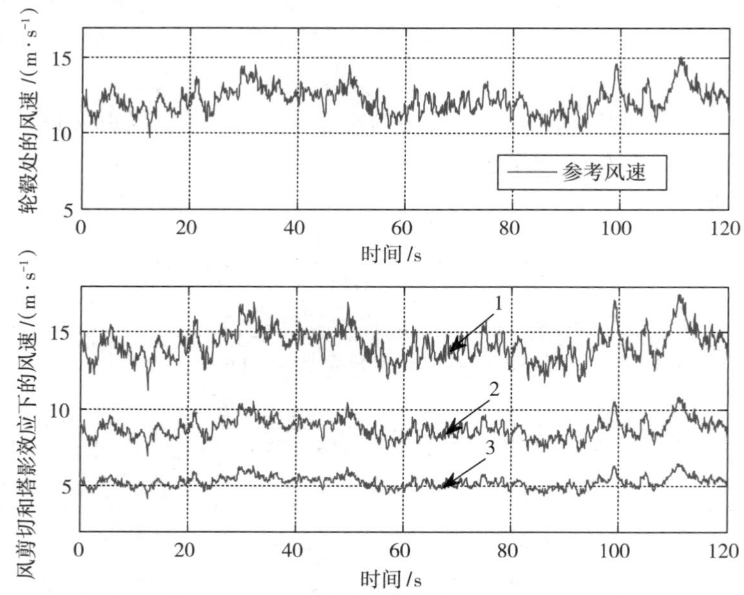

曲线 1、曲线2：风剪切下的风速；曲线3：风剪切和塔影效应共同影响下的风速

图 2-9　风剪切和塔影效应引起的风速变化对比图

在风剪切和塔影效应的影响下，桨叶在转动过程中各微元风速不同，甚至相差很大，使得分布在桨叶上的气动力不同，造成桨叶垂直于风轮扫掠面产生拍打振荡，同时也使塔架和传动机构等产生受激振荡，极大地降低风力发电机的使用寿命，同时伴有大量的噪声。特别是对风轮直径上百米的 MW 级大型风力发电机而言，这一问题更为突出。

2.2.6 风力发电机风速校正模型

由于风剪切、塔影效应和尾流效应的影响，风力发电机风轮背面和正面的风速会有所不同。在风力发电机实际运行过程中，风力发电机风轮叶片感受到的是正面风速，而风速仪测得的风速为风轮背面风速。为消除这种影响，并为风力发电机仿真研究提供更为合理的风速，在风速建模时，有必要对风力发电机风速模型进行校正。

假设质量为 m 的空气以速度 v_0 流动时，其具有的风能功率为 E，并假设气流通过风力发电机风轮扫掠面积为 A 的叶轮时，风轮的背面风速为 v_{b0}。根据风能转换的轴动量定理可知，在某一桨距角下，风力发电机实际可获得的最大功率 $P_{\max-th}$ 为

$$P_{\max-th} = EC_{p-th} \tag{2-13}$$

式中，C_{p-th} 为理论风能转换系数，它表示风轮从转换前的风能功率中可实际获得的最大功率的比例。C_{p-th}、v_{b0} 和 v_0 三者之间的关系可用式(2-14)表示。

$$C_{p-th} = \frac{1}{2}\left(1 + \frac{v_{b0}}{v_0}\right)\left(1 - \frac{v_{b0}^2}{v_0^2}\right) \tag{2-14}$$

由贝茨极限可知，风力发电机理论风能转换系数的最大值为 59.3%。这样风力发电机理论风能转换系数 C_{p-th} 的范围为 $\left[0, \frac{16}{27}\right]$。在 C_{p-th} 的变化范围内，以 $\frac{V_{b0}}{V_0}$ 为变量，求解式(2-14)所表示的一元三次方程，可得

$$\begin{cases} \dfrac{v_{b0}}{v_0} = \dfrac{4\cos(\psi/3) - 1}{3}, & 0 \leqslant C_{p-th} < \dfrac{8}{27} \\ \dfrac{v_{b0}}{v_0} = \dfrac{4\cos[(2\pi + \theta)/3] + 1}{3}, & \dfrac{8}{27} \leqslant C_{p-th} \leqslant \dfrac{16}{27} \end{cases} \tag{2-15}$$

式中，$\psi = \arccos(1 - 27C_{p-th}/8)$；$\theta = 180° - \psi$。

对于一个已知的风力发电机来说，在某一给定桨距角下，风力发电机的实际风能转换系数 C_p—λ 是已知给定的曲线。这里 λ 是叶尖速比，由实际风能转换系数 C_p 可得到理论风能转换系数 C_{p-th}，它们的关系可以写成式(2-16)的形式。

$$C_{p-th} = C_p C_{p-opt}/C_{p-\max} \tag{2-16}$$

式中，$C_{p-\max}$ 为给定桨距角下的最大风能转换系数；C_{p-opt} 为风力发电机的最优风能转换系数，C_{p-opt} 的表达式为

$$C_{p-opt}=\frac{16}{27}\left(1-\frac{0.219}{\lambda^{2}}-\frac{0.106}{\lambda^{4}}-\frac{2}{9}\frac{\ln\lambda^{2}}{\lambda^{2}}\right) \tag{2-17}$$

如果已知风力发电机实际风能转换系数 C_p—λ 曲线,并且在此曲线上可查到最大风能转换系数 $C_{p-\max}$,又已知 $C_{p-opt}-\lambda$ 的关系,即式(2-17),这样就可以通过式(2-16)得到理论风能转换系数 C_{p-th}。

综上所述,通过得到的 C_{p-th} 和风速仪实测的风力发电机风轮背面风速 v_{b0},由式(2-15)可以得到风力发电机风轮实际感受风速 v_0,即风力发电机风轮正面风速,如式(2-18)所示。

$$\begin{cases} v_0=v_{b0}/\left[\dfrac{4\cos(\psi/3)-1}{3}\right], & 0\leqslant C_{p-th}<\dfrac{8}{27} \\ v_0=v_{b0}/\left[\dfrac{4\cos[(2\pi+\theta)/3]+1}{3}\right], & \dfrac{8}{27}\leqslant C_{p-th}\leqslant\dfrac{16}{27} \end{cases} \tag{2-18}$$

式中,$\psi=\arccos(1-27C_{p-th}/8)$;$\theta=180^\circ-\psi$。

2.3 传动系统模型

风力发电机机械子系统结构包括桨叶、塔架以及机舱中的传动链。将机械子系统看成具有3个自由度的模型,这3个自由度就是机舱的轴向位移、风轮转子圆盘面的俯仰角位移、风轮转子的角位置。由于刚性轴模型在风力发电机组性能的计算中得到了广泛应用,因此,本章将传动链模型看成刚性传动。风力发电机组机械子系统模型示意图如图2-10所示。

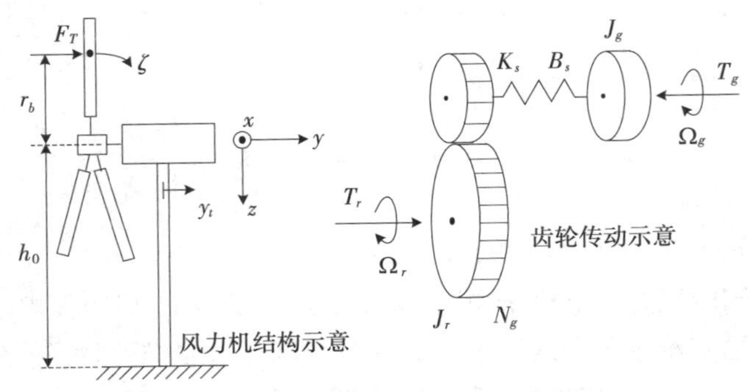

图2-10 机械子系统模型示意图

机械子系统模型虽然很复杂,但由分析动力学理论可知,该系统总是可由如下运动方程来描述

$$\boldsymbol{M}\ddot{q}+\boldsymbol{W}\dot{q}+\boldsymbol{K}q=\boldsymbol{Q} \tag{2-19}$$

式中,$\boldsymbol{M}$、$\boldsymbol{W}$ 和 $\boldsymbol{K}$ 分别表示质量矩阵、阻尼矩阵和刚度矩阵;$\boldsymbol{Q}$ 表示该系统上的作用力矢量。

图2-10所示三自由度机械子系统模型的广义坐标为

$$\boldsymbol{q} = [y_t, \zeta, \theta_r]^{\mathrm{T}} \tag{2-20}$$

式中,y_t 表示机舱的轴向位移(塔架顶部前后弯曲);ζ 表示风轮离开旋转平面的角位移(叶片挥舞产生的转子圆盘面的俯仰角位移);θ_r 表示风轮转子的角位置。

不论机械子系统具有几个自由度,由分析动力学理论可知,其拉格朗日方程总可以写成

$$\frac{\mathrm{d}}{\mathrm{d}t}\left(\frac{\partial E_k}{\partial \dot{q}_i}\right) - \frac{\partial E_k}{\partial q_i} + \frac{\partial E_d}{\partial \dot{q}_i} + \frac{\partial E_p}{\partial q_i} = Q_i \tag{2-21}$$

式中,E_k、E_d 和 E_p 分别是指系统的动能、消耗的能量和势能;q_i 是指 q 中的任意一个广义坐标;Q_i 是指与广义坐标 q_i 对应的广义力。

对于图2-10所示的模型,能量 E_k、E_d 和 E_p 可以分别写成式(2-22)、式(2-23)和式(2-24)。

$$E_k = \frac{m_t}{2}\dot{y}_t^2 + \frac{N_b}{2}m_b(\dot{y}_t + r_b\dot{\zeta})^2 + \frac{1}{2}(J_r + N_g^2 J_g)\Omega_r^2 \tag{2-22}$$

$$E_d = \frac{B_t}{2}\dot{y}_t^2 + \frac{N_b}{2}B_b(r_b\dot{\zeta})^2 \tag{2-23}$$

$$E_p = \frac{K_t}{2}y_t^2 + \frac{N_b}{2}K_b(r_b\zeta)^2 \tag{2-24}$$

式(2-22)—式(2-24)中,Ω_r 是风轮转子的转速,单位为 rad/s;其余参数的含义见表2-1。

表2-1　机械子系统模型部分参数

参　数	含　义	参　数	含　义
m_t	塔和机舱的质量	B_b	叶片的阻尼
m_b	叶片的质量	K_t	塔的刚度
J_r	风轮转子的转动惯量	K_b	每个叶片的刚度
J_g	发电机的转动惯量	N_b	叶片的数量
B_t	塔筒的阻尼	N_g	齿轮传动比

选择了机械子系统模型的广义坐标后,广义力应取为

$$\boldsymbol{Q} = [N_b F_T, N_b F_T r_b, T_r - N_g T_g]^{\mathrm{T}} \tag{2-25}$$

式中,$N_b F_T$ 是风力发电机所受推力,F_T 是单个叶片所受的推力,用距风轮转子旋

转轴距离为 r_b 位置处的集中力 F_T 来表示，在此假设风力发电机 3 个叶片所受风速相同，否则风力发电机所受推力为 $\sum_{i=1}^{3} F_{Ti}$，其中，i 表示第 i 个叶片；T_r 是风轮气动转矩；T_g 是发电机电磁转矩。

将式(2-22)—式(2-25)代入式(2-21)，就可得到式(2-19)中矩阵 $\boldsymbol{M}$、$\boldsymbol{W}$ 和 $\boldsymbol{K}$ 的形式：

$$\boldsymbol{M} = \begin{bmatrix} m_t + N_b m_b & N_b m_b r_b & 0 \\ N_b m_b r_b & N_b m_b r_b^2 & 0 \\ 0 & 0 & J_r + N_g^2 J_g \end{bmatrix}$$

$$\boldsymbol{W} = \begin{bmatrix} B_t & 0 & 0 \\ 0 & N_b B_b r_b^2 & 0 \\ 0 & 0 & 0 \end{bmatrix}$$

$$\boldsymbol{K} = \begin{bmatrix} K_t & 0 & 0 \\ 0 & N_b K_b r_b^2 & 0 \\ 0 & 0 & 0 \end{bmatrix}$$

对于机械子系统运动方程式 $\boldsymbol{M}\ddot{\boldsymbol{q}} + \boldsymbol{W}\dot{\boldsymbol{q}} + \boldsymbol{K}\boldsymbol{q} = \boldsymbol{Q}$，若选择状态、输入和输出变量分别是

$$\boldsymbol{x} = [y_t, \zeta, \theta_r, \dot{y}_t, \dot{\zeta}, \Omega_r]^{\mathrm{T}}$$

$$\boldsymbol{u} = [F_T, T_r, T_g]^{\mathrm{T}}$$

$$\boldsymbol{y} = [\dot{y}_t, \dot{\zeta}, \Omega_r]^{\mathrm{T}}$$

则机械子系统的状态方程模型为

$$\begin{cases} \dot{\boldsymbol{x}} = \boldsymbol{A}\boldsymbol{x} + \boldsymbol{B}\boldsymbol{u} \\ \boldsymbol{y} = \boldsymbol{C}\boldsymbol{x} \end{cases} \tag{2-26}$$

式中，矩阵 $\boldsymbol{A}$、$\boldsymbol{B}$、$\boldsymbol{C}$ 分别是

$$\boldsymbol{A} = \begin{bmatrix} \boldsymbol{0}_3 & \boldsymbol{I}_3 \\ -\boldsymbol{M}^{-1}\boldsymbol{K} & -\boldsymbol{M}^{-1}\boldsymbol{W} \end{bmatrix}$$

$$\boldsymbol{B} = \begin{bmatrix} \boldsymbol{0}_3 \\ \boldsymbol{M}^{-1}\tilde{\boldsymbol{Q}} \end{bmatrix}$$

$$\boldsymbol{C} = [\boldsymbol{0}_3 \quad \boldsymbol{I}_3]$$

其中，$\tilde{\boldsymbol{Q}} = \begin{bmatrix} N_b & 0 & 0 \\ N_b r_b & 0 & 0 \\ 0 & 1 & -N_g \end{bmatrix}$。

2.4 空气动力学模型

风力发电机组气动子系统的作用是把风轮所处的风场转换为作用在桨叶叶片上的集中力。气动子系统的输入有时变的风速 v、桨叶桨距角 β 和风轮转子转速 Ω_r，输出是风轮推力 F_T 和气动转矩 T_r。根据动量-叶素理论，可将气动子系统模型描述为

$$\begin{bmatrix} F_T \\ T_r \end{bmatrix} = \begin{bmatrix} \dfrac{\rho \pi R^2}{2} C_F(\lambda, \beta) v^2 \\ \dfrac{\rho \pi R^3}{2} C_T(\lambda, \beta) v^2 \end{bmatrix} \tag{2-27}$$

式中，ρ 是当地空气密度；R 是风轮半径；C_F 是推力系数；λ 是叶尖速比，$\lambda = \dfrac{\Omega_r R}{v}$，$v$ 是风力发电机来流风速；C_T 是转矩系数，$C_T = C_P/\lambda$，其中，C_P 是风能转换系数。

在对风力发电机进行能量转换分析与控制时，风力发电机的特性系数有着十分特别重要的意义，下面分别予以说明。

先来看风能转换系数 C_P。

风能转换系数 C_P 表示了风力发电机从自然风能中吸收能量的大小，即风力发电机的风能转换效率。变桨距风力发电机的 C_P 与桨叶的桨距角 β 和叶尖速比 λ 成非线性关系。对于给定的风力发电机，C_P 由厂家提供，仅仿真时也可由经验公式表示为

$$C_P(\lambda, \beta) = (0.44 - 0.0167\beta)\sin\left[\frac{\pi(\lambda - 3)}{15 - 0.3\beta}\right] - 0.00184(\lambda - 3)\beta \tag{2-28}$$

图2-11是一个典型的三叶片风力发电机的风能转换系数 $C_P(\lambda, \beta)$ 曲线，可以看出有以下两个特点：

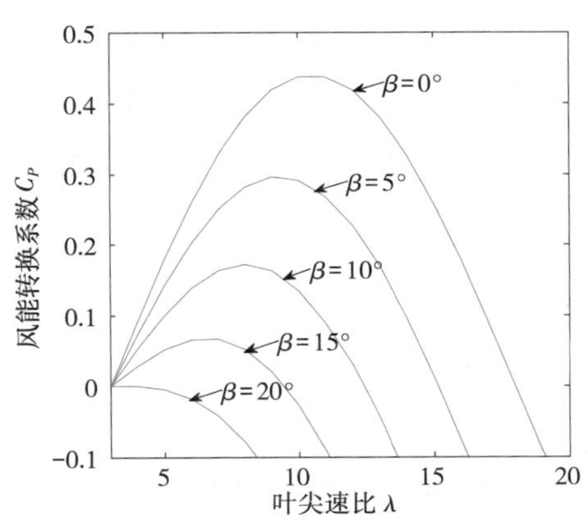

图2-11　变速变桨距风力发电机风能转换系数曲线

①对于某一固定桨距角 β，存在唯一最大风能转换系数 $C_{P-\max}$ 与之对应。

②对于某一叶尖速比 λ 下，在桨距角 $\beta=0^\circ$ 时，风能转换系数 C_P 相对来说最大，且随着桨叶桨距角 β 的增大，风能转换系数 C_P 明显逐渐减小。

再来看转矩系数 C_T 和推力系数 C_F。

通常情况下，为便于比较风力发电机在气流作用下产生的推力和转矩，引入转矩系数 C_T 和推力系数 C_F 来表示风力发电机的气动性能，定义如下：

$$C_T=\frac{2T_r}{\rho v^2 SR} \tag{2-29}$$

$$C_F=\frac{2N_b F_T}{\rho v^2 S} \tag{2-30}$$

式(2-29)和式(2-30)中，S 是风力发电机风轮扫掠面积。

2.5 风力发电机模型

风力发电机是将机械能转换为电能的装置。由于电力电子技术的飞速发展，感应发电机的性能得到了较大的提高，因此，目前感应发电机是风电领域最流行的电机，几乎主宰了并网型风力发电机的市场。风电系统中的并网型风力发电机大致可分为三大类型，它们与电网的不同连接方式如图 2-12 所示。

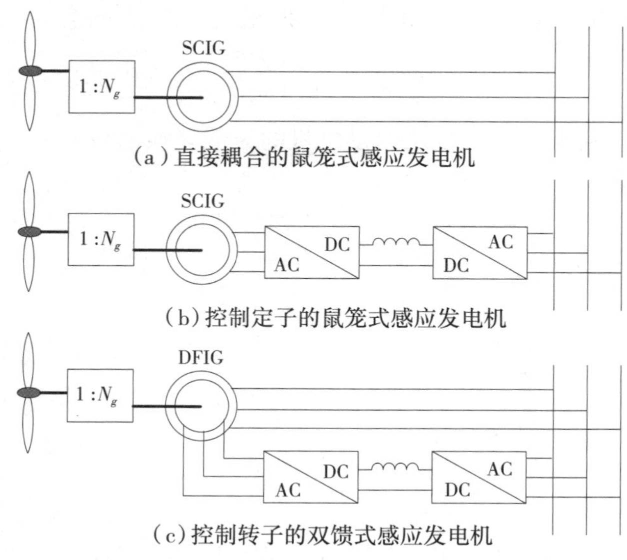

图 2-12　感应电机与电网的不同连接方式

2.5.1　直接耦合的鼠笼式感应发电机

如图 2-12(a)所示，鼠笼式感应风力发电机(SCIG)直接与电网连接。由电机理论可知，发电机在稳态时转矩-转速特性如式(2-31)所示，转矩-转速特性曲线如图 2-13 所示。

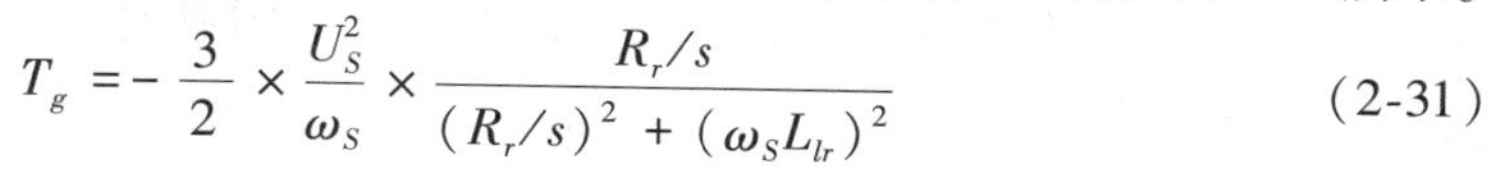

$$T_g = -\frac{3}{2} \times \frac{U_S^2}{\omega_S} \times \frac{R_r/s}{(R_r/s)^2 + (\omega_S L_{lr})^2} \tag{2-31}$$

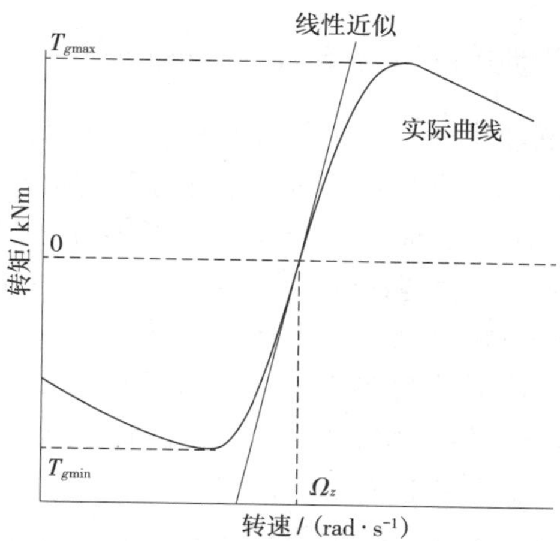

图 2-13　感应发电机转矩-转速特性曲线

式中，$\omega_S = 2\pi f_S$，其中 f_S 是电网电压频率；R_r 是转子电阻折算值；L_{lr} 是转子绕组的漏电感；s 是电机的转差率，$s = \dfrac{\Omega_S - \Omega_g}{\Omega_S}$，其中，$\Omega_g$ 是发电机角速度，同步转速(传动链低速边)；$\Omega_S = (p/2)\omega_S/N_g$，$p$ 是发电机的磁极对数。可以看出，这种并网方式的感应发电机，当 U_S 和 f_S 一旦确定，发电机就不可能被灵活控制。

由图 2-13 可以看出，超同步速时电机处于发电机运行状态，亚同步速时电机处于电动机运行状态。在这两种工作状态下，转差都表示转子电阻损耗能量的一部分，转差率越大电机效率就越低。为此，正常运行情况下鼠笼式感应发电机转差率都很低，通常为 2% 左右。因此，可将发电机转矩-转速非线性特性近似线性化为

$$T_g = B_g(\Omega_g - \Omega_S) \tag{2-32}$$

式中，B_g 是电机实际曲线在 Ω_S (图 2-13 中零转矩对应的 Ω_z)处的斜率。

可以看出，发电机转速 Ω_g 正常运行情况下几乎固定，因此，这种鼠笼式感应发电机直接连接到电网上的风电机组是指定速风力发电机。

2.5.2　控制定子的鼠笼式感应发电机

如图 2-12(b)所示，SCIG 通过定子侧变流器及网侧变流器与电网相连。两个独立

的变流器连接到一个共同的直流总线上。网侧变流器将三相交流电压转换成直流电压。定子侧变流器提供一个三相电压源，其电压与频率和交流电网不耦合。通常情况下，此变流器用压频比 U/f 控制技术来控制，也就是说频率 f_S 是通过保持 U_S/f_S 为常数来控制的。在此方法下，同步速在较大范围内变化时，电机的磁通量仍可保持不变。由式(2-31)可知，若保持 U_S/ω_S 为常数，则控制定子的鼠笼式感应发电机对线性近似式(2-32)依然有效。

2.5.3 控制转子的双馈式感应发电机

如图 2-12(c)所示，转子电路是一个具有变频励磁的双馈式感应发电机(DFIG)。定子绕组直接与电网相连，而转子绕组通过背靠背的变流器与电网耦合。

本质上来说，DFIG 控制要比 SCIG 复杂得多。DFIG 定子绕组直接连接到电网上，同步速由电网决定，保持恒定，这样磁通量也几乎为常数。DFIG 与图 2-12(a)SCIG 的不同在于转子电路，由定子侧和网侧的变流器连接到一个共同的直流总线上。一方面，直流总线的电压由网侧变流器控制，网侧变流器还能够控制产生或消耗的无功功率。另一方面，转子电流的幅值和相位由转子侧变流器控制。控制的结果是，DFIG 的转矩-转速特性与 SCIG 的稳态转矩-转速特性非常相似。

由于 DFIG 和 SCIG 稳态转矩-转速特性的相似性，在本论文独立变桨距控制策略和控制器设计中，不再指出是哪种类型的风力发电机。为了统一符号，以下用 Ω_z 来表示零转矩转速，其与图 2-12(b)结构中的同步速 Ω_S 一致，并且认为 Ω_z 是电机系统的控制输入。在 3 种并网感应电机类型下，发电机转矩-转速特性统一近似线性化为式(2-33)。

$$T_g = B_g(\Omega_g - \Omega_z) \tag{2-33}$$

由于电机的动力学以及与它们相关的电力电子技术比占主导地位的机械学发展得更快，因此发电机的稳态模型就足以实现控制目的，式(2-33)即为风电机组电气子系统数学模型。

2.6 桨距执行系统

在大型风力发电机组中，通常借助控制技术和动力系统限制桨叶上的气动载荷，从而改变叶片的气动特性。动力系统也即变桨距系统的执行机构，主要有电动变桨伺服系统和液压伺服系统。电动变桨伺服系统结构简单、产生的扭矩大、不存在漏油等现象，并且还能够单独控制桨叶，这对当今越来越大容量的风力发电机组来说至关重要，所以电动变桨越来越受重视并得到广泛应用。

对于电动变桨伺服系统，可用一阶模型来描述，其模型框图如图 2-14 所示。在线性区，变桨执行机构的动态特性由式(2-34)所示的微分方程表示。

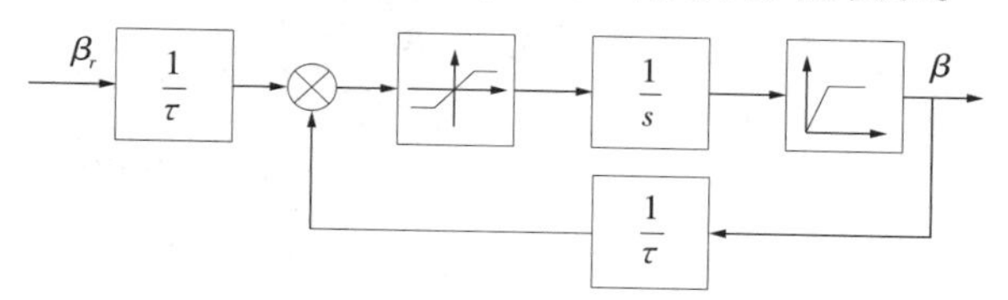

图 2-14 变桨距执行机构模型

$$\frac{\mathrm{d}\beta}{\mathrm{d}t}=-\frac{1}{\tau}\beta+\frac{1}{\tau}\beta_r \tag{2-34}$$

式中，τ 是执行机构的时间常数；β 是实际的桨叶桨距角；β_r 是期望桨距角。

对于实际大型风力发电机，桨叶重达数吨，考虑到调节器的疲劳以及惯性，桨距角的调节速率必须加以限制，通常情况下，β 以最大 $\pm 10°/\mathrm{s}$ 的速率进行桨距角调节，调节范围一般为 $-2°$ 到 $30°$。

执行机构一阶模型传递函数为

$$G(s)=\frac{\beta(s)}{\beta_r(s)}=\frac{1}{\tau s+1} \tag{2-35}$$

若为液压驱动系统，则存在时滞特性，用带延迟的一阶惯性环节来模拟，其传递函数表示为

$$G(s)=\frac{\beta(s)}{\beta_r(s)}=\frac{1}{\tau s+1}\mathrm{e}^{-Ts} \tag{2-36}$$

式中，T 为延迟时间常数。

2.7 风电机组整体模型

在机械子系统的状态方程模型［式(2-26)］中引入变桨执行机构的动态特性［式(2-34)］。此时，选择状态、输入和输出变量分别选为

$$\boldsymbol{x}=[y_t,\zeta,\theta_r,\dot{y}_t,\dot{\zeta},\Omega_r,\beta_1,\beta_2,\beta_3]^{\mathrm{T}},$$

$$\boldsymbol{u}=[F_T,T_r,T_g,\beta_{r1},\beta_{r2},\beta_{r3}]^{\mathrm{T}},$$

$$\boldsymbol{y}=[\dot{y}_t,\dot{\zeta},\Omega_r,\beta_1,\beta_2,\beta_3]^{\mathrm{T}}$$

其中，β_1、β_2、β_3 及 β_{r1}、β_{r2}、β_{r3} 分别为桨叶 1、桨叶 2、桨叶 3 的桨距角及期望桨距角。

在变桨距控制系统中，状态方程中要含有桨距子系统模型才算是完整和实用的，因

此将桨距子系统模型有机地融入机械子系统方程中，得到机械子系统和桨距子系统的联合状态方程模型为

$$\begin{cases}\dot{\boldsymbol{x}} = \boldsymbol{A}\boldsymbol{x} + \boldsymbol{B}\boldsymbol{u} \\ \boldsymbol{y} = C x\end{cases} \tag{2-37}$$

其中，矩阵 $\boldsymbol{A}$、$\boldsymbol{B}$、$\boldsymbol{C}$ 分别写成

$$\boldsymbol{A} = \begin{bmatrix} \boldsymbol{0}_{3\times 3} & \boldsymbol{I}_3 & \boldsymbol{0}_{3\times 3} \\ -\boldsymbol{M}^{-1}\boldsymbol{K} & -\boldsymbol{M}^{-1}\boldsymbol{W} & \boldsymbol{0}_{3\times 3} \\ \boldsymbol{0}_{3\times 3} & \boldsymbol{0}_{3\times 3} & -\dfrac{1}{\tau}\boldsymbol{I}_3 \end{bmatrix}$$

$$\boldsymbol{B} = \begin{bmatrix} \boldsymbol{0}_{3\times 3} & \boldsymbol{0}_{3\times 3} \\ \boldsymbol{M}^{-1}\widetilde{\boldsymbol{Q}} & \boldsymbol{0}_{3\times 3} \\ \boldsymbol{0}_{3\times 3} & \dfrac{1}{\tau}\boldsymbol{I}_3 \end{bmatrix}$$

$$\boldsymbol{C} = [\boldsymbol{0}_{6\times 3} \quad I_6]。$$

在状态方程(2-37)中，变桨距采用电动变桨伺服系统，假定执行机构的时间常数相同，都是 τ；y 是系统的输出；输出矩阵 C 可以由希望的输出量任意定义。

通过以上分析，可以得到整个风力发电机组的模型，它是由各子系统模型有机联系在一起构成的。风电机组仿真实验模型框图如图 2-15 所示。

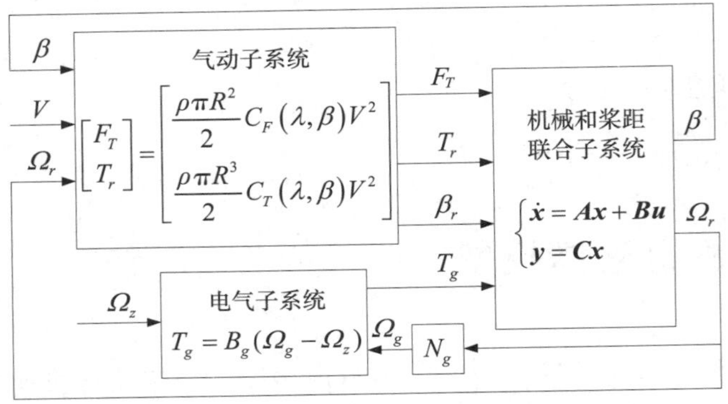

图 2-15　风电机组仿真实验模型框图

2.8 风电机组模型仿真分析

为了便于研究风力发电机组在风速变化时，桨叶气动力特性及输出功率的变化情

况,本节不进行桨叶桨距角的主动调节,而将桨距角保持为固定值,利用所建立的风力发电机组仿真实验模型,进行风力发电机组初步仿真实验,以此说明变桨距调节的意义。仿真实验时,风力发电机组参数如附录 1 所示。风力发电机轮毂高度处的模拟风速曲线如图 2-16 所示,风剪切及塔影效应影响下,3 个桨叶的风速由程序实现。

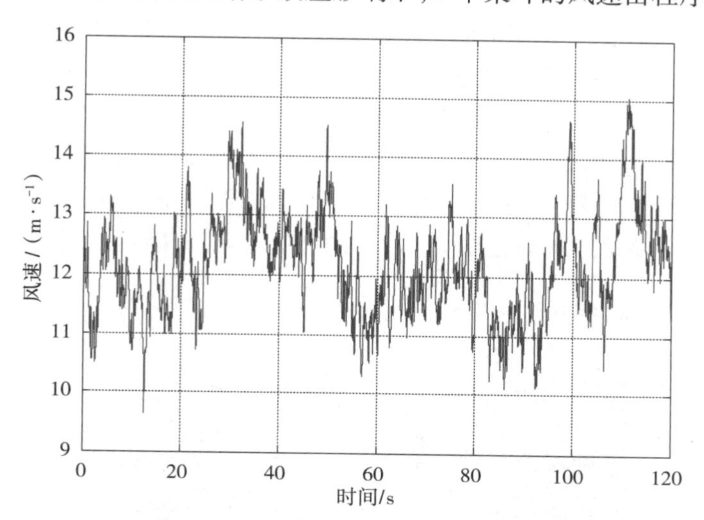

图 2-16　风力发电机轮毂高度处的模拟风速曲线

保持风力发电机桨叶桨距角为 0°,风力发电机 3 个桨叶所受的气动推力如图 2-17 所示。由图 2-17 可看出,风力机 3 个桨叶所受到的气动推力都较大,可达到 10^5 牛顿的数量级,并且气动推力随着风速的变化而变化,总体来说随风速变化步调一致。为便于说明风剪切和塔影效应对风力发电机气动推力的影响,对图 2-17 所示曲线的 60 ~ 80 s

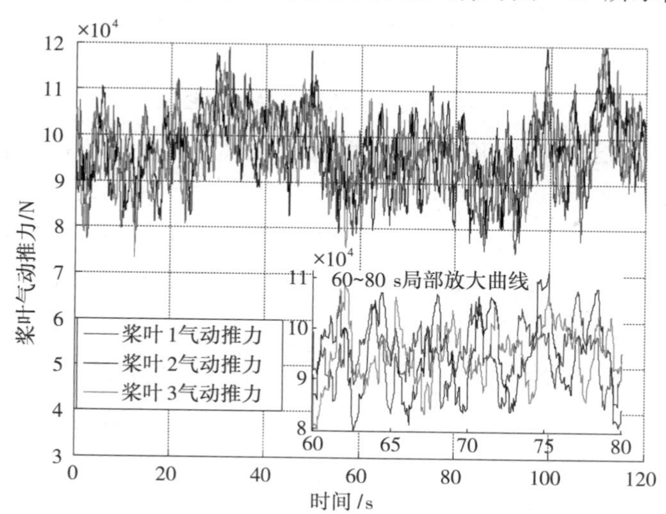

图 2-17　风力发电机桨叶所受气动推力仿真曲线

时间段进行了局部放大，从放大后的推力曲线可清楚地看出，3 个桨叶所受的气动推力在风剪切和塔影效应影响下，任意瞬间的气动推力并非随风速一致变化，虽然 3 桨叶结构相同，但受气动推力大小差异明显。3 个桨叶在不一致的气动推力作用下，挥舞方向摆振，严重时将可能危及塔架基础和桨叶耐疲劳寿命。

风力发电机在气动力作用下的振动以叶片挥舞、塔架前后弯曲运动最为严重，为进一步说明桨叶在气动推力作用下对风力发电机振动的影响，对风电机组机舱的轴向位移以及风轮离开旋转平面的角位移进行了仿真观测，曲线如图 2-18 所示。

由图 2-18 可以看出，在风轮气动推力作用下，机舱轴向出现了一定的位移，不足 1 mm，风轮偏离旋转平面也出现了角位移，不足 1°。通过进一步分析表明，影响位移大小的因素主要有风速的大小、塔架和叶片的刚度以及塔筒和叶片的阻尼等。

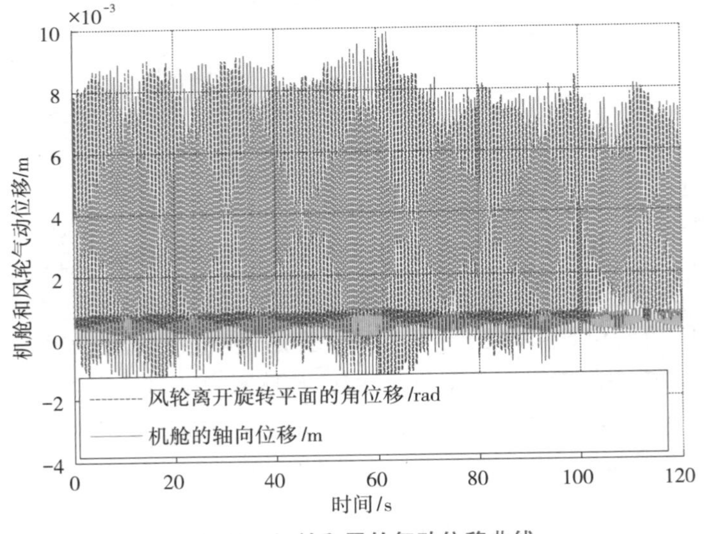

图 2-18　机舱和风轮气动位移曲线

保持风力发电机桨叶桨距角为 0°，风力发电机风轮气动转矩和输出功率曲线分别如图 2-19 和图 2-20 所示。

由图 2-19 和图 2-20 可看出，对于变桨距风力发电机组，若不主动调节桨叶桨距角，风力发电机风轮气动转矩和输出功率均随风速的变化而变化，引起转矩振荡和功率大幅度随风波动。

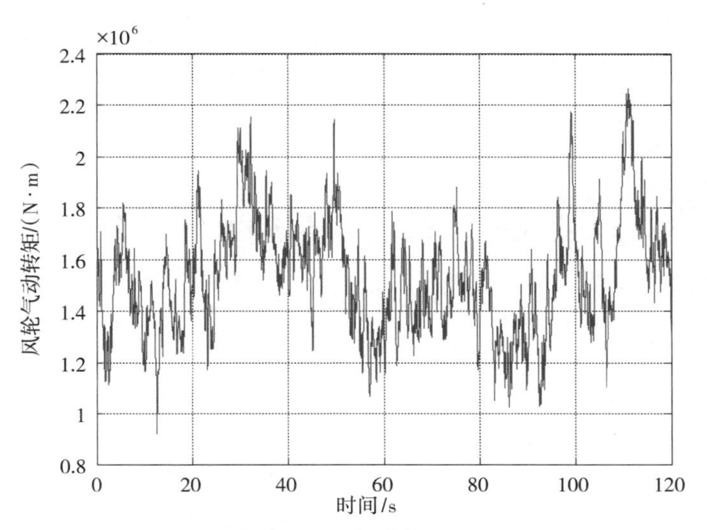

图 2-19　风力发电机风轮气动转矩随风速变化曲线

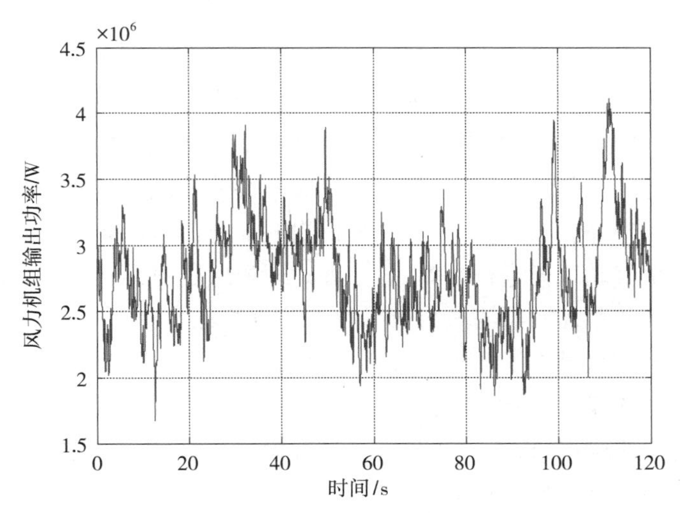

图 2-20　风电机组输出功率曲线

第3章 风电机组气动载荷分析及建模

3.1 引 言

大型化和大容量是风机未来发展的主流趋势,不可避免地将导致风轮直径和桨叶扫风面积增大。不均衡的风场对风轮的影响也越发明显,从而造成风电机组整个风轮的载荷不平衡,以致桨叶拍打及塔架振动。这种不平衡载荷会在一定程度上加速叶片、传动链及发电机等结构部件的磨损,降低发电效率,甚至影响传动机构所受机械应力和整个机组的耐疲劳寿命。为此,对大型风电机组气动载荷进行分析建模意义重大,一方面可对风力发电机气动载荷进行计算;另一方面通过所建载荷模型平台,对所设计的大型风电机组独立变桨距控制器的减载效果提供仿真验证平台。

本章首先分析大型风力发电机产生不平衡载荷的因素及所受的载荷,并对气动载荷进行有针对性的建模,为后续章节提供载荷验证实验平台。其次,对大型风力发电机气动载荷进行仿真实验,分析气动载荷对风电机组的影响,进一步指出大型风电机组采用独立变桨距控制的重要性和意义。

3.2 风电机组载荷分析及建模

风电机组依靠叶轮将风能转化为机械能,因此,风电机组中最主要的受力部件是叶轮,而风电机组其他结构部件所受到的载荷主要由叶轮上的空气动力载荷引起。由于自然界的风速风向随时都在发生变化,因此造成了叶轮载荷的不平衡,进而引起了其他结构部件载荷的波动。重达数十吨的叶轮在地球重力场中不停地转动将引起复杂的交变重力载荷。风速变化、刹车等原因引起风轮加减速运行,产生惯性载荷(包括离心力和回转力影响)。另一方面,由于偏航、变桨、发电机脱网等也将产生运行载荷。气动载荷、重力载荷和惯性载荷是风电机组载荷的 3 个重要来源。在风电机组所受的诸多载荷中,重力载荷、惯性载荷和运行载荷通常是不可避免的,主要在设计、制造风力发电机时考虑其影响。而风力发电机叶轮所受的空气动力载荷可以通过独立变桨距控制策略得到改善和削弱,进而改善其他结构部件上的载荷,延长机组的耐疲劳寿命。因此,为便于后续章节检验所设计的独立变桨距控制策略的性能,本章重点针对桨叶空气动力载荷进行分析及建模。

3.2.1　风电机组载荷的分类

(1)按照风电机组载荷的来源分类

根据风电机组载荷的来源不同,风电机组承受的载荷可以分为以下几种类型:

①空气动力载荷:是载荷和功率的主要来源。在风电机组结构设计中在高风速条件下,气动阻力是主要要考虑的因素;风轮在旋转时,升力是主要考虑因素。

②重力载荷:主要由于机舱、风轮及塔架的重力产生,它是风电机组设计和安装考虑的至关重要的载荷。

③惯性载荷:主要来源是风电机组部件运动尤其是风轮旋转所产生的离心力,以及风轮旋转时偏航所产生的回转力。

④运行载荷:风电机组在运行时由于变桨、偏航、刹车、脱网等动作引起的机组结构和部件上的载荷变化。

此外,还需考虑风轮叶片质量不平衡等因素,对于海上风电,还有波浪载荷、海冰载荷、船舶冲击载荷等因素。

(2)按照风电机组载荷的性质分类

根据风电机组载荷的性质不同,风电机组所承受的载荷可以分为以下几种类型:

①静态载荷:施加在静止结构上,不会随时间变化而变化的载荷。

②定常载荷:施加在风电机组运动结构上,不随时间变化而变化的载荷,如施加在稳态运行的旋转风力发电机叶片上的载荷。

③瞬态载荷:风电机组对瞬态外部环境的变化而产生的相应的时变载荷,呈现出振荡并最终衰减,如驱动链刹车。

④脉冲载荷:短时间出现较大尖峰值的载荷,如下风向叶片塔影效应和叶片铰链机构减振器的受力都体现为脉冲载荷。

⑤周期载荷:呈周期变化的载荷,主要是风轮叶片旋转引起的,且与叶片质量、风剪

切、偏航运动、风机整体结构振动及其部件振动有关。周期载荷的变化周期与叶轮转速变化呈现整数倍关系。

⑥随机载荷:具有明显的随机特性的时变载荷,其平均值可能相对稳定,但是振幅较大,如风轮叶片在湍流下的载荷。

⑦谐振载荷:来自风电机组部件自然频率动态谐振响应的周期负载,一般是非常恶劣的运行条件或设计不合理引起的风机谐振动态响应。

3.2.2 产生空气动力载荷不平衡的因素

在分析小型风电机组气动性能的时候,通常将 3 个桨叶所受风速看成是相同(如平均速度)来加以处理,这可使问题得到简化。但对大型风力发电机来说,这与桨叶所受实际风速和风机实际运行性能存在一定差异。引起风力发电机气动载荷不平衡的因素很多,主要在于:一方面由于风剪切和塔影效应,风轮旋转平面内的风速分布很不均匀,使得风机的 3 个桨叶承受的风速不尽相同,所受的力及力矩也就不平衡;另一方面由于大气湍流每时每刻都存在于风的变化过程中,湍流的存在进一步影响了风力发电机的气动载荷不平衡。综上所述,影响气动载荷不平衡的主要原因是风速,而影响风速大小和分布的因素主要有风剪切、塔影效应和湍流。至于湍流风速、风剪切和塔影效应影响下的风速已在第二章给出了详细的模型。后续章节设计的独立变桨距控制策略、本章的风力发电机气动载荷仿真及计算,主要就采用这种风速模型。

3.2.3 风力发电机空气动力载荷建模

风力发电机运行在复杂自然环境中,受到各种复杂的载荷,不可能通过一种方法就能够对它们进行分析和解决。本章主要针对风力发电机叶轮所承受的空气动力载荷进行分析和建模,选择的叶片坐标系如图 3-1 所示。叶轮在空气动力作用下绕主轴旋转将风能转换为机械能,若要恰当描述风在叶片上产生的空气动力,即升力和阻力,就应当将坐标系建立在叶片上。对叶片进行动力学研究时,应充分考虑叶片在气动力作用下产生的挥舞、摆振、扭曲等运动和变形。

风力发电机组气动载荷建模方法有基于动量-叶素理论的方法和基于计算流体力学(CFD)的数值计算方法等。基于动量-叶素理论的方法,是将叶轮的叶片沿翼展方向分成若干个微元,这些微元被称为叶素,并假设叶素相互之间没有干扰,将叶素看成是二元翼型,对每个叶素运用动量理论求出作用在其上的力和力矩,然后沿翼展方向积分求和,最终得到整个叶片所受的气动力和力矩等载荷。动量-叶素理论方法由于具有形式简单、计算量小、便于工程应用等特点,被广泛用以确定风力发电机的动态载荷的方法。CFD 方法的优点是无须对数学模型进行近似处理,能够适应各种复杂流动,并能够获得丰富的流场细节信息,可直接对流体的运动进行数值模拟,仅就物理意义而言,

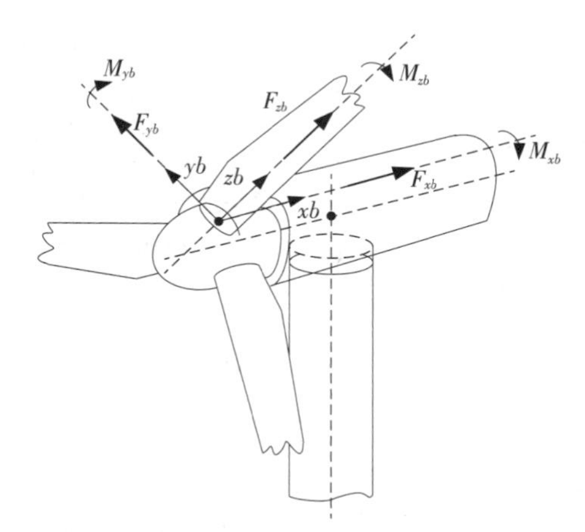

图 3-1　风力发电机叶片坐标系及叶片空气动力载荷示意图

数值求解 Navier-Stokes(N-S)方程的 CFD 方法,应是最全面而准确的确定风力发电机气动特性的方法。但是,由于 CFD 方法具有计算工作量大、存在数值计算稳定性等缺点,并且目前 CFD 求解 N-S 方程的方法远远不能作为风力发电机气动性能研究的日常工具来用,目前,CFD 方法作为解决风电机组工程问题的工具还不太实际。为此,本章采用动量-叶素理论方法进行风电机组的气动载荷建模。

(1)动量理论

动量理论又称为制动圆盘理论,是风力发电机空气动力学理论分析的有效工具。假设风轮前方的来流风速为 V_1,到达风轮后实际速度降为 V_t,穿过风轮后的尾流风速为 V_2,考虑风力发电机风轮尾流的旋转效应,假设风轮前远方和后远方的气流静压相等,则可以得到 V_1、V_t 和 V_2 的关系为

$$V_t = \frac{(V_1 + V_2)}{2} \tag{3-1}$$

设定轴向诱导因子为 $a = u_a/V_1$,u_a 为风轮处的轴向诱导速度。由动量理论、贝努力方程和连续方程可以得到

$$V_t = V_1(1 - a) \tag{3-2}$$

$$V_2 = V_1(1 - 2a) \tag{3-3}$$

由式(3-1)—式(3-3)可得

$$V_1 - V_2 = 2aV_1 \tag{3-4}$$

假设风轮作用盘由许多个以风轮轴线为对称轴的小圆环构成(内半径为 r,外半径为 $r + \mathrm{d}r$),将风轮流动模型看成一单元流管,则作用在风轮上的轴向力可表示成

$$\mathrm{d}T = \mathrm{d}\dot{m}(V_1 - V_2) \tag{3-5}$$

式中，$d\dot{m}$ 为单位时间流过风轮小圆环 dr 上的空气流量，可写成

$$d\dot{m} = 2\pi\rho V_t r dr \tag{3-6}$$

式中，ρ 是当地空气密度。

将式(3-2)、式(3-4)和式(3-6)代入式(3-5)，可得

$$dT = 4\pi r\rho V_1^2 a(1-a)dr \tag{3-7}$$

作用在整个风轮上的轴向力为

$$T = \int dT = 4\pi\rho V_1^2 \int_0^R a(1-a)r dr \tag{3-8}$$

作用在该 dr 小圆环上的转矩可由动量矩方程得到，即

$$dM = d\dot{m}(u_t r) \tag{3-9}$$

式中，u_t 为风轮叶片 r 处的周向诱导速度，$u_t = \omega \cdot r$，其中 ω 为风轮叶片 r 处的周向诱导角速度。

设周向诱导因子为 $b = \omega/2\Omega$，Ω 为风轮转动角速度。将 $u_t = \omega \cdot r = 2b\Omega r$、式(3-6)及式(3-2)代入式(3-9)可以得到

$$dM = 4\pi r^3 \rho V_1(1-a)b\Omega dr \tag{3-10}$$

并且可以得到风轮的轴功率为

$$P = \int dP = \int \Omega dM = 4\pi\rho\Omega^2 V_1 \int_0^R b(1-a)r^3 dr \tag{3-11}$$

(2)叶素理论

叶素理论的基本思想是将叶轮的叶片沿翼展方向划分成若干个微元，这些微元即为叶素，并假设叶素相互之间没有干扰，将叶素看成二元翼型，对每个叶素上的力和力矩沿翼展方向积分求和，最后得到整个叶轮所受的气动力和力矩等载荷。

对于一个风轮叶片数为 N_b，叶片半径为 R，角速度为 Ω 的风力发电机风轮，弦长和桨距角都沿着桨叶轴线变化。距叶根距离为 r、厚度为 dr、弦长为 c 的叶素攻角为 α、入流角为 φ、桨距角为 β，如图 3-2 所示。由动量理论可以知道，考虑风力发电机风轮尾流旋转效应后，风轮处的轴向速度 $\boldsymbol{V}_a = \boldsymbol{V}_1(1-a)$，周向速度为 $\boldsymbol{V}_b = \boldsymbol{\Omega} r(1+b)$。然而实际流过风轮处的气流速度为 $\boldsymbol{W} = \boldsymbol{V}_a + \boldsymbol{V}_b$，也就是风相对于叶片的来流速度。

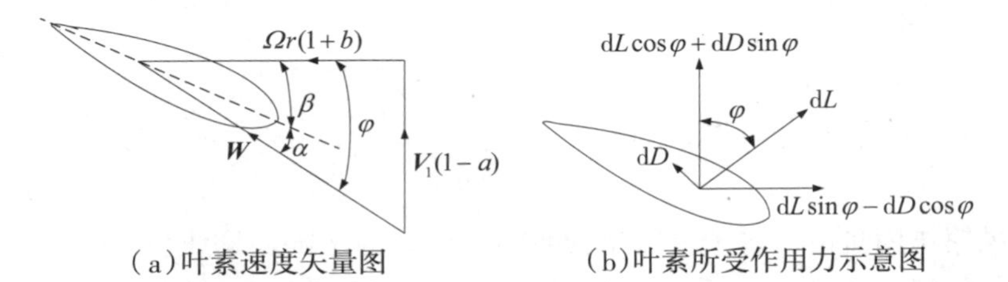

(a)叶素速度矢量图　(b)叶素所受作用力示意图

图 3-2　叶素速度矢量及受力示意图

由叶素速度矢量图[图 3-2(a)]可知,叶素处的入流角为

$$\varphi = \operatorname{arctg}[(1-a)V_1/(1+b)\Omega r] \tag{3-12}$$

攻角为

$$\alpha = \varphi - \beta \tag{3-13}$$

求出攻角 α 后,查风力发电机翼型手册可得到叶素受力时的升力系数 C_l 和阻力系数 C_d。由叶素所受作用力示意图 3-2(b)可知,叶素升力 dL 和阻力 dD 分别经法向和切向分解后,可以得到叶素所受法向力 dF_n 和切向力 dF_t 分别如式(3-14)和式(3-15)所示。

$$\mathrm{d}F_n = \mathrm{d}L\cos\varphi + \mathrm{d}D\sin\varphi \tag{3-14}$$

$$\mathrm{d}F_t = \mathrm{d}L\sin\varphi - \mathrm{d}D\cos\varphi \tag{3-15}$$

则法向力系数 C_n 和切向力系数 C_t 分别为

$$C_n = C_l\cos\varphi + C_d\sin\varphi \tag{3-16}$$

$$C_t = C_l\sin\varphi - C_d\cos\varphi \tag{3-17}$$

在叶素所受作用力示意图[图 3-2(b)]中,垂直于 $\boldsymbol{W}$ 方向的升力为 $\mathrm{d}L = \frac{1}{2}\rho cW^2C_l\mathrm{d}r$,平行于 $\boldsymbol{W}$ 方向的阻力为 $\mathrm{d}D = \frac{1}{2}\rho cW^2C_d\mathrm{d}r$。将升力 d$L$ 和阻力 dD 的表达式代入式(3-14),可以得到作用在叶轮叶片上的叶素的轴向(法向)力为

$$\mathrm{d}T = \frac{1}{2}\rho cW^2C_n\mathrm{d}r \tag{3-18}$$

同样,将升力 dL 和阻力 dD 的表达式代入式(3-15)后,再乘以叶素距叶根距离 r,就可以得到作用在叶轮叶片上的叶素所受的扭矩。考虑叶片的数目 N_b 后,在叶素 r 处 dr 微段的风轮面轴向推力和总扭矩分别为

$$\mathrm{d}T = \frac{1}{2}N_b\rho cW^2C_n\mathrm{d}r \tag{3-19}$$

$$\mathrm{d}M = \frac{1}{2}N_b\rho cW^2C_tr\mathrm{d}r \tag{3-20}$$

(3)动量-叶素理论

为分析风力发电机性能,建立风力发电机气动载荷模型,需要用到动量-叶素理论,来计算风轮旋转面中的轴向诱导因子 a 和周向诱导因子 b。由前述动量理论可以得到

$$\mathrm{d}T = 4\pi r\rho V_1^2a(1-a)\mathrm{d}r \tag{3-21}$$

$$\mathrm{d}M = 4\pi r^3\rho V_1(1-a)b\Omega\mathrm{d}r \tag{3-22}$$

由前述叶素理论又可得到

$$\mathrm{d}T = \frac{1}{2}N_b\rho cW^2C_n\mathrm{d}r \tag{3-23}$$

$$dM = \frac{1}{2} N_b \rho c W^2 C_t r dr \tag{3-24}$$

由式(3-21)和式(3-23)可得

$$4\pi r \rho V_1^2 a(1-a) dr = \frac{1}{2} N_b \rho c W^2 C_n dr \tag{3-25}$$

整理式(3-25)后得到

$$a(1-a) = (\sigma/4)(W^2/V_1^2) C_n \tag{3-26}$$

其中

$$\sigma = N_b c / 2\pi r \tag{3-27}$$

由叶素速度矢量图[图 3-2(a)]可知，$\sin\varphi = (1-a)V_1/W$，则 $W^2/V_1^2 = (1-a)^2/\sin^2\varphi$，代入式(3-26)可得

$$a(1-a) = (\sigma/4)[(1-a)^2/\sin^2\varphi] C_n \tag{3-28}$$

整理后可得

$$a/(1-a) = \sigma C_n / 4\sin^2\varphi \tag{3-29}$$

同理，由式(3-22)和式(3-24)可得

$$4\pi r^3 \rho V_1 (1-a) b \Omega dr = \frac{1}{2} N_b \rho c W^2 C_t r dr \tag{3-30}$$

整理式(3-30)后可得

$$b(1-a) = \frac{\sigma W^2}{4 C_t V_1 \Omega r} \tag{3-31}$$

由图 3-2(a)可知，$\sin\varphi = (1-a)V_1/W$，$\cos\varphi = (1+b)\Omega r/W$，进而可得到 $W/V_1 = (1-a)/\sin\varphi$，$W/\Omega r = (1+b)/\cos\varphi$，代入式(3-31)整理后得到

$$b/(1+b) = \sigma C_t / (4\sin\varphi\cos\varphi) \tag{3-32}$$

(4)气动载荷计算模型

要得到风力发电机气动载荷模型，首先必须求出轴向诱导因子 a 和周向诱导因子 b。在这里采用迭代的方法来求解，具体见附录Ⅱ。

有了轴向诱导因子 a 及周向诱导因子 b、法向力系数 C_n 及切向力系数 C_t 后，就可以得到作用在风力发电机风轮叶片上的摆振方向(即切向)的剪切力 F_{yb} 和弯矩 M_{xb}，以及挥舞方向(即法向)的剪切力 F_{xb} 和弯矩 M_{yb}。

$$F_{xb} = \frac{1}{2}\int_{r_0}^{R} \rho W^2 c C_n dr \tag{3-33}$$

$$F_{yb} = \frac{1}{2}\int_{r_0}^{R} \rho W^2 c C_t dr \tag{3-34}$$

$$M_{xb} = \frac{1}{2}\int_{r_0}^{R} \rho W^2 c C_t r dr \tag{3-35}$$

$$M_{yb} = \frac{1}{2}\int_{r_0}^{R} \rho W^2 c C_n r\mathrm{d}r \tag{3-36}$$

式中，r_0 为轮毂半径；R 为叶轮半径；ρ 为当地空气密度；W 为风相对于叶片的来流风速，由图 3-2(a)可知，$W = \sqrt{(1-a)^2 V_1^2 + (1+b)^2 (\Omega r)^2}$；$c$ 为叶素弦长；C_n 为法向力系数；C_t 为切向力系数；r 为叶素距叶根距离。

风力发电机风轮的轴功率是由作用在风轮上的转矩产生的，可以将风轮上的转矩看成是由叶片所受摆振力矩 M_{xb} 合成生成的，在不考虑风剪切和塔影效应的情况下，风力发电机转子机械转矩可写成 $T_r = 3M_{xb}$。由于风剪切和塔影效应的存在，风力发电机 3 个桨叶所受的摆振力矩 M_{xb} 是不一样的，此时，风力发电机转子气动机械转矩准确来说写成式(3-37)。

$$T_r = \sum_{i=1}^{N_b} M_{xbi} \tag{3-37}$$

然而，在分析风力发电机性能及进行控制设计时，转子气动机械转矩通常采用式(3-38)来计算。

$$T_r = \frac{1}{2}\rho \pi R^3 C_T(\lambda,\beta) V^2 \tag{3-38}$$

风力发电机输出的功率与气动机械转矩之间的关系为

$$P_r = T_r \Omega_r = \frac{1}{2}\rho \pi R^2 C_P(\lambda,\beta) V^3 \tag{3-39}$$

式中，λ 为叶尖速比，$\lambda = \Omega_r R/V$；Ω_r 为风轮旋转角速度；$C_P(\lambda,\beta)$ 为风能转换系数，控制器设计时 $C_P(\lambda,\beta)$ 的表达式取为式(2-28)的形式；$C_T(\lambda,\beta)$ 为转矩系数，$C_T = C_P/\lambda$。

3.3　风力发电机气动载荷仿真分析

本节利用第二章建立的风电机组模型和本章 3. 2 节所建载荷模型，对风电机组所受气动载荷进行仿真实验，分析气动载荷对风力发电机的影响，进一步说明大型风电机组实施独立变桨距控制的必要性与意义。仿真时风电机组主要参数见附录 I 。风力发电机轮毂高度处仿真模拟风速曲线如图 3-3 所示，风剪切和塔影效应影响下，3 个桨叶所受风速由程序实现。

风电机组不考虑风剪切及塔影效应，仅施加图 3-3 所示风力发电机轮毂高度处风速，不调节桨距角，固定为 5°，3 个桨叶挥舞方向所受的剪切力仿真曲线如图 3-4 所示。

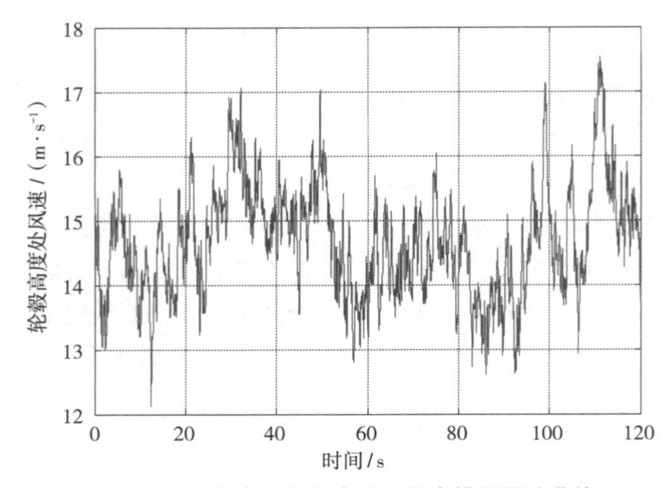

图 3-3　风力发电机轮毂高度处仿真模拟风速曲线

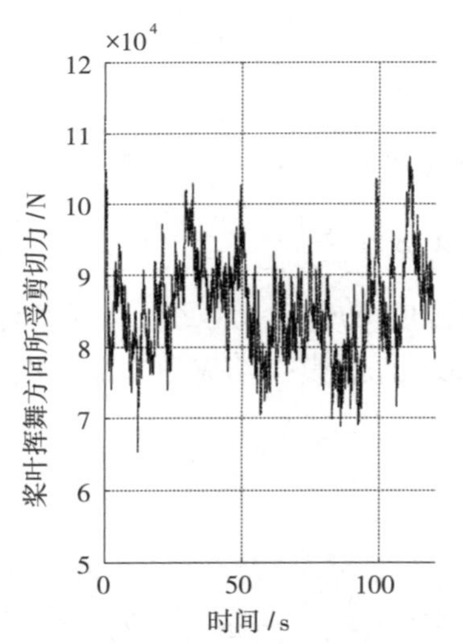

(a)桨叶挥舞方向所受剪切力曲线

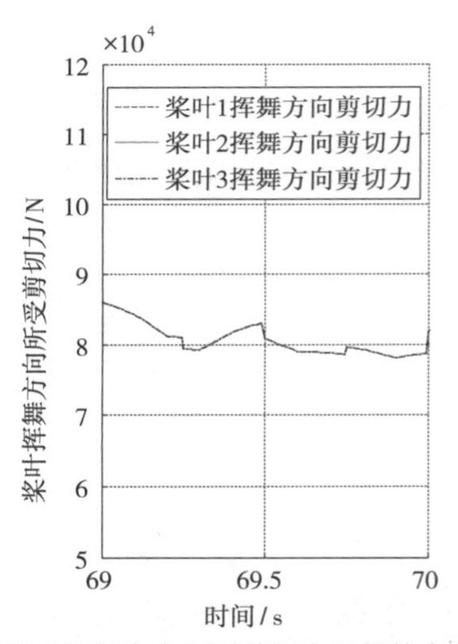

(b)桨叶挥舞方向所受剪切力局部放大曲线

图 3-4　不考虑风剪切及塔影效应时 3 个桨叶挥舞方向所受的剪切力仿真曲线

风电机组考虑风剪切及塔影效应影响,桨距角不调节,固定为 5°, 3 个桨叶挥舞方向所受的剪切力仿真曲线如图 3-5 所示。

风电机组不考虑风剪切及塔影效应,仅施加图 3-3 所示风力发电机轮毂高度处风速,桨距角不调节,固定为 5°, 3 个桨叶摆振方向所受的剪切力仿真曲线如图 3-6 所示。

风电机组考虑风剪切及塔影效应影响,桨距角不调节,固定为 5°, 3 个桨叶摆振方向所受的剪切力仿真曲线如图 3-7 所示。

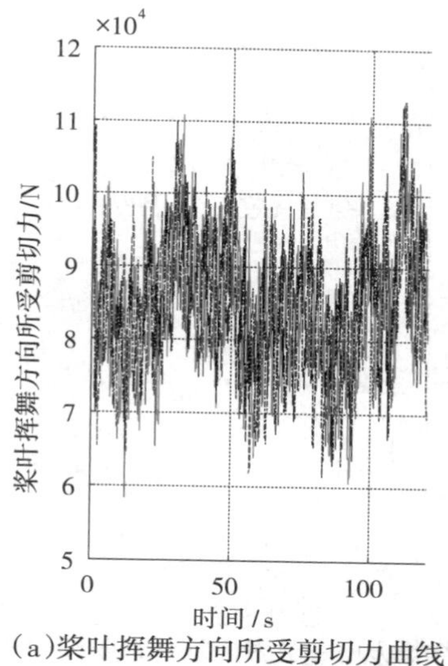

(a)桨叶挥舞方向所受剪切力曲线

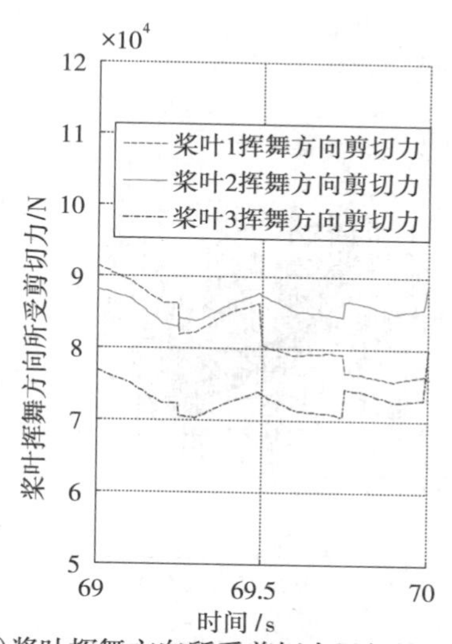

(b)桨叶挥舞方向所受剪切力局部放大曲线

图 3-5　考虑风剪切及塔影效应时 3 个桨叶挥舞方向所受的剪切力仿真曲线

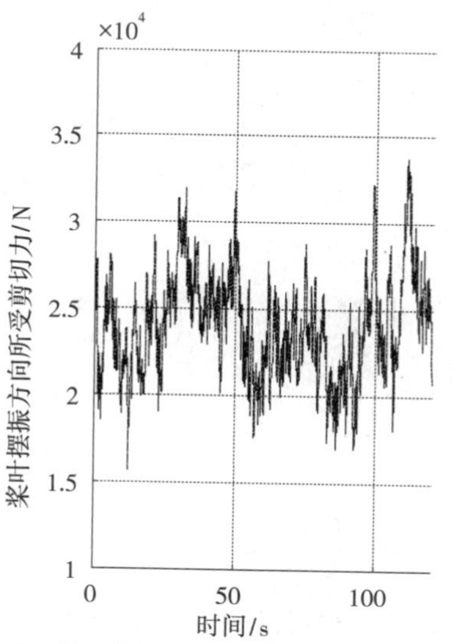

(a)桨叶摆振方向所受剪切力曲线

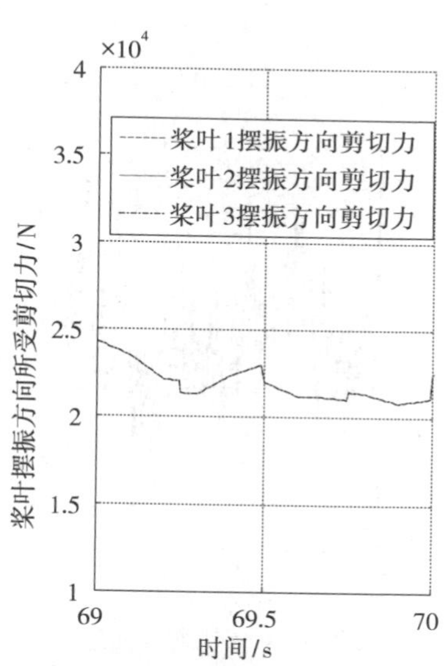

(b)桨叶摆振方向所受剪切力局部放大曲线

图 3-6　不考虑风剪切及塔影效应时 3 个桨叶摆振方向所受的剪切力仿真曲线

风电机组不考虑风剪切及塔影效应，仅施加图 3-3 所示风力发电机轮毂高度风速，桨距角不调节，固定为 5°，3 个桨叶根部挥舞弯矩仿真曲线如图 3-8 所示。

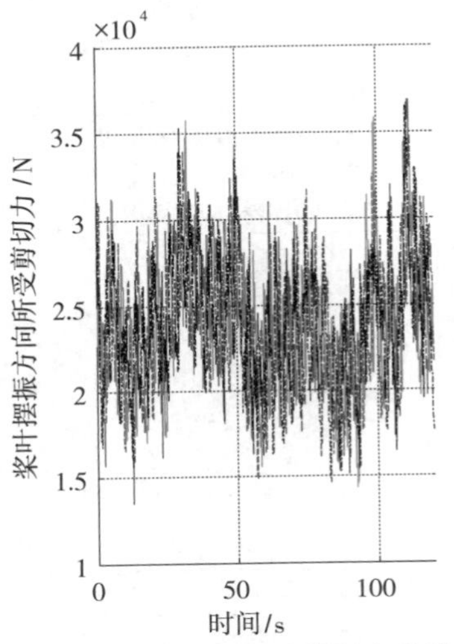

(a)桨叶摆振方向所受剪切力曲线

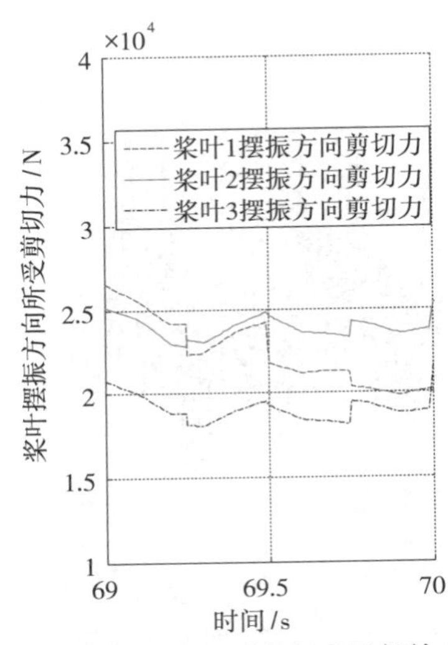

(b)桨叶摆振方向所受剪切力局部放大曲线

图 3-7 考虑风剪切及塔影效应时 3 个桨叶摆振方向所受的剪切力仿真曲线

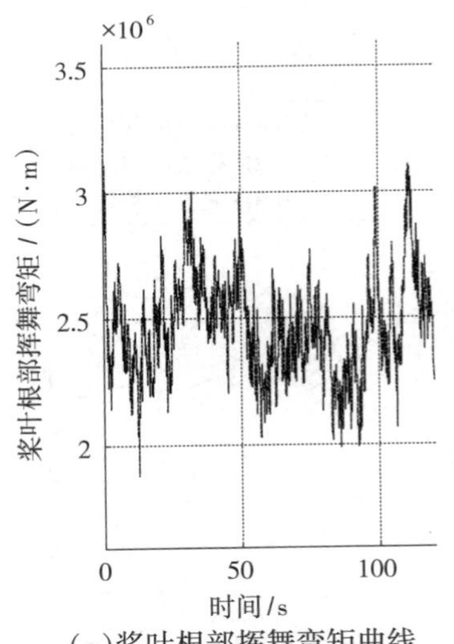

(a)桨叶根部挥舞弯矩曲线

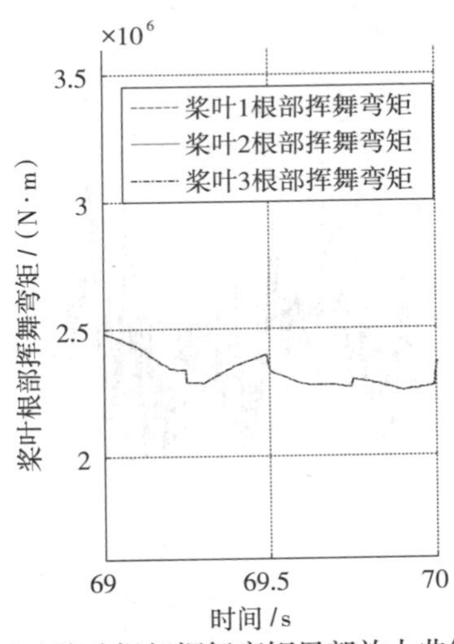

(b)桨叶根部挥舞弯矩局部放大曲线

图 3-8 不考虑风剪切及塔影效应时 3 个桨叶根部挥舞弯矩仿真曲线

风电机组考虑风剪切及塔影效应影响，桨距角不调节，固定为 5°，3 个桨叶根部挥舞弯矩仿真曲线如图 3-9 所示。

风电机组不考虑风剪切及塔影效应，仅施加图 3-3 所示风力发电机轮毂高度风速，桨距角不调节，固定为 5°，3 个桨叶根部摆振弯矩仿真曲线如图 3-10 所示。

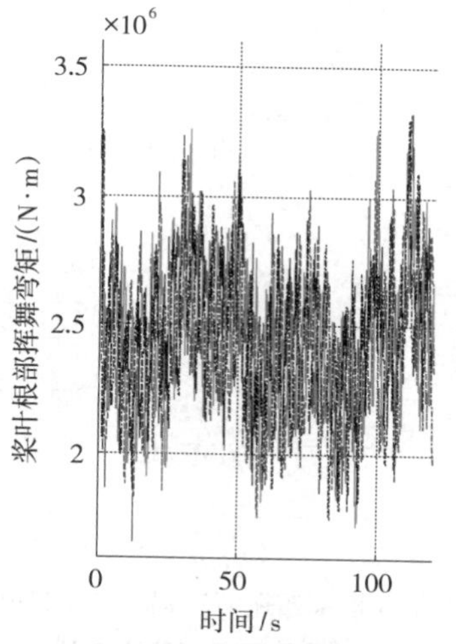

(a)桨叶根部挥舞弯矩曲线

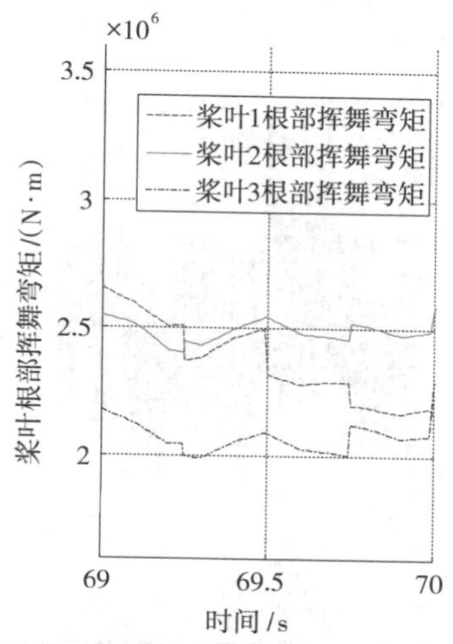

(b)桨叶根部挥舞弯矩局部放大曲线

图 3-9　考虑风剪切及塔影效应时 3 个桨叶根部挥舞弯矩仿真曲线

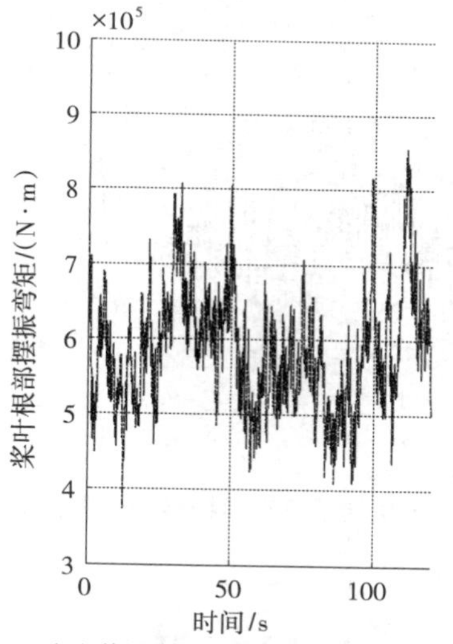

(a)桨叶根部摆振弯矩曲线

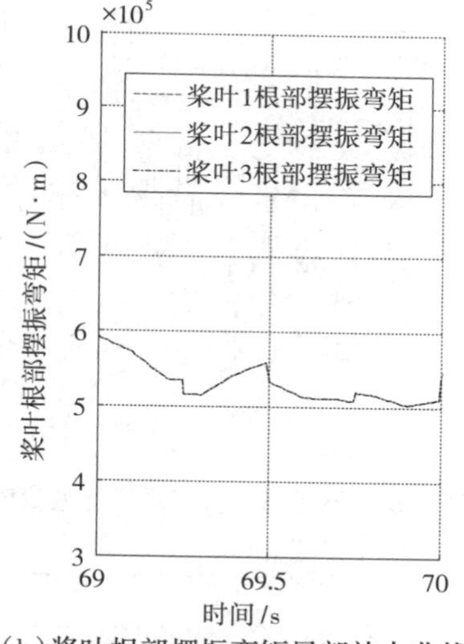

(b)桨叶根部摆振弯矩局部放大曲线

图 3-10　不考虑风剪切及塔影效应时 3 个桨叶摆振弯矩仿真曲线

风电机组考虑风剪切及塔影效应影响,桨距角不调节,固定为 5°, 3 个桨叶根部摆振弯矩仿真曲线如图 3-11 所示。

风电机组不考虑风剪切及塔影效应,仅施加图 3-3 所示风力发电机轮毂高度风速,桨距角不调节,固定为 5°, 风力发电机转子气动机械转矩仿真曲线如图 3-12 所示。

风电机组考虑风剪切及塔影效应影响,桨距角不调节,固定为 5°, 风力发电机转子气动机械转矩仿真曲线如图 3-13 所示。

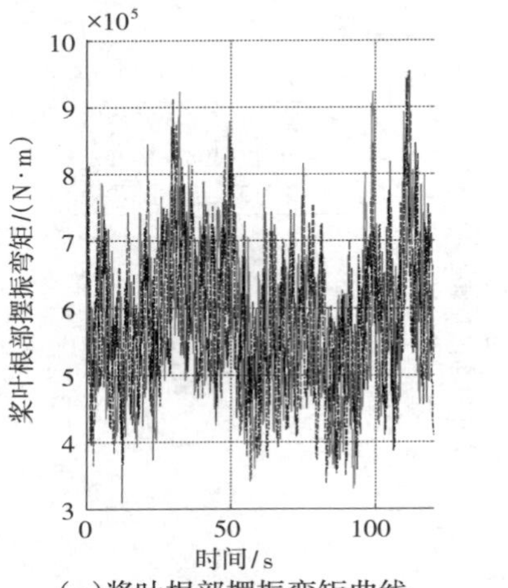

(a)桨叶根部摆振弯矩曲线

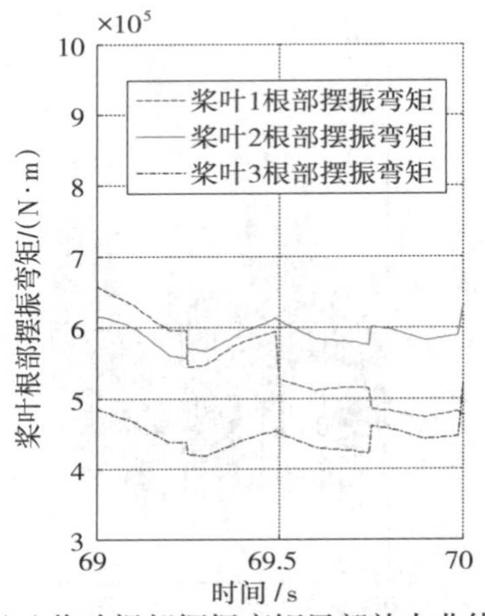

(b)桨叶根部摆振弯矩局部放大曲线

图 3-11　考虑风剪切及塔影效应时 3 个桨叶根部摆振弯矩仿真曲线

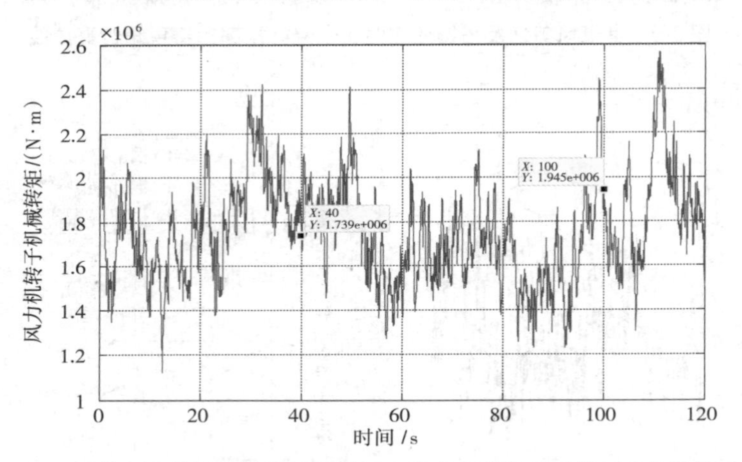

图 3-12　不考虑风剪切及塔影效应时风力发电机转子气动机械转矩仿真曲线

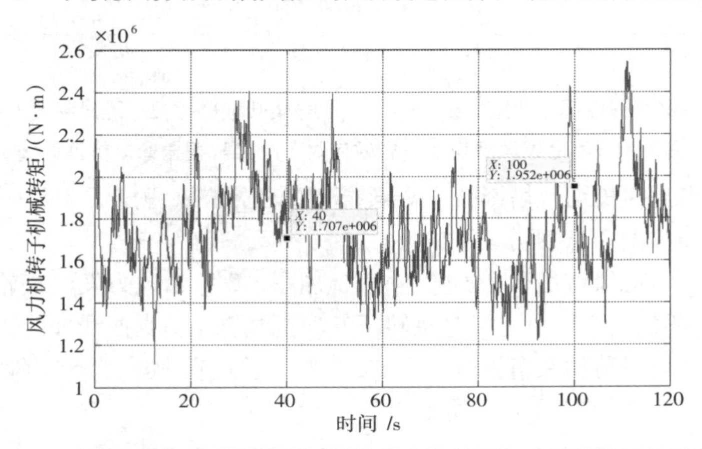

图 3-13　考虑风剪切及塔影效应时风力发电机转子气动机械转矩仿真曲线

风电机组不考虑风剪切及塔影效应，仅施加图 3-3 所示风力发电机轮毂高度风速，桨距角不调节，固定为 5°，风力发电机风轮转速仿真曲线如图 3-14 所示。

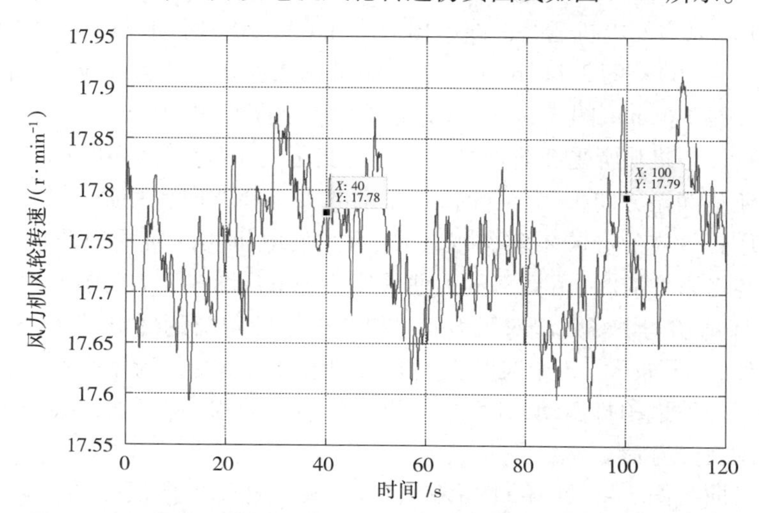

图 3-14　不考虑风剪切及塔影效应时风力发电机风轮转速仿真曲线

风电机组考虑风剪切及塔影效应影响，桨距角不调节，固定为 5°，风力发电机风轮转速仿真曲线如图 3-15 所示。

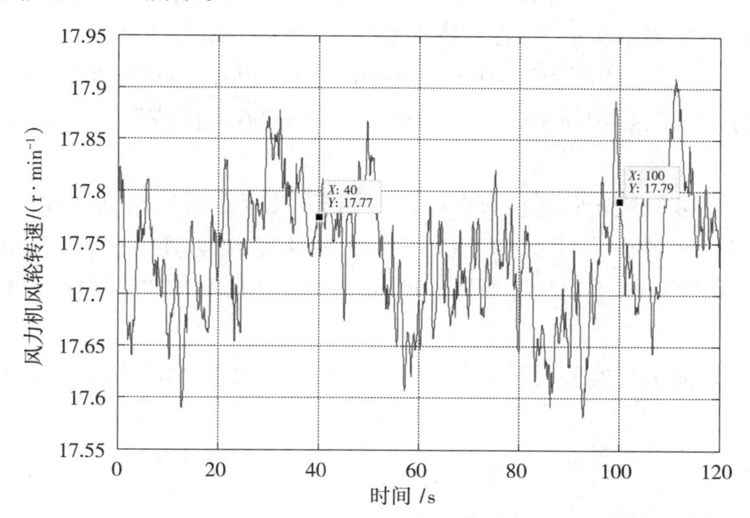

图 3-15　考虑风剪切及塔影效应时风力发电机风轮转速仿真曲线

大型变桨距风电机组不调节桨距角的情况下，实施风电机组载荷仿真实验，得到了图 3-4 至图 3-15 的一系列仿真实验曲线，可看出：

①不论是否考虑风剪切与塔影效应对风机的影响，风力发电机风轮 3 个桨叶摆振方向所受的剪切力和弯矩、挥舞方向所受的剪切力和弯矩以及风力发电机转子气动转矩，都随着风速的变化而变化，高载荷对应大风速，并且风速的微小变化，将引起风力发

电机载荷的较大变化,如图 3-4—图 3-13 所示。

②为进一步看出风剪切与塔影效应对风力发电机桨叶载荷的影响,对图 3-4(a)—图 3-11(a)所示风力发电机运行曲线给出对应在 69 ~ 70 s 时间段内的载荷局部放大曲线,分别如图 3-4(b)—图 3-11(b)所示。在不考虑风剪切与塔影效应时,由局部放大曲线图 3-4(b)、图 3-6(b)、图 3-8(b)和图 3-10(b)可看出,由于风力发电机 3 个桨叶结构、特性一致,3 个桨叶所受载荷随风速变化而变化,且变化步调相同;不论是风力发电机挥舞方向还是摆振方向,3 个桨叶拍打振动的大小和方向也一致。由于大型风电机组风剪切与塔影效应的影响不容忽视,所以风力发电机实际所受载荷情况并非如此。考虑风剪切与塔影效应时,由局部放大曲线图 3-5(b)、图 3-7(b)、图 3-9(b)和图 3-11(b)可看出,风剪切与塔影效应对风力发电机 3 个桨叶载荷的影响较大,3 个桨叶所受载荷不再一致,差异较大。3 个桨叶在挥舞及摆振方向所受载荷不平衡,引起桨叶挥舞及摆振方向不一致地拍打振动,有可能造成桨叶疲劳受损、塔架耦合振动等情况,危及风力发电机耐疲劳寿命。

③由载荷曲线图 3-4—图 3-11 可看出,3 个桨叶挥舞方向所受的剪切力和根部弯矩比摆振方向的所受的剪切力和根部弯矩大得多,说明桨叶挥舞方向所受载荷对风力发电机影响更大。

④由图 3-12 和图 3-13 可看出,风剪切与塔影效应对风力发电机转子气动机械转矩的整体变化趋势影响不明显,但若具体到某时刻,如风力发电机转子气动机械转矩仿真曲线图 3-12 标出的两个坐标值(40,1.739e+006)和(100,1.945e+006),以及图 3-13 标出的两个坐标值(40,1.707e+006)和(100,1.952e+006)进行对比,可看出瞬时影响还是较大的。

⑤由风力发电机风轮转速仿真曲线图 3-14 和图 3-15 可看出,风剪切与塔影效应对风力发电机风轮转速的变化影响甚微。将图 3-14 给出的具体坐标值(40,17.78)和(100,17.79)及图 3-15 给出的坐标值(40,17.77)和(100,17.79)进行比较,很明显可看出这一点。

通过以上载荷仿真实验及分析,可以进一步说明大型风电机组采用独立变桨距控制的重要性。

第4章　变桨距风电机组统一桨距最优功率控制

4.1 引　言

变桨距风电机组适应了当今风电机组大型化的趋势,逐渐代替定桨距风电机组占据主流发展趋势。变桨距控制因而也就成了大型风电机组控制的主要组成部分。风电机组变桨距分为统一变桨距和独立变桨距两种方式。独立变桨距是在统一变桨距基础上发展起来的,是变桨控制的发展和特殊形式,其主要任务有两个方面:高于额定风速的功率控制和风力发电机不平衡载荷控制。在统一变桨距控制中,桨叶桨距角由功率调节决定,虽然能够保证额定风速以上的风电机组输出功率恒定,但无法兼顾3个桨叶受力不一致引起的载荷不平衡问题。而独立变桨距控制可以针对各个桨叶上不同的风速受力情况对桨叶分别进行调节,不仅能够使风电机组输出功率保持在额定值附近,还可以有效解决由于风剪切和塔影效应等因素引起的桨叶和塔架等部件所受载荷的不平衡问题,以此减小叶片及塔架由于载荷引起的疲劳而损害的可能性,提高整个机组的耐疲劳寿命。

风力发电机的空气动力特性显示出较强的非线性。在变桨距控制研究时,传统的处理方式是将特性方程在额定运行点附近线性化,视其为线性模型,然后用线性控制的理论来分析。这种线性化的前提是假设变量在操作点附近的变动范围非常小,并忽略高阶展开项。然而由于风电机组参数的时变性及风速的随机性,风电机组系统显示较强的时变非线性,这种线性化处理方式所得到的线性状态方程在实际控制时会出现较大的误差。实际运行点和设计中所选的平衡点之间的偏差越大,这种误差就越大。基于微分几何的非线性系统状态反馈精确线性化方法与传统的局部线性化近似方法不同,它利用微分几何这一数学工具,构造恰当的坐标变换和预反馈,将非线性系统转变为线性系统。它是通过设计控制量来抵消原有系统中存在的非线性因素,从而使系统实现线性化的。它克服了传统方法只能在平衡点很小范围内达成控制的缺点。近年来,以微分几何为工具发展起来的反馈线性化方法在风电机组控制中有所研究,它是解决非线性控制的有效方法之一。而风电机组控制首要解决的是大范围时变非线性问题。为此,本章利用非线性系统状态反馈精确线性化方法结合最优控制理论,针对具有强非线性的风电机组系统,研究在额定风速及以上时,独立变桨距输出功率最优控制策略,设计最优功率控制器。

4.2 反馈线性化基本原理

对于单输入单输出仿射非线性系统

$$\begin{cases}\dot{\boldsymbol{x}} = \boldsymbol{f}(\boldsymbol{x}) + \boldsymbol{g}(\boldsymbol{x})u \\ y = h(\boldsymbol{x})\end{cases} \tag{4-1}$$

式中,$\boldsymbol{x} \in \boldsymbol{R}^n$,$u \in \boldsymbol{R}^1$,$y \in \boldsymbol{R}^1$,$\boldsymbol{f}(\boldsymbol{x})$ 和 $\boldsymbol{g}(\boldsymbol{x})$ 是 $\boldsymbol{R}^n$ 上充分光滑的向量场,$h(\boldsymbol{x})$ 是充分光滑的非线性函数。在这里为研究输入和输出间的动态关系,从式(4-1)可看出 y 中不含有 u,根据式(4-1),将 y 对时间 t 求导,可得

$$\dot{y} = \frac{\partial \boldsymbol{h}(\boldsymbol{x})}{\partial(\boldsymbol{x})}\boldsymbol{f}(\boldsymbol{x}) + \frac{\partial \boldsymbol{h}(\boldsymbol{x})}{\partial(\boldsymbol{x})}\boldsymbol{g}(\boldsymbol{x})\boldsymbol{u} = \boldsymbol{L}_f\boldsymbol{h}(\boldsymbol{x}) + \boldsymbol{L}_g\boldsymbol{h}(\boldsymbol{x})\boldsymbol{u} \tag{4-2}$$

如果 $\boldsymbol{L}_g\boldsymbol{h}(\boldsymbol{x})$ 对所有的 $\boldsymbol{x} \in \boldsymbol{R}^n$,$\boldsymbol{x} \in \boldsymbol{U}$ 都有界且不等于零,则可通过式(4-3)的状态反馈控制律:

$$\boldsymbol{u} = \frac{1}{\boldsymbol{L}_g\boldsymbol{h}(\boldsymbol{x})}(-\boldsymbol{L}_f\boldsymbol{h}(\boldsymbol{x}) + \boldsymbol{v}) \tag{4-3}$$

将式(4-3)代入式(4-2)就可得到输出 y 对新输入 v 的一阶系统

$$\dot{y} = \boldsymbol{v} \tag{4-4}$$

于是存在函数 $\alpha(\boldsymbol{x})$ 和 $\beta(\boldsymbol{x})$ 使得当 $\boldsymbol{u} = \alpha(\boldsymbol{x}) + \beta(\boldsymbol{x})\boldsymbol{v}$ 时,系统的输入输出呈线性对应关系。显然,对经过反馈变换后的式(4-4)所示的线性系统,采用常规的线性反馈就可以保证输出具有良好的动态特性。

如果 $\boldsymbol{L}_g\boldsymbol{h}(\boldsymbol{x})$ 对所有的 $\boldsymbol{x} \in \boldsymbol{R}^n$,$\boldsymbol{x} \in \boldsymbol{U}$ 都有界且恒等于零,则期望找出系统输入对输出高阶动态特性的依赖关系。对此,将式(4-2)对时间 t 再求导,可得

$$\ddot{y} = \frac{\partial \boldsymbol{L}_f\boldsymbol{h}(\boldsymbol{x})}{\partial(\boldsymbol{x})}\boldsymbol{f}(\boldsymbol{x}) + \frac{\partial \boldsymbol{L}_f\boldsymbol{h}(\boldsymbol{x})}{\partial(\boldsymbol{x})}\boldsymbol{g}(\boldsymbol{x})\boldsymbol{u} = \boldsymbol{L}_f^2\boldsymbol{h}(\boldsymbol{x}) + \boldsymbol{L}_g\boldsymbol{L}_f\boldsymbol{h}(\boldsymbol{x})\boldsymbol{u} \tag{4-5}$$

如果 $\boldsymbol{L}_g\boldsymbol{L}_f\boldsymbol{h}(\boldsymbol{x})$ 有界且不等于零,则控制律为

$$\boldsymbol{u} = \frac{1}{\boldsymbol{L}_g\boldsymbol{L}_f\boldsymbol{h}(\boldsymbol{x})}(-\boldsymbol{L}_f^2\boldsymbol{h}(\boldsymbol{x}) + \boldsymbol{v}) \tag{4-6}$$

可得到输入为$\boldsymbol{v}$、输出为$\ddot{\boldsymbol{y}}$的二阶线性系统

$$\ddot{\boldsymbol{y}} = \boldsymbol{v} \tag{4-7}$$

更一般地,如果$\boldsymbol{x} \in \boldsymbol{U}$,当$i=0,1,2,\cdots,\gamma-2$时,$\boldsymbol{L_g L_f^i h(x)} \equiv 0$,且$\boldsymbol{L_g L_f^{\gamma-1} h(x)}$有界不等于零,则其控制律为

$$\boldsymbol{u} = \frac{1}{\boldsymbol{L_g L_f^{\gamma-1} h(x)}}(-\boldsymbol{L_f^{\gamma} h(x)} + \boldsymbol{v}) \tag{4-8}$$

可得到输入为$\boldsymbol{v}$、输出为$\boldsymbol{y}$的γ阶线性系统

$$\boldsymbol{y}^{(\gamma)} = \boldsymbol{v} \tag{4-9}$$

如果能够找到有限数相对阶γ使得上述条件成立,那么显然就能通过适当的反馈变换使原系统的输入输出响应关系是线性的。

利用有界跟踪原理确定$\boldsymbol{v}$,定义跟踪误差向量$\boldsymbol{e} = \boldsymbol{y}_{ref} - \boldsymbol{y}$($\boldsymbol{y}_{ref}$为系统输出参考值),取$\boldsymbol{v}$为

$$\boldsymbol{v} = \boldsymbol{y}_{\text{ref}}^{(\gamma)} + \boldsymbol{k}_{\gamma-1}\boldsymbol{e}^{(\gamma-1)} + \cdots + \boldsymbol{k}_0\boldsymbol{e} \tag{4-10}$$

则输出误差由式(4-11)控制。

$$\boldsymbol{e}^{\gamma} + \boldsymbol{k}_{\gamma-1}\boldsymbol{e}^{(\gamma-1)} + \cdots + \boldsymbol{k}_0\boldsymbol{e} = 0 \tag{4-11}$$

若式(4-11)的极点在复平面的左半平面,就可以计算系数k_i,并且可实现对参考信号的渐进跟踪控制。

尽管系统被精确反馈线性化,但在实际工程中,因参数的变化也会存在跟踪误差。为消除跟踪误差,在式(4-10)中增加积分控制,则有

$$\boldsymbol{v} = \boldsymbol{y}_{\text{ref}}^{(\gamma)} + \boldsymbol{k}_{\gamma-1}\boldsymbol{e}^{(\gamma-1)} + \cdots + \boldsymbol{k}_0\boldsymbol{e} + \boldsymbol{k}_I\int\boldsymbol{e}\mathrm{d}t \tag{4-12}$$

由式(4-12)可获得误差动态方程

$$\boldsymbol{y}_{\text{ref}}^{(\gamma+1)} + \boldsymbol{k}_{\gamma-1}\boldsymbol{e}^{(\gamma)} + \cdots + \boldsymbol{k}_0\dot{\boldsymbol{e}} + \boldsymbol{k}_I\boldsymbol{e} = 0 \tag{4-13}$$

式中的系数由极点分布决定。

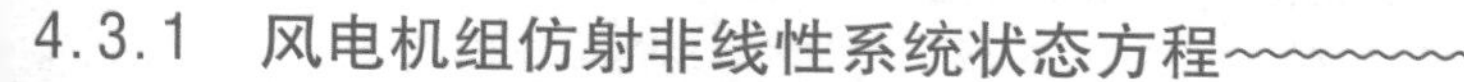

4.3 基于反馈线性化的统一桨距最优功率控制

4.3.1 风电机组仿射非线性系统状态方程

利用第2章建立的风电机组状态方程式(2-37)中的部分方程,考虑传动链系统阻转矩T_D,并考虑到本章是设计独立变桨距最优功率控制器,可对3个桨叶施加相同的期望桨距角,这样,用于功率控制的风电机组模型可写成式(4-14)的形式。

$$\left.\begin{aligned}\frac{\mathrm{d}\beta}{\mathrm{d}t}&=\frac{1}{\tau}(\beta_r-\beta)\\\frac{\mathrm{d}\Omega_r}{\mathrm{d}t}&=\frac{1}{(J_r+N_g^2J_g)}\times[T_r(V,\beta,\Omega_r)-T_D(\Omega_r)-N_gT_g(\Omega_r)]\end{aligned}\right\}\tag{4-14}$$

式中,β 为桨叶桨距角;τ 为桨叶电动变桨伺服系统执行机构的时间常数;β_r 为桨叶期望桨距角;Ω_r 是风轮旋转角速度;J_r 和 J_g 分别为风轮和发电机的转动惯量;$T_D(\Omega_r)$ 为归算到风轮低速轴的阻转矩,$T_D=c_1+\frac{c_2}{\Omega_r}+c_3\Omega_r$,其中 c_1、c_2、c_3 为阻转矩系数;N_g 为齿轮传动比;$T_g(\Omega_r)$ 为发电机转矩,稳态时 $T_g=B_g(\Omega_g-\Omega_z)$,其中 $\Omega_g=N_g\Omega_r$;$T_r(V,\beta,\Omega_r)$ 为风力发电机风轮气动机械转矩,由式(3-39)和式(2-28),其表达式可写为

$$\begin{aligned}T_r&=\frac{1}{2}\rho\pi R^2V^3C_p(\lambda,\beta)/\Omega_r\\&=f(V)\frac{\left\{(0.44-0.0167\beta)\sin\left[\frac{\pi(\lambda-3)}{15-0.3\beta}\right]-0.00184(\lambda-3)\beta\right\}}{\Omega_r}\end{aligned}\tag{4-15}$$

式中,$f(V)=\frac{1}{2}\rho\pi R^2V^3$,$\lambda$ 是叶尖速比,$\lambda=\frac{\Omega_rR}{V}$。

状态变量 $\boldsymbol{x}$ 取为桨距角 β 和风轮转速 Ω_r,即 $\boldsymbol{x}=[x_1,x_2]^{\mathrm{T}}=[\beta,\Omega_r]^{\mathrm{T}}$,风力发电机控制输入 u 取为参考桨距角 β_r,即 $u=\beta_r$。可将式(4-1)转变为风电机组非线性状态方程的形式,如式(4-16)所示。

$$\left.\begin{aligned}\frac{\mathrm{d}x_1}{\mathrm{d}t}&=-\frac{1}{\tau}x_1+\frac{1}{\tau}u\\\frac{\mathrm{d}x_2}{\mathrm{d}t}&=\frac{1}{(J_r+N_g^2J_g)}\times\left[T_r(V,x_1,x_2)-\left(c_1+\frac{c_2}{x_2}+c_3x_2\right)-N_gB_g(N_gx_2-\Omega_z)\right]\end{aligned}\right\}\tag{4-16}$$

在高于额定风速时,发电机稳态输出功率 $P_g=T_g\Omega_g=B_g(\Omega_g-\Omega_z)\Omega_g$,而 $\Omega_g=N_g\Omega_r$,则 $P_g=T_g\Omega_g=B_g(N_g\Omega_r-\Omega_z)N_g\Omega_r$。由此可以认为,在额定风速及以上的高风速区,稳态时,T_g、P_g 都是 Ω_r 的函数。若以发电机输出功率为系统输出,则风电机组输出方程可写为式(4-17)的形式。

$$y=P_g(x_2)=N_g^2B_gx_2^2-N_gB_g\Omega_zx_2\tag{4-17}$$

4.3.2 风力发电系统状态反馈精确线性化

进行状态反馈精确线性化之前,首先将状态方程式(4-16)和输出方程式(4-17)变换为仿射非线性系统方程的形式。

$$\begin{cases}\dot{\boldsymbol{x}}=\boldsymbol{f}(\boldsymbol{x})+\boldsymbol{g}(\boldsymbol{x})u\\y=h(\boldsymbol{x})\end{cases}\tag{4-18a}$$

式(4-18a)是一个仿射非线性风力发电系统模型。$u \in \boldsymbol{R}^1, y \in \boldsymbol{R}^1$, $\boldsymbol{f}(\boldsymbol{x})$ 和 $\boldsymbol{g}(\boldsymbol{x})$ 是 $\boldsymbol{R}^2$ 上充分光滑的向量场, $h(x)$ 是充分光滑的非线性函数。其中

$$\boldsymbol{f}(\boldsymbol{x}) = \begin{bmatrix} f_1(\boldsymbol{x}) \\ f_2(\boldsymbol{x}) \end{bmatrix} = \begin{bmatrix} -k_1x_1 \\ k_2 \times \left[T_r(V, x_1, x_2) - \left(c_1 + \dfrac{c_2}{x_2} + c_3x_2 \right) - k_3x_2 + k_4 \right) \right] \end{bmatrix} \tag{4-18b}$$

$$\boldsymbol{g}(\boldsymbol{x}) = \begin{bmatrix} \boldsymbol{g}_1(\boldsymbol{x}) \\ \boldsymbol{g}_2(\boldsymbol{x}) \end{bmatrix} = \begin{bmatrix} k_1 \\ 0 \end{bmatrix} \tag{4-18c}$$

$$h(x) = k_3x_2^2 - k_4x_2 \tag{4-18d}$$

式中, $k_1 = \dfrac{1}{\tau}$; $k_2 = \dfrac{1}{(J_r + N_g^2J_g)}$; $k_3 = N_g^2B_g$; $k_4 = N_gB_g\Omega_z$。

以下对所建立的风电机组仿射非线性系统式(4-18a),进行状态反馈精确线性化和最优状态反馈律求解。

首先,对建立的系统计算所需的李导数(Lie Derivative),确定系统的相对阶。

$$L_gL_f^0h(x) = L_gh(x) = \frac{\partial h(x)}{\partial x} \cdot \boldsymbol{g}(\boldsymbol{x}) = 0$$

$$L_fh(\boldsymbol{x}) = [0, 2k_3x_2 - k_4] \begin{bmatrix} -k_1x_1 \\ k_2 \times \left[T_r(V, x_1, x_2) - \left(c_1 + \dfrac{c_2}{x_2} + c_3x_2 \right) - k_3x_2 + k_4 \right) \right] \end{bmatrix}$$

$$= k_2(2k_3x_2 - k_4) \times \left[T_r(V, x_1, x_2) - \left(c_1 + \frac{c_2}{x_2} + c_3x_2 \right) - k_3x_2 + k_4 \right) \right]$$

$$L_gL_fh(x) = \frac{\partial L_fh(x)}{\partial x} \cdot \boldsymbol{g}(\boldsymbol{x}) \neq 0$$

由此可见,系统的相对阶为 $r = 2$, 等于系统状态向量的维数 $n = 2$, 即 $r = n$。满足状态反馈精确线性化的条件。

其次,选择非线性坐标变换 $z = \boldsymbol{\varphi}(\boldsymbol{x})$:

$$\boldsymbol{\varphi}: \begin{cases} z_1 = y = \varphi_1(x) = h(x) \\ z_2 = \dfrac{\mathrm{d}y}{\mathrm{d}t} = \varphi_2(x) = \dfrac{\partial h(x)}{\partial x} \cdot \dfrac{\mathrm{d}x}{\mathrm{d}t} = \dfrac{\partial h(\boldsymbol{x})}{\partial x} \cdot [f(\boldsymbol{x}) + g(\boldsymbol{x})u] = L_fh(\boldsymbol{x}) \end{cases} \tag{4-19}$$

则有

$$\dot{z}_1 = \frac{\partial h(x)}{\partial x}\dot{x} = \frac{\partial h(x)}{\partial x}[\boldsymbol{f}(\boldsymbol{x}) + \boldsymbol{g}(\boldsymbol{x})u] = \frac{\partial h(x)}{\partial x}\boldsymbol{f}(\boldsymbol{x}) + \frac{\partial h(x)}{\partial x}\boldsymbol{g}(\boldsymbol{x})u \tag{4-20}$$

$$\dot{z}_2 = \frac{\partial L_fh(x)}{\partial x}\dot{x} = \frac{\partial L_fh(x)}{\partial x}[\boldsymbol{f}(\boldsymbol{x}) + \boldsymbol{g}(\boldsymbol{x})u] = \frac{\partial L_fh(x)}{\partial x}\boldsymbol{f}(\boldsymbol{x}) + \frac{\partial L_fh(x)}{\partial x}\boldsymbol{g}(\boldsymbol{x})u \tag{4-21}$$

根据李导数的定义,式(4-20)和式(4-21)可分别写成

$$\dot{z}_1 = L_fh(x) + L_gL_f^0h(x)u \tag{4-22}$$

$$\dot{z}_2 = L_f^2 h(x) + L_g L_f h(x) u \tag{4-23}$$

由于 $L_g L_f^0 h(x) = 0$，所以式(4-22)变为

$$\dot{z}_1 = L_f h(x) = z_2 \tag{4-24}$$

在式(4-23)中，令

$$v = L_f^2 h(x) + L_g L_f h(x) u \tag{4-25}$$

由式(4-23)—式(4-25)，则非线性风电系统被转换为以新坐标 $z = [z_1, z_2]^{\mathrm{T}}$ 描述的完全可控的精确线性化了的系统：

$$\begin{cases} \dot{z}_1 = z_2 \\ \dot{z}_2 = v \\ y = z_1 \end{cases} \tag{4-26}$$

式(4-26)的这种形式称为 Brunovsky 标准型，可写成

$$\begin{cases} \dot{z} = \boldsymbol{A}z + \boldsymbol{B}v \\ y = Cz \end{cases} \tag{4-27}$$

式中，$\boldsymbol{A} = \begin{bmatrix} 0 & 1 \\ 0 & 0 \end{bmatrix}$，$\boldsymbol{B} = \begin{bmatrix} 0 \\ 1 \end{bmatrix}$，$C = [1 \quad 0]$

由于 $L_g L_f h(x) \neq 0$，所以由式(4-25)可得出控制 u 的表达式为

$$u = \frac{1}{L_g L_f h(x)} [-L_f^2 h(x) + \nu] \tag{4-28}$$

4.3.3 非线性风电机组状态反馈最优控制律

对于式(4-27)表示的线性系统，v 是 Brunovsky 标准型线性系统中的控制量，因此最合理的途径就是运用具有二次型性能指标的线性最优控制设计(LQR)方法来得到它，引入二次型性能指标：

$$J(\nu(\cdot)) = \frac{1}{2} \int_0^{\infty} [z^{\mathrm{T}} \boldsymbol{Q} z + \nu^{\mathrm{T}} \boldsymbol{R} \nu] \mathrm{d}t \tag{4-29}$$

式中，$\boldsymbol{Q}$ 为 2×2 正半定对称阵，$\boldsymbol{R}$ 为 1×1 正定阵。

由 LQR 方法可知，线性系统式(4-27)的最优预控制 $\nu = -\boldsymbol{l}^* z$，最优反馈增益矩阵 $\boldsymbol{l}^* = [l_1, l_2] = \boldsymbol{R}^{-1} \boldsymbol{B}^{\mathrm{T}} \boldsymbol{P}$，其中 $\boldsymbol{P}$ 是代数黎卡提方程(式 4-30)的解阵。

$$\boldsymbol{PA} + \boldsymbol{A}^{\mathrm{T}} \boldsymbol{P} + \boldsymbol{Q} - \boldsymbol{PBR}^{-1} \boldsymbol{B}^{\mathrm{T}} \boldsymbol{P} = \boldsymbol{0} \tag{4-30}$$

通过以上分析，可得出系统非线性状态反馈最优控制律为

$$u = \frac{1}{L_g L_f h(x)} \cdot [-L_f^2 h(x) + \nu] = \frac{1}{L_g L_f h(x)} \cdot [-L_f^2 h(x) - l_2 L_f h(x) - l_1 h(x)] \tag{4-31}$$

4.3.4　非线性风电机组统一桨距最优功率跟踪控制策略

在高于额定风速时，风力发电机组变桨距控制的目标是保持输出功率恒定，即等于期望的输出功率（额定功率）。

式(4-31)给出的只是最优调节问题的控制律，为此必须寻找最优输出功率跟踪问题的控制律。设 $y_{\mathrm{ref}}=P_{\mathrm{ref}}$，其中，$y_{\mathrm{ref}}$ 为系统期望的输出，P_{ref} 为系统期望的输出功率。

定义跟踪误差 $e=y_{\mathrm{ref}}-y$。将 $y=y_{\mathrm{ref}}-e$ 代入式(4-19)可得

$$\begin{cases}h(x)=y_{\mathrm{ref}}-e\\L_fh(x)=\dfrac{\mathrm{d}y_{\mathrm{ref}}}{\mathrm{d}t}-\dfrac{\mathrm{d}e}{\mathrm{d}t}\end{cases}\tag{4-32}$$

将式(4-32)代入式(4-31)，并考虑到 $y_{\mathrm{ref}}=P_{\mathrm{ref}}=$常数，$\dfrac{\mathrm{d}y_{\mathrm{ref}}}{\mathrm{d}t}=0$，通过修改状态反馈控制式(4-31)得到风电机组变桨距最优输出功率跟踪控制律为

$$u=\frac{1}{L_gL_fh(x)}\cdot\left[-L_f^2h(x)+l_2\frac{\mathrm{d}e}{\mathrm{d}t}-l_1y_{\mathrm{ref}}+l_1e\right]\tag{4-33}$$

利用非线性系统状态反馈精确线性化方法，结合最优控制理论，设计的风电机组变桨距最优输出功率跟踪控制框图如图 4-1 所示。

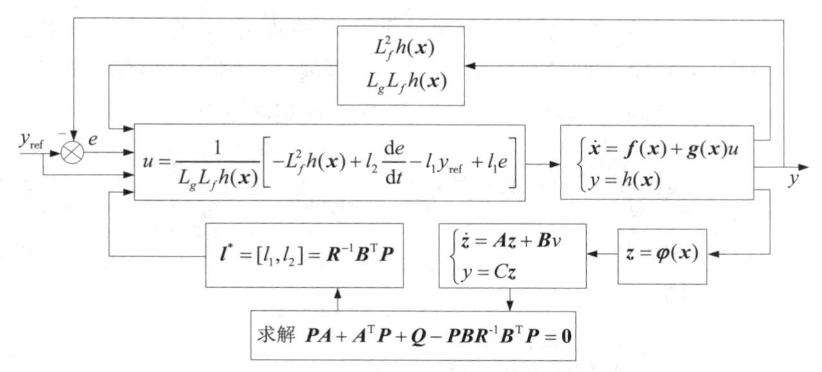

图 4-1　风电机组变桨距最优输出功率跟踪控制框图

4.4　大型风电机组反馈线性化统一桨距最优功率控制仿真分析

在风速高于额定风速时，对大型非线性风力发电机组，利用已搭建的风电机组和载荷仿真实验平台，验证所提出的基于反馈线性化的变桨距最优功率控制策略的正确性和有效性。仿真用风力发电机组的主要参数见附录 I 。

最优功率控制面临的问题之一是,如何合理选取性能指标函数 $J(v(\cdot))$ 中的加权阵 $\boldsymbol{Q}$ 和 $\boldsymbol{R}$。尽管对应不同加权阵都可使性能指标达到最优,但最优控制系统的动态性能很不相同。加权阵 $\boldsymbol{Q}$、$\boldsymbol{R}$ 和系统动态性能的关系是一个复杂的问题,一般只能由设计者根据经验进行选取。

经过反复仿真试验,选取较为合理的加权阵 $\boldsymbol{Q}=\mathrm{diag}([120,120])$,$\boldsymbol{R}=1$,解代数黎卡提方程,得最优反馈增益矩阵 $\boldsymbol{l}=[10.9545,11.9126]$。

为便于说明本章设计的控制器性能,仿真实验时又设计了 PI 功率控制器,以此进行仿真对比验证。

风力发电机轮毂高度处仿真实验模拟风速如图 4-2 所示,风剪切和塔影效应影响下,3 个桨叶所受风速由程序实现。

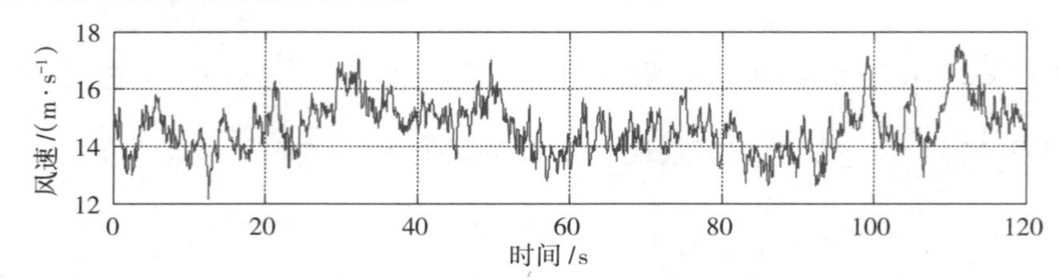

图 4-2 风力发电机轮毂高度处仿真实验模拟风速

在 PI 控制策略和本章提出的控制策略下,桨距角仿真实验调节曲线如图 4-3 所示。从图 4-3 可以看出,风速增大时,为保证输出功率基本恒定,两种功率控制方式都能随风速变化调节桨距角,即桨距角大时对应高风速。但在 PI 控制策略下,调节的桨叶动作频率、幅度大,这将使桨叶疲劳受损,严重影响桨叶的运行寿命。

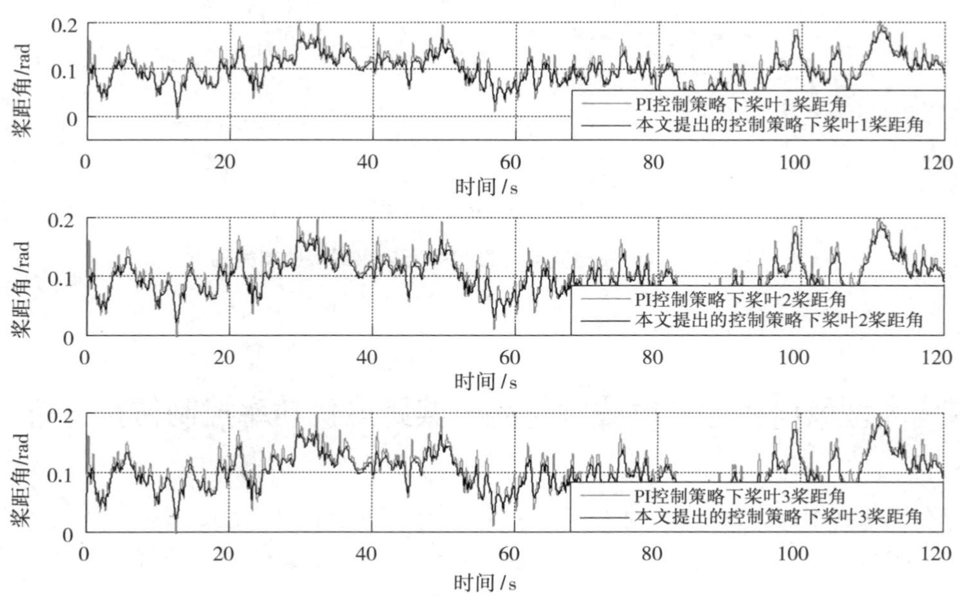

图 4-3 3 个桨叶的桨距角仿真实验调节曲线

在 PI 控制策略和本章提出的控制策略下，风力发电机组输出功率仿真实验曲线如图 4-4 所示。由图 4-4 可以看出，不论风速怎样变化，两种功率控制方式均能通过调节桨距角保持风力发电机组输出功率基本恒定，即机组输出功率在额定功率值 3 MW 左右。但在传统 PI 控制策略下，机组输出功率随风速变化波动较大。而本章提出的独立变桨距最优功率控制策略，随着风速的变化，输出功率波动相对较小，控制器表现出较强的鲁棒性，这也说明本章提出的最优功率控制策略是可行和有效的。

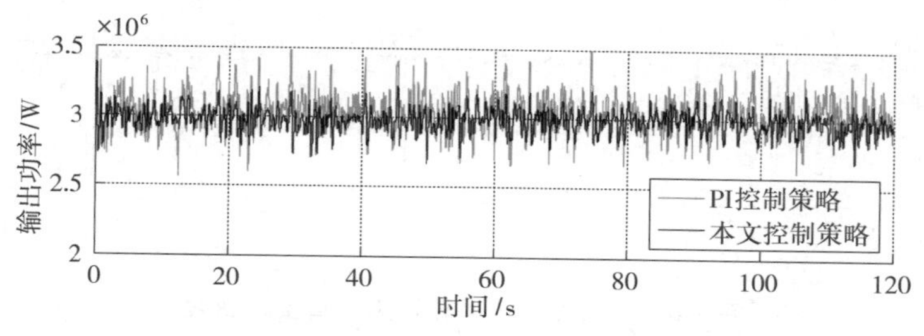

图 4-4　风电机组输出功率仿真实验曲线

在 PI 控制策略和本章提出的控制策略下，风力发电机桨叶根部摆振弯矩仿真实验曲线如图 4-5 所示。由图 4-5 可看出，在两种功率控制方式下，桨叶根部摆振弯矩基本保持为恒定值，大致呈周期性变化的态势，并未随风速而变化，出现这一现象的原因是：①设计控制器的目的是使风力发电机输出功率恒定，风力发电机输出功率与桨叶根部摆振弯矩和风轮转速直接相关，若风力发电机风轮转速变化不大（见仿真曲线图 4-6），桨叶根部摆振弯矩就基本保持恒定；②桨叶转动的过程中，周期性地受到风剪切和塔影效应的影响，致使风力发电机所受桨叶根部摆振弯矩呈现类似周期性变化。

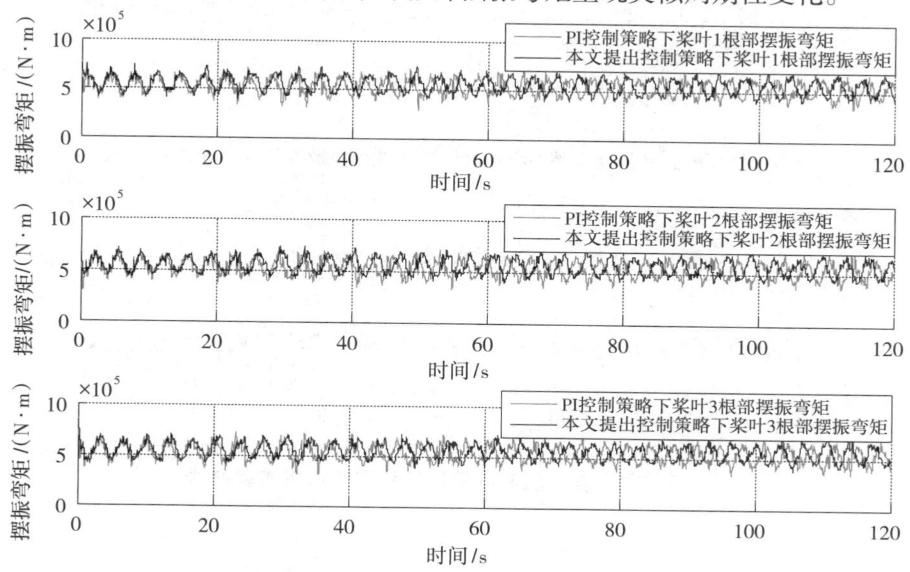

图 4-5　风力发电机桨叶根部摆振弯矩仿真实验曲线

在 PI 控制策略和本章提出的控制策略下，风力发电机风轮转速仿真实验曲线如图 4-6 所示。由图 4-6 可以看出，在传统 PI 控制策略下，风力发电机风轮转速波动较频繁一些，但波动幅度并不大，大致在 17.7 r/min，上下波动不超过 0.05 r/min，转速基本不变，但本章提出的功率控制方法使风力发电机风轮转速更加趋于平稳。

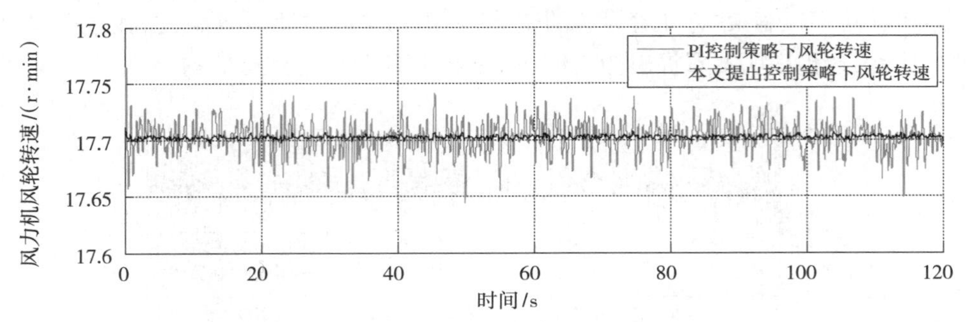

图 4-6　风力发电机风轮转速仿真实验曲线

在 PI 控制策略和本章提出的控制策略下，风力发电机桨叶根部挥舞弯矩仿真实验曲线如图 4-7 所示。由图 4-7 可看出，在两种功率控制方式下，风力发电机所受桨叶根部挥舞弯矩均较大，达 10^6 数量级，而且并未保持恒定，在任意瞬时，3 个桨叶所受挥舞方向的根部弯矩差异较大。这是因为风力发电机输出功率与挥舞弯矩几乎无关，挥舞弯矩主要受风速和风剪切与塔影效应的影响。

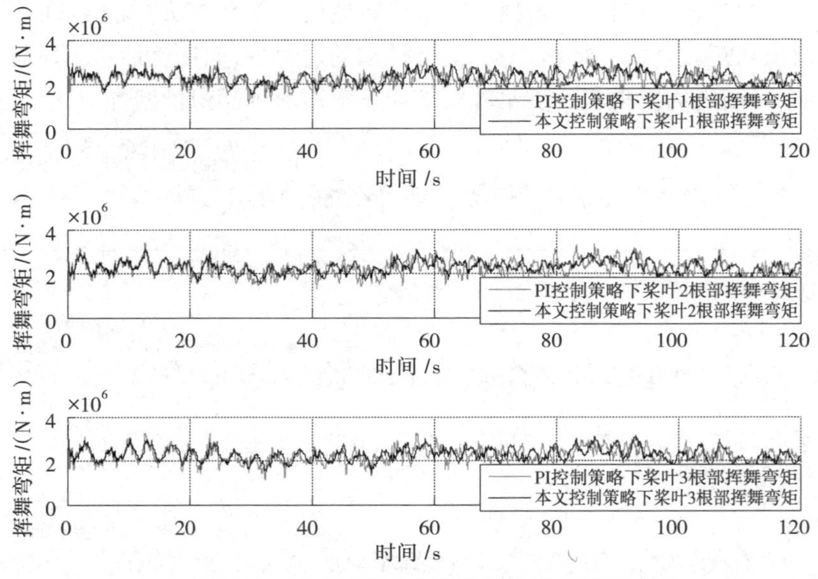

图 4-7　风力发电机桨叶根部挥舞弯矩仿真实验曲线

第5章 基于数据驱动的变桨距风电机组独立桨距控制

5.1 引 言

风电机组在额定风速及以上运行,而其容量、尺寸不大时,桨叶所受气动载荷不大,变桨距控制的目标是保持风电机组输出功率,即额定功率恒定。然而,为尽可能地吸收风能,如今风电机组的容量、尺寸在不断增大,风电机组容量达到兆瓦甚至数十兆瓦级别,桨叶直径可达百米,此时风力发电机在运行过程中,桨叶所受不平衡载荷不容忽视。因为,这对机组的耦合振动、耐疲劳寿命、维修维护频次以及电能质量等都有很大影响。为此必须抑制和平衡桨叶气动载荷,此时风电机组变桨距控制的目标就应该是多方面的,主要是:既完成功率控制又平衡桨叶所受气动载荷,满足在额定风速及以上且风电机组输出功率恒定时,尽可能地削弱及平衡桨叶载荷,即完成多目标控制任务。

风电机组所受载荷十分复杂,全部采用独立变桨距加以控制是不可能的。由于风电机组最主要的受力部件是叶轮,因此风电机组其他结构部件所受动态载荷主要由叶轮上的空气动力载荷引起。这是因为自然界的风速风向随时都在发生变化,造成叶轮载荷的不平衡,进而引起其他结构部件载荷的波动。由于叶轮叶片所受的气动载荷可以由3个桨叶的桨距角来调节,因此本章研究功率兼顾载荷平衡的独立变桨距多目标控制,而载荷主要是指风轮气动载荷,具体是指:风力发电机风轮叶片上摆振方向(切向)的剪切力和弯矩,以及挥舞方向(法向)的剪切力(推力)和弯矩。

现代控制理论大多依赖系统数学模型,对模型结构具有很强的依赖性。然而,风电机组是一个具有时变参数、强耦合、多变量的非线性系统,仅就采用变桨距实现载荷控制这一单一目标而言,要得到适合控制的载荷数学模型十分复杂。这是因为,桨叶所受的载荷与桨叶翼型参数、空气动力数据、叶片半径、悬垂距离、塔架高度和半径,以及风剪切系数等诸多因素紧密相关。这也是目前所建立的载荷模型仅停留在分析与载荷计算这一层面上的原因。没有了数学模型，控制就无从谈起，如果有了数学模型，又避免不了会出现未建模动态问题。解决这样的矛盾，现代控制理论显然力不从心。然而，采用不依赖于系统数学模型，仅依靠风电机组输入输出观测数据的驱动控制应该说是很好的选择。这种数据驱动控制可以突破现代控制理论的模型依赖性，摆脱未建模动态和鲁棒性问题。

本书第 2 章建立的风电机组模型和第 3 章建立的载荷分析计算模型，为数据驱动控制提供了很好的风电机组输入输出数据平台。本章利用这一平台，在额定风速及以上时，针对风电机组输出功率和不平衡气动载荷，研究独立变桨距多目标控制问题。首先分析将独立变桨距功率控制问题合并到载荷控制中的理论可行性，进而研究功率兼顾载荷的独立变桨多目标控制策略。利用不依赖系统数学模型，仅依靠风电机组输入输出观测数据的数据驱动控制，实现大型风电机组独立变桨距多目标控制任务。在系统模型未知的情况下，利用风电机组输入输出观测数据，导出描述风电机组的输入输出矩阵方程，通过风电机组历史输入输出观测数据，采用两组递推最小二乘估计算法，在线最优估计矩阵方程中的未知参数，利用矩阵方程最优解算法，给出控制律的形式。通过编写控制器程序，并与第 4 章提出的最优功率控制以及传统 PI 控制的仿真实验对比，在额定风速及以上时，验证本章提出的独立变桨多目标控制的可行性和有效性。所提出的多目标控制方法，不仅使风力发电机桨叶桨距角调节幅度、频次无明显增大，而且使风电机组的输出功率更趋恒定，桨叶根部所受摆振弯矩和挥舞弯矩载荷得到较好的抑制、削弱和平衡，达到独立变桨多目标控制的预期效果。

5.2 功率兼顾载荷平衡的独立变桨多目标控制

5.2.1 数据驱动控制简介

数据驱动早期源自计算机科学，在控制领域出现数据驱动控制的概念是 20 世纪八九十年代以后的事情，数据驱动控制实际上在于控制的出发点和归宿都是数据，是一种“闭环控制”的方式。数据驱动控制是指控制器在设计时不包含有受控过程的数学模型信息，它仅仅利用受控系统在线和离线输入输出数据，以及经过数据处理后得到的知识来进行控制器设计，同时在一定假设下，具有稳定性、收敛性、鲁棒性的结论的一种控制理论与方法。简单地说，就是从系统的输入输出数据到控制器的设计的控制理论与方法。

当受控系统的数学模型完全不知道，或受控系统模型的不确定性非常大，或受控过程的结构变化较大,很难用准确的数学模型来表述时,就应考虑应用数据驱动控制理论与方法解决实际的控制问题了。

数据驱动控制的典型代表是无模型控制,而无模型控制则是现代控制理论与经典控制理论结合的产物,但它又突破了这些理论的束缚。无模型控制技术找到了一种不依赖受控对象的数学模型,同时能够保证控制系统的闭环稳定,并且控制效果很好、方法很简单。无模型控制技术以泛模型为基础,其核心是无模型控制律。

下面简单介绍一下无模型控制技术。

对于一个离散时间的系统 S,假设 $\{u(k-1), y(k)\}$ 及 $\{u(k), y(k+1)\}$ 是系统 S 在相邻的两个时刻的两组观测数据,且假定 $u(k-1) \neq u(k)$, 那么必存在 $\boldsymbol{\varphi}(\boldsymbol{k})$ 使得式(5-1)成立:

$$y(k+1) - y(k) = \boldsymbol{\varphi}(\boldsymbol{k})^{\tau}[u(k) - u(k-1)] \tag{5-1}$$

式(5-1)称为动态系统 S 的泛模型, $\boldsymbol{\varphi}(\boldsymbol{k})$ 被称为泛模型的特征参量。根据泛模型采用动态系统 S 一系列的观测数据和适当估值方法,就可以得到 $\boldsymbol{\varphi}(\boldsymbol{k})$ 的估值 $\hat{\boldsymbol{\varphi}}(\boldsymbol{k})$。受控对象若发生变化,无论是结构性的,还是参数性的,都可以用估值 $\hat{\boldsymbol{\varphi}}(\boldsymbol{k})$ 的变化进行描述,因此可以看出,无模型控制律不仅是结构自适应的,同时还是参数自适应的。最终可导出无模型控制律的基本形式,如式 5-2 所示。

$$u(k) = u(k-1) + \frac{\boldsymbol{\lambda}_k}{\alpha + \|\hat{\varphi}(k)\|^2} \hat{\boldsymbol{\varphi}}(\boldsymbol{k})\{y_0 - y(k)\} \tag{5-2}$$

式中 y_0 是控制器输出的给定值或期望值,α 是一个适当的常数, $\boldsymbol{\lambda}_k$ 是控制参数。

无模型控制律的设计过程如下:

①得到动态系统 S 的泛模型,即式(5-1);

②根据泛模型推导出控制律的形式,即式(5-2);

③把推导出的控制律[式(5-2)]作用于动态系统 S,得到新的系统输出 $y(k+1)$。这样就得到了一组新的输入输出数据 $\{y(k+1), u(k)\}$。

在得到的这组新的输入输出数据基础之上,重复过程①、②、③,则又可以得出一组新的输入输出数据 $\{y(k+2), u(k+1)\}$。如此反复继续下去就可以证明,只要动态系统 S 满足一定的条件,在这种一系列的输入作用下,动态系统 S 的输出量 $y(k)$ 将逐渐逼近 y。

将控制律式(5-2)改写,易得出无模型控制律的另外一种形式,如式(5-3)所示。

$$u(k) = u(k-1) + \frac{\boldsymbol{\lambda}_k}{\alpha + \|\hat{\varphi}(k)\|^2} \hat{\varphi}(k)\{A(y_0 - y(k))\} \tag{5-3}$$

式中,A 是一个非负的设计参数。

如此便可以从理论上证明,无模型控制律的基本形式在不太苛刻的条件下具有很好的收敛性。

5.2.2 功率兼顾载荷平衡的独立变桨多目标控制

(1)独立变桨距多目标控制的目标简化思想

在设计控制器时,通过对风力发电机输出功率与3个桨叶所受摆振弯矩载荷关系的理论分析发现:独立变桨距功率控制问题可合并到气动载荷控制中。也就是说,可以将独立变桨距功率控制这一控制目标,融入变桨距载荷控制目标中,独立变桨距控制的任务仅完成抑制或平衡载荷即可。这是本章的重要发现之一,它将使独立变桨距控制的任务变得简单化,同时也可使建立的独立变桨距控制系统模型维数下降一维,减少控制器算法的计算量。具体的控制目标简化思想阐述如下:

将风力发电机转子气动机械转矩的精确表达式式(3-37)重写成式(5-4)。

$$T_r = \sum_{i=1}^{N_b} M_{xbi} \tag{5-4}$$

式中,N_b 为风力发电机叶轮叶片数;M_{xbi} 为第 i 片桨叶所受摆振弯矩。

风力发电机输出功率与气动机械转矩之间的关系为

$$P_r = T_r\Omega_r = \left(\sum_{i=1}^{N_b} M_{xbi}\right)\Omega_r \tag{5-5}$$

式中,Ω_r 为风力发电机风轮转速(角速度)。

风电机组输出功率与气动机械转矩之间的关系可表达为

$$P_g = P_r\eta = T_r\Omega_r\eta = \left(\sum_{i=1}^{N_b} M_{xbi}\right)\Omega_r\eta \tag{5-6}$$

式中,η 为风电机组风电转换效率。

由式(5-6)可以得到

$$\sum_{i=1}^{N_b} M_{xbi} = \frac{P_g}{\Omega_r\eta} \tag{5-7}$$

由式(5-7)可知,在高于额定风速,对风力发电机实施独立变桨距控制时,如果要使风电机组输出功率恒定为额定功率,同时使3个桨叶所受摆振弯矩平衡,那么只要将3个桨叶的摆振弯矩期望值设定为式(5-8)所示值,就可以将额定风速及以上时的独立变桨距功率控制问题融入摆振弯矩载荷控制中,同时又可以保证3个桨叶上的摆振弯矩平衡。式(5-8)中,假设系统时滞为1。

$$M_{xb1}^{\text{ref}}(k+1) = M_{xb2}^{\text{ref}}(k+1) = M_{xb3}^{\text{ref}}(k+1) = \frac{P_g^{\text{ref}}}{3\Omega_r(k)\eta} \tag{5-8}$$

式中,k 为离散时间;$M_{xb1}^{\text{ref}}(k+1)$、$M_{xb2}^{\text{ref}}(k+1)$、$M_{xb3}^{\text{ref}}(k+1)$ 分别为3个桨叶 $k+1$ 时刻期望的摆振弯矩;P_g^{ref} 为风电机组期望的输出功率,即额定功率;$\Omega_r(k)$ 为 k 时刻观测到

的风力发电机风轮转速。

综合以上分析可知，在独立变桨距控制时，只要能够将摆振弯矩控制为设定的期望值，就可以保证额定风速及以上时的风力发电机组输出功率恒定，从而克服以往既控制功率又兼顾控制载荷的多目标控制方式的困难和局限性。因此，在以下的独立变桨距多目标控制研究中，仅研究载荷控制问题。

（2）风电机组输入输出观测数据矩阵向量方程

研究风电机组独立变桨距载荷控制时，将风力发电机组看成具有 3 个输入、12 个输出的非线性系统。输入变量分别取为 3 个桨叶的桨距角 $\beta_1(k)$、$\beta_2(k)$ 和 $\beta_3(k)$，即

$$\boldsymbol{u}(\boldsymbol{k}) = [u_1(k), u_2(k), u_3(k)]^{\mathrm{T}} = [\beta_1(k), \beta_2(k), \beta_3(k)]^{\mathrm{T}} \tag{5-9}$$

式中，k 为离散时间；输入向量 $\boldsymbol{u}(\boldsymbol{k}) \in \boldsymbol{R}^3$。

风电机组输出变量取为 3 个桨叶的气动载荷，包括 3 个桨叶挥舞方向的剪切力 F_{xb1}、F_{xb2}、F_{xb3}，3 个桨叶摆振方向（切向）的剪切力 F_{yb1}、F_{yb2}、F_{yb3}，3 个桨叶的摆振弯矩 M_{xb1}、M_{xb2}、M_{xb3}，以及 3 个桨叶的挥舞弯矩 M_{yb1}、M_{yb2}、M_{yb3}，即

$$\begin{aligned}\boldsymbol{y}(\boldsymbol{k}) = &[y_1(k), y_2(k), y_3(k), y_4(k), y_5(k), y_6(k), y_7(k), y_8(k), y_9(k), y_{10}(k), y_{11}(k), y_{12}(k)]^{\mathrm{T}}\\ = &[F_{xb1}(k), F_{xb2}(k), F_{xb3}(k), F_{yb1}(k), F_{yb2}(k), F_{yb3}(k),\\ &M_{xb1}(k), M_{xb2}(k), M_{xb3}(k), M_{yb1}(k), M_{yb2}(k), M_{yb3}(k)]^{\mathrm{T}}\end{aligned} \tag{5-10}$$

式中，输出向量 $\boldsymbol{y}(\boldsymbol{k}) \in \boldsymbol{R}^{12}$。

设系统的时滞为 1，则风电机组离散未知非线性动态模型可表示为

$$\boldsymbol{y}(\boldsymbol{k}) = \boldsymbol{f}[\boldsymbol{u}(\boldsymbol{k}-1), \boldsymbol{N}_{\boldsymbol{k}}, \boldsymbol{k}] \tag{5-11}$$

式中，$\boldsymbol{N}_{\boldsymbol{k}}$ 是影响风力发电机组系统输出的因素，比如，系统参数时变、噪声干扰等，式(5-11)也可写为

$$\begin{bmatrix} y_1(k) \\ y_2(k) \\ \vdots \\ y_{12}(k) \end{bmatrix} = \begin{bmatrix} f_1[u_1(k-1), u_2(k-1), u_3(k-1), N_k, k] \\ f_2[u_1(k-1), u_2(k-1), u_3(k-1), N_k, k] \\ \vdots \\ f_{12}[u_1(k-1), u_2(k-1), u_3(k-1), N_k, k] \end{bmatrix} \tag{5-12}$$

假如控制输入 $\boldsymbol{u}(\boldsymbol{k}-1)$ 的估值 $\hat{\boldsymbol{u}}(\boldsymbol{k}-1)$ 已知，那么就可得到系统的相应输出 $\boldsymbol{y}(\boldsymbol{k})$，如果给定系统在 $k+1$ 时刻的期望输出 $\boldsymbol{y}(\boldsymbol{k}+1)$，那么寻找控制律 $\boldsymbol{u}(\boldsymbol{k})$ 的问题就变成了确定 $\boldsymbol{u}(\boldsymbol{k})$ 的估值 $\hat{\boldsymbol{u}}(\boldsymbol{k})$，使系统在输入估值 $\hat{\boldsymbol{u}}(\boldsymbol{k})$ 作用下的输出是 $\boldsymbol{y}(\boldsymbol{k}+1)$，或者说满足式(5-13)。

$$\boldsymbol{y}(\boldsymbol{k}+1) = \boldsymbol{f}[\hat{\boldsymbol{u}}(\boldsymbol{k}), \boldsymbol{N}_{\boldsymbol{k}+1}, \boldsymbol{k}+1] \tag{5-13}$$

由式(5-13)及式(5-11)可得

$$\boldsymbol{y}(\boldsymbol{k}+1) - \boldsymbol{y}(\boldsymbol{k}) = \boldsymbol{f}[\hat{\boldsymbol{u}}(\boldsymbol{k}), \boldsymbol{N}_{\boldsymbol{k}+1}, \boldsymbol{k}+1] - \boldsymbol{f}[\hat{\boldsymbol{u}}(\boldsymbol{k}-1), \boldsymbol{N}_{\boldsymbol{k}}, \boldsymbol{k}]$$

$$= \boldsymbol{f}[\hat{\boldsymbol{u}}(\boldsymbol{k}), \boldsymbol{N}_{k+1}, \boldsymbol{k}+1] - \boldsymbol{f}[\hat{\boldsymbol{u}}(\boldsymbol{k}-1), \boldsymbol{N}_{k+1}, \boldsymbol{k}+1] + \boldsymbol{\varepsilon}(\boldsymbol{k}) \tag{5-14}$$

式中，$\boldsymbol{\varepsilon}(\boldsymbol{k}) = \boldsymbol{f}[\hat{\boldsymbol{u}}(\boldsymbol{k}-1), \boldsymbol{N}_{k+1}, \boldsymbol{k}+1] - \boldsymbol{f}[\hat{\boldsymbol{u}}(\boldsymbol{k}-1), \boldsymbol{N}_{k}, \boldsymbol{k}]$。

根据微分中值定理，可将式(5-14)转化成式(5-15)的形式。

$$\boldsymbol{y}(\boldsymbol{k}+1) - \boldsymbol{y}(\boldsymbol{k}) = \boldsymbol{\varphi}(\boldsymbol{k})[\hat{\boldsymbol{u}}(\boldsymbol{k}) - \hat{\boldsymbol{u}}(\boldsymbol{k}-1)] \tag{5-15}$$

式中，$\boldsymbol{\varphi}(\boldsymbol{k})$ 为未知参数矩阵，可看成由风电机组系统结构和参数决定的待估参数矩阵，它由微分中值定理决定，这里无须知道其参数的准确表达形式，也无法写出，后文要对其进行估计。为便于估计，写成式(5-16)未知待估参数矩阵的形式。

$$\boldsymbol{\varphi}(\boldsymbol{k}) = \begin{bmatrix} \boldsymbol{\varphi}_1(\boldsymbol{k})^{\mathrm{T}} \\ \boldsymbol{\varphi}_2(\boldsymbol{k})^{\mathrm{T}} \\ \vdots \\ \boldsymbol{\varphi}_{12}(\boldsymbol{k})^{\mathrm{T}} \end{bmatrix} = \begin{bmatrix} \varphi_{11}(k), \varphi_{12}(k), \varphi_{13}(k) \\ \varphi_{21}(k), \varphi_{22}(k), \varphi_{23}(k) \\ \vdots \\ \varphi_{121}(k), \varphi_{122}(k), \varphi_{123}(k) \end{bmatrix} \tag{5-16}$$

式(5-15)也可写为

$$y_i(k+1) - y_i(k) = [\hat{\boldsymbol{u}}(\boldsymbol{k}) - \hat{\boldsymbol{u}}(\boldsymbol{k}-1)]^{\mathrm{T}}\boldsymbol{\varphi}_i(\boldsymbol{k}) \quad (i = 1,2,\cdots,12) \tag{5-17}$$

在风电机组系统模型未知的情况下，式(5-15)或式(5-17)就是要得到的由输入输出数据关系描述的风电机组矩阵向量方程。

由以上分析可知，如果待估参数矩阵 $\boldsymbol{\varphi}(\boldsymbol{k})$ 的最佳估值 $\hat{\boldsymbol{\varphi}}(\boldsymbol{k})$ 能够得到，则控制律 $\boldsymbol{u}(\boldsymbol{k})$ 的估值 $\hat{\boldsymbol{u}}(\boldsymbol{k})$ 可通过式(5-15)获得。

(3)基于历史观测数据的未知参数的估计

令 $\Delta\hat{\boldsymbol{u}}(\boldsymbol{k}) = [\hat{\boldsymbol{u}}(\boldsymbol{k}) - \hat{\boldsymbol{u}}(\boldsymbol{k}-1)]$，则式(5-17)可被写成

$$y_i(k+1) - y_i(k) = [\Delta\hat{\boldsymbol{u}}(\boldsymbol{k})]^{\mathrm{T}}\boldsymbol{\varphi}_i(\boldsymbol{k})(i = 1,2,\cdots,12) \tag{5-18}$$

式中，$\boldsymbol{\varphi}_i(\boldsymbol{k})$ 为待估参数向量。

如果当前的时刻是 k，那么历史观测数据 $(\boldsymbol{u}(0), \boldsymbol{y}(1))$，$(\boldsymbol{u}(1), \boldsymbol{y}(2))$，…，$(\boldsymbol{u}(k-1), \boldsymbol{y}(k))$ 就是已知的。下面用这些历史数据来寻求 $\boldsymbol{\varphi}_i(\boldsymbol{k})$ 的估值 $\hat{\boldsymbol{\varphi}}_i(\boldsymbol{k})$ $(i=1,2,\cdots,12)$。

考虑风电机组参数的时变性，待估参数的信息更多地蕴藏在新观测数据中，而与先前观测数据的关系逐渐减弱，遗忘因子法能实时跟踪系统明显的变化，对系统的时变特性具有较强的跟踪能力。为此采用带遗忘因子的最小二乘估计算法，为使估值更加准确，采用两组算法在线连续递推估计。

第一组递推估值算法：

$$\hat{\boldsymbol{\varphi}}_i(\boldsymbol{k}-1) = \hat{\boldsymbol{\varphi}}_i(\boldsymbol{k}-2) + \boldsymbol{M}(\boldsymbol{k}-1)\{\hat{y}_i(k) - \hat{y}_i(k-1) - [\Delta\hat{\boldsymbol{u}}(\boldsymbol{k}-1)^{\mathrm{T}}\hat{\boldsymbol{\varphi}}_i(\boldsymbol{k}-2)]\} \tag{5-19}$$

式中 $\boldsymbol{M}(\boldsymbol{k}-1) = \dfrac{\boldsymbol{P}(\boldsymbol{k}-2)[\Delta\hat{\boldsymbol{u}}(\boldsymbol{k}-1)]}{\alpha_1 + [\Delta\hat{\boldsymbol{u}}(\boldsymbol{k}-1)]^{\mathrm{T}}\boldsymbol{P}(\boldsymbol{k}-2)[\Delta\hat{\boldsymbol{u}}(\boldsymbol{k}-1)]}$

$$P(k-1)=\frac{1}{\alpha_1}\{I-M(k-1)[\Delta\hat{u}(k-1)]^{T}\}P(k-2)$$

α_1 为遗忘因子，α_1 越小，算法跟踪能力越强，但波动也越大，一般取 $0.95<\alpha_1<1$；$\hat{y}_i(k)$ 为当前第 i 个输出实际观测值。

第二组递推估值算法：

$$\hat{\varphi}_i(k)=\hat{\varphi}_i(k-1)+M(k)\{\hat{y}_i^{ref}(k+1)-\hat{y}_i(k)-[\Delta\hat{u}(k-1)^{T}\hat{\varphi}_i(k-1)]\} \tag{5-20}$$

式中 $M(k)=\dfrac{P(k-1)[\Delta\hat{u}(k-1)]}{\alpha_2+[\Delta\hat{u}(k-1)]^{T}P(k-1)[\Delta\hat{u}(k-1)]}$，$\alpha_2$ 为遗忘因子。

$y_i^{ref}(k+1)$ 为 $k+1$ 时刻风力发电机第 i 个输出期望给定值。

由于设定当前时刻是 k，系统时滞为1，在第二组递推估值算法中，$\Delta\hat{u}(k)$ 是未知的，为此用 $\Delta\hat{u}(k-1)$ 把它近似代替了。$\Delta\hat{u}(k)$ 与 $\Delta\hat{u}(k-1)$ 均属桨距角连续观测的变化量，桨距角调节受到速率和叶片转动惯性的限制，用 $\Delta\hat{u}(k-1)$ 代替 $\Delta\hat{u}(k)$ 误差较小，这样做也是近似合理的。

（4）风电机组数据驱动控制律

有了估值 $\hat{\varphi}(k)$ 及当前输出实际观测值 $\hat{y}(k)$ 和期望输出给定值 $y^{ref}(k+1)$，就可以将式(5-15)写成式(5-21)的形式。

$$y^{ref}(k+1)-\hat{y}(k)=\hat{\varphi}(k)[\hat{u}(k)-\hat{u}(k-1)] \tag{5-21}$$

求解式(5-21)就可得到控制律 $\hat{u}(k)$ 的形式，然而根据广义逆与方程组解的结构形式可知，风电机组在运行过程中，式(5-21)的矩阵方程组可能是相容的也可能是不相容的，为此下面分两种情况给出控制律 $\hat{u}(k)$ 的形式：

①如果式(5-21)的矩阵方程组相容，解可能有无穷多个，为此取使系统控制能量的最小范数解，即

$$\hat{u}(k)=\hat{u}(k-1)+[\hat{\varphi}(k)]^{T}[\hat{\varphi}(k)[\hat{\varphi}(k)]^{T}]^{-1}[y^{ref}(k+1)-\hat{y}(k)] \tag{5-22}$$

②如果式(5-21)的矩阵方程组不相容，则不存在通常意义下的解，则取可以使范数 $\|y^{ref}(k+1)-\hat{y}(k)-\hat{\varphi}(k)[\hat{u}(k)-\hat{u}(k-1)]\|_2$ 能够最小化地最佳逼近解，即

$$\hat{u}(k)=\hat{u}(k-1)+[[\hat{\varphi}(k)]^{T}\hat{\varphi}(k)]^{-1}[\hat{\varphi}(k)]^{T}[y^{ref}(k+1)-\hat{y}(k)] \tag{5-23}$$

5.3 功率兼顾载荷平衡的独立变桨多目标控制仿真分析

通过第4章4.3节的仿真实验分析可以看出，在高于额定风速时，对大型风力发电

机组实施独立变桨距功率控制，虽然能够使风电机组输出功率较好地保持在额定功率附近，但在抑制与平衡风力发电机所受气动载荷方面效果并不理想。大型风电机组风轮所受的气动载荷较大，直接关系到风电机组桨叶、塔架、传动链乃至整个风力发电机结构部件的耐疲劳寿命，还有可能造成桨叶气动载荷与其他结构部件载荷之间的载荷耦合放大，因此在实施独立变桨距控制时，应当兼顾桨叶所受气动载荷平衡问题，以最大限度地发挥独立变桨距控制的功能与目的。

本节对提出的独立变桨多目标控制策略进行仿真实验验证与分析。仿真实验时，风电机组风电转换效率取为 $\eta = 0.99$；遗忘因子取为 $\alpha_1 = \alpha_2 = 0.98$；发电机额定功率 3 MW；除摆振弯矩期望输出给定值按式(5-5)选取外，其他各种载荷的期望输出给定值选取方法是：在风力发电机载荷计算模型中引入轮毂高度处风速和风轮方位角，考虑风剪切和塔影效应，实时观测各种载荷，建立每种载荷的实时平均值模型，以其平均值作为载荷期望输出给定值；仿真时风电机组其他主要参数见附录Ⅰ。

为便于分析和比较所提出的多目标控制的有效性和性能，仿真实验时，施加于风电机组轮毂处的模拟风速与第 4 章最优功率控制仿真时的风速相同，如图 4-2 所示。同样地，在风剪切和塔影效应影响下，3 个桨叶所受风速由程序实现。

在提出的风电机组输入输出数据驱动多目标控制下，3 个桨叶的桨距角调节仿真曲线如图 5-1 所示。

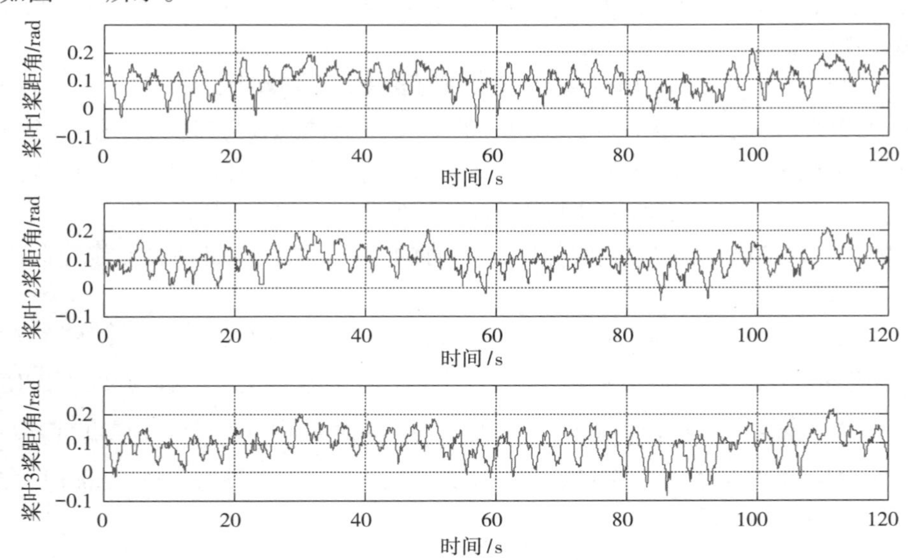

图 5-1 多目标控制下风力发电机桨叶桨距角调节仿真曲线

风电机组功率兼顾载荷多目标控制和第 4 章实施功率控制，就桨叶桨距角调节来看，在仅功率控制下，为保证风电机组输出功率恒定，3 个桨叶均随风速变化而调节，风速升高时桨距角往大调，反之，风速低时桨距角往小调，如第 4 章图 4-3 所示。风电机组在功率兼顾载荷多目标控制下,桨叶桨距角调节受多方面因素制约,如功率、载荷、期望值给定方式、控制策略等。由图 5-1 可以看出,为完成多目标控制任务,桨叶桨距角调节幅度比图 4-3 稍大些,相比较来看,可能会造成桨叶调节疲劳略微增大,但笔者认为这是换取平衡和削弱桨叶气动载荷的代价,是值得的。

在多目标控制下,风力发电机组输出功率仿真实验曲线如图 5-2 所示。

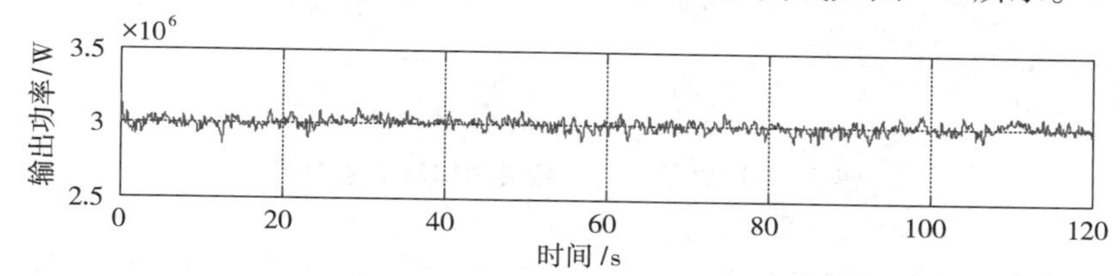

图 5-2　风力发电机组输出功率仿真实验曲线

在本章提出的多目标控制下,桨叶根部所受摆振弯矩仿真实验曲线如图 5-3 所示。

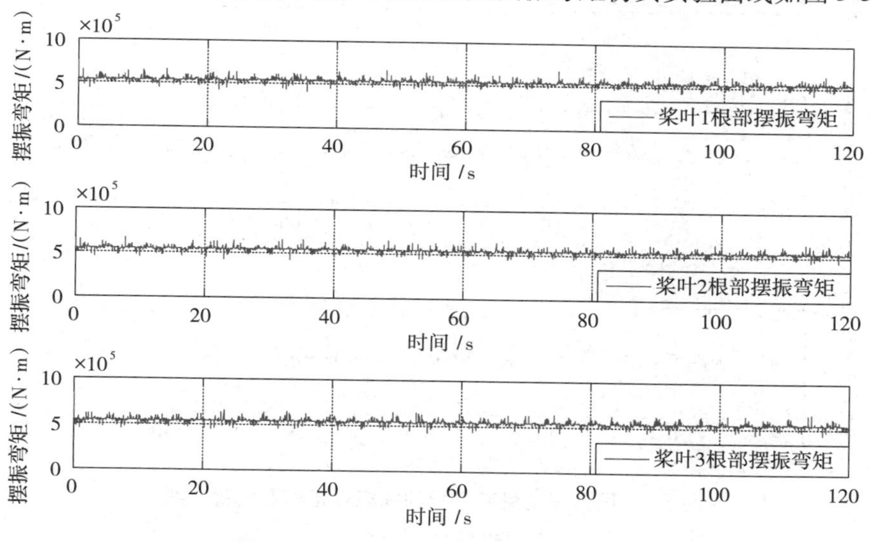

图 5-3　风力发电机桨叶根部摆振弯矩

图 5-2、图 5-3 分别与第 4 章仿真图 4-4、图 4-5 对比来看,本章提出的多目标控制策略下输出功率波动幅度更小也更平稳,3 个桨叶根部摆振弯矩载荷也得到了有效抑制与平衡。这说明,将功率控制目标融入变桨距载荷控制目标的思想是有效和可行的。

在多目标控制下,风力发电机风轮转速仿真实验曲线如图 5-4 所示。与图 4-6 比较可以看出,风力发电机转速波动仍然较小,近似平稳运行。

在多目标控制下,风力发电机桨叶根部挥舞弯矩仿真实验曲线如图 5-5 所示,与第 4 章图 4-7 仿真实验曲线对比可看出,采用本章提出的多目标控制策略,能够使桨叶根部挥舞弯矩载荷得到一定的抑制和削弱,从而在一定程度上改善桨叶和塔架在挥舞方向上的前后摇摆。

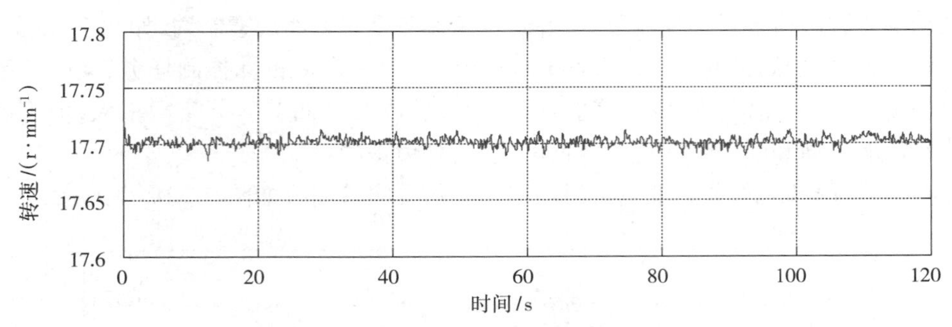

图 5-4 风力发电机风轮转速仿真实验曲线

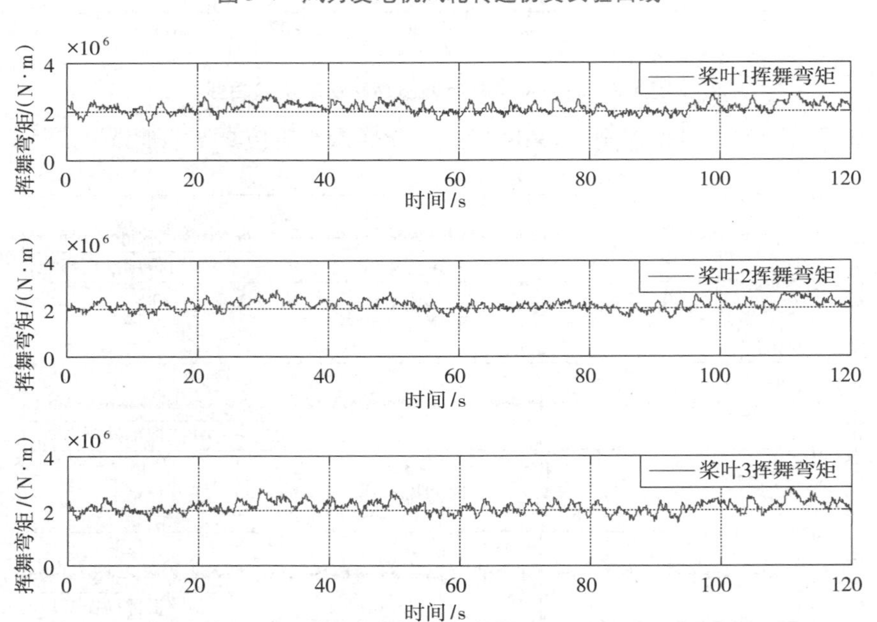

图 5-5 风力发电机桨叶根部挥舞弯矩仿真实验曲线

第6章 基于反演控制的变桨距风电机组独立桨距控制

6.1 引 言

第4章研究了变桨距最优功率控制问题,第5章研究了独立变桨距多目标控制问题,达到控制目标后,控制器均给出了3个桨叶的参考(期望)桨距角。本章研究鲁棒自适应桨距角执行控制器设计问题。独立变桨距执行控制是大型风电机组控制系统的核心部分之一。设计性能良好的独立变桨距执行控制器,对提高风电机组风能利用率、提高风电机组出力、改善发电质量等起着非常重要的作用。国内外大型风电机组变桨距通常采用电动独立变桨执行系统,在额定风速以上,通过独立的电控调桨机构,独立调节各自桨叶桨距角,使3个桨叶的桨距角尽可能独立快速地跟踪各自桨叶的期望桨距角,以实现风力发电机稳定功率输出和削弱平衡桨叶气动载荷。

变桨系统动力学模型复杂且存在很多不确定性参数,显示较强的非线性动力学行为。面对复杂多变的风力发电机桨叶系统,传统PID控制难以做到快速、最优地实时进行参数整定;为克服传统PID控制的缺陷,变桨执行控制将PI或PID与现代控制算法结合,构成复合PID控制(如模糊PID、神经网络PID、自适应PID等)。采用变桨模糊控制,系统性能可在一定程度上得到改善,但该方法依赖于知识规则,自适应能力不高,易造成精度下降。神经网络在学习规则方面与模糊控制类似,但其可以充分利用观测数据,在线学习修正参数,实现神经网络自适应控制。针对复杂快变的非线性动力学桨叶系统,有文献利用变结构、自寻优等功能,克服系统参数不确定及非线性时变因素,以实现快速高精度的控制目的,但以上研究还停留在统一变桨距控制层面上。

含有参数不确定性和未知干扰的非线性系统的控制问题,一直是控制领域的研究热点之一。反演控制设计方法由于其独特构造和对不确定性有较优良的处理能力,在飞机、导弹、电机、机器人等领域的控制器设计中得到了广泛的应用。这种反演控制设

计方法的显著特点是:

①易处理系统中的不确定性和未知干扰,是一种非线性系统的递推设计方法;

②它是一种系统化的构造设计方法;

③反演设计方法以镇定和跟踪为追求的目标,而不是以线性化为追求的目标。

鉴于反演控制设计方法的以上特点,本章在充分考虑桨叶所受各种力矩和独立变桨非线性动力学行为的基础上,建立了含有时变不确定性参数和未知扰动载荷的桨叶非线性动力学模型;通过选择状态变量和引入误差状态向量,利用非线性系统反演控制,设计了鲁棒自适应独立桨距角跟踪控制律;设计时,通过在实际控制量中引入自适应鲁棒项,克服了不确定性对控制器的影响。这种方法为具有许多时变不确定项和高度非线性的风力发电机变桨调节桨叶系统提供了一种新颖的鲁棒自适应独立桨距角跟踪控制器。

6.2 反演控制设计概述

反演控制设计方法的基本思想是:首先将复杂的非线性控制系统分解成若干个不超过系统阶次的子系统;然后为每个子系统分别选取设计李雅普诺夫(Lyapunov)函数,以及中间虚拟控制量,一直“倒退”到整个系统,直到设计出控制律。

6.2.1 反演控制简介

假定被控对象为

$$\begin{cases} \dot{x}_1 = x_2 \\ \dot{x}_2 = f(x,t) + g(x,t)u \end{cases} \tag{6-1}$$

式中,$g(x,t) \neq 0$。

定义误差 $z_1 = x_1 - x_d$,其中 x_d 为期望信号(指令信号),则 $\dot{z}_1 = \dot{x}_1 - \dot{x}_d = x_2 - \dot{x}_d$。基本的反演控制设计分以下两步进行。

(1)定义 Lyapunov 函数

$$V_1 = \frac{1}{2} z_1^2 \tag{6-2}$$

则

$$\dot{V}_1 = z_1 \dot{z}_1 = z_1 (x_2 - \dot{x}_d)$$

取 $x_2 = -c_1z_1 + \dot{x}_d + z_2$，其中 $c_1 > 0$，为设计的正常数；z_2 为虚拟控制量，$z_2 = x_2 + c_1z_1 - \dot{x}_d$。

则

$$\dot{V}_1 = -c_1z_1^2 + z_1z_2$$

如果 $z_2 = 0$，则 $\dot{V}_1 \leqslant 0$。为此，还需要进行下一步设计。

（2）重新定义 Lyapunov 函数

$$V_2 = V_1 + \frac{1}{2}z_2^2 \tag{6-3}$$

由于

$$\dot{z}_2 = f(x,t) + g(x,t)u + c_1\dot{z}_1 - \ddot{x}_d$$

所以

$$\dot{V}_2 = \dot{V}_1 + z_2\dot{z}_2 = -c_1z_1^2 + z_1z_2 + z_2[f(x,t) + g(x,t)u + c_1\dot{z}_1 - \ddot{x}_d]$$

为使 $\dot{V}_2 \leqslant 0$，设计控制器为

$$u = \frac{1}{g(x,t)}[-f(x,t) - c_1\dot{z}_1 + \ddot{x}_d - c_2z_2 - z_1] \tag{6-4}$$

其中，$c_2 > 0$，为设计的正常数，则有

$$\dot{V}_2 = -c_1z_1^2 - c_2z_2^2 \leqslant 0$$

由于 $z_2 = x_2 + c_1z_1 - \dot{x}_d$，所以当 $z_1 \to 0$ 和 $z_2 \to 0$ 时，$x_2 \to \dot{x}_d$。

设计式（6-4）的控制律，可使系统满足 Lyapunov 稳定性理论条件，并且 z_1 和 z_2 渐近稳定，保证了系统全局意义下的指数渐近稳定性，并且 z_1 以指数的形式渐近收敛至零。

6.2.2　风电机组独立变桨鲁棒自适应反演控制设计的提出

反演设计方法只适合参数严格反馈的非线性系统，也就是说，控制律式（6-4）使用的前提条件是，需要知道被控对象的精确建模信息 $f(x,t)$ 和 $g(x,t)$。然而，风力发电机桨叶执行系统本身是一个多变量、非线性、强耦合的系统，存在很多诸如参数、建模等的不确定性，为消除这些不确定性，不能按传统线性模型得到控制律，否则鲁棒性很难保证。因此，当系统存在不确定性时，反演法必须与其他方法结合。本章将自适应与反演控制设计方法相结合，研究独立变桨桨距角跟踪调节问题，也就是寻求鲁棒自适应的桨距角跟踪反演控制设计方法，以应对桨叶系统参数变化、外部扰动以及建模不确定性对控制器性能的影响。

6.3 风力发电机桨叶动力学建模

在变桨调节机械机构中,驱动力矩和变桨角度间存在高度的非线性关系。本节在对变桨机构调节变桨角的机械行为进行非线性动态特性建模时,尽可能考虑作用在变桨机构上的各种力矩。风电机组单片桨叶桨距角调节机构的机械示意图如图 6-1 所示。变桨调节时,桨叶绕其轴转动,即电动调节桨叶改变桨距角的动态过程。由动量矩定理的微分形式,对第 i 片桨叶可得式(6-5)所示动力学方程。

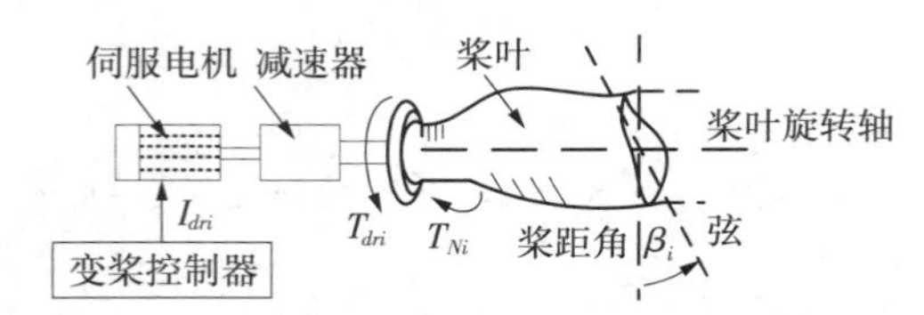

图 6-1　第 i 片桨叶桨距角调节示意图

$$\frac{\mathrm{d}\left(J_i \frac{\mathrm{d}\beta_i}{\mathrm{d}t}\right)}{\mathrm{d}t} = T_{dri} - (k_{Di} + k_{fi}) \frac{\mathrm{d}\beta_i}{\mathrm{d}t} - T_{Ni} \tag{6-5}$$

式(6-5)也可写成式(6-6)的形式。

$$J_i\ddot{\beta}_i + (k_{Di} + k_{fi})\dot{\beta}_i + T_{Ni} = T_{dri} \tag{6-6}$$

式中,各下标 i 表示第 i 片桨叶序号,$i=1,2,3$;J_i 是第 i 片桨叶绕其轴的转动惯量;β_i 是第 i 片桨叶的桨距角;k_{Di} 和 k_{fi} 分别是第 i 片桨叶的空气阻尼系数和轴承摩擦系数;T_{dri} 是第 i 片桨叶变桨调节装置的驱动力矩;$T_{Ni} = T_{Pulli} + T_{Lifti} + T_{Ti} + T_{Tilti} + T_{Bendi} + T_{Aeroi}$,$T_{Ni}$ 是第 i 片桨叶所受的扭转力矩和空气动力产生的扰动阻力矩的总和,是无法精确建模的,本章将其视为桨叶所受的不确定载荷扰动项,包括第 i 片桨叶推力矩 T_{Pulli}、第 i 片桨叶升力产生的升力矩 T_{Lifti}、第 i 片桨叶的扭转复位力矩 T_{Ti}、第 i 片桨叶因转子倾斜造成的倾斜力矩 T_{Tilti}、第 i 片桨叶因弯曲造成的弯曲力矩 T_{Bendi} 以及第 i 片桨叶承受的因空气动力造成的不平衡载荷 T_{Aeroi},T_{Aeroi} 包括确定性载荷(由风切变和塔影等确定性因素造成)和随机扰动(由紊流等因素造成)。

桨叶桨距角调节可以是电动变桨或液压变桨,图 6-1 中采用电动变桨距。在图 6-1 中,I_{dri} 表示调节第 i 片桨叶桨距角到需要的角度时所需的驱动电机电流的大小。电机电流和产生的桨叶驱动力矩之间的关系可以写为 $T_{dri} = f(I_{dri})$,为简化分析,采用线性关系表达,$T_{dri} = b_iI_{dri}$,其中 b_i 描述电机驱动电流和产生的桨叶驱动力矩之间的一个机电变换常数。

将 $T_{dri}=b_iI_{dri}$ 代入式(6-6),整理可得式(6-7)。

$$\ddot{\beta}_i+\frac{k_i}{J_i}\dot{\beta}_i+T'_{Ni}=\frac{b_i}{J_i}I_{dri} \tag{6-7}$$

式中,$k_i=k_{Di}+k_{fi}$;$T'_{Ni}=\frac{1}{J_i}T_{Ni}$ 仍然是不确定项。

式(6-7)为第 i 片桨叶的动力学数学模型。考虑到建模时参数 J_i、k_i、b_i 的不准确以及运行时参数可能的变化,将3个桨叶的动力学方程写成式(6-8)的矩阵方程的形式。

$$\ddot{\boldsymbol{\beta}}+(\boldsymbol{A}+\Delta\boldsymbol{A})\dot{\boldsymbol{\beta}}+\boldsymbol{C}=(\boldsymbol{b}+\Delta\boldsymbol{b})\boldsymbol{I}_{dr} \tag{6-8}$$

式中,

$\ddot{\boldsymbol{\beta}}=[\ddot{\beta}_1,\ddot{\beta}_2,\ddot{\beta}_3]^{\mathrm{T}}\in\boldsymbol{R}^3$;

$\dot{\boldsymbol{\beta}}=[\dot{\beta}_1,\dot{\beta}_2,\dot{\beta}_3]^{\mathrm{T}}\in\boldsymbol{R}^3$;

$\boldsymbol{A}=\mathrm{diag}\left(\frac{k_1}{J_1},\frac{k_2}{J_2},\frac{k_3}{J_3}\right)\in\boldsymbol{R}^{3\times3}$;

$\Delta\boldsymbol{A}=\mathrm{diag}\left(\Delta\frac{k_1}{J_1},\Delta\frac{k_2}{J_2},\Delta\frac{k_3}{J_3}\right)\in\boldsymbol{R}^{3\times3}$ 为不确定性矩阵,$\Delta\frac{k_i}{J_i}$ 是$\frac{k_i}{J_i}$ 的参数不确定项,$i=1,2,3$;

$\boldsymbol{C}=[T'_{N1},T'_{N2},T'_{N3}]^{\mathrm{T}}\in\boldsymbol{R}^3$,是3个桨叶的不确定载荷和扰动不确定性;

$\boldsymbol{b}=\mathrm{diag}\left(\frac{b_1}{J_1},\frac{b_2}{J_2},\frac{b_3}{J_3}\right)\in\boldsymbol{R}^{3\times3}$;

$\Delta\boldsymbol{b}=\mathrm{diag}\left(\Delta\frac{b_1}{J_1},\Delta\frac{b_2}{J_2},\Delta\frac{b_3}{J_3}\right)\in\boldsymbol{R}^{3\times3}$ 为不确定性矩阵,$\Delta\frac{b_i}{J_i}$ 是$\frac{b_i}{J_i}$ 的参数不确定项,$i=1,2,3$;

$\boldsymbol{I}_{dr}=[I_{dr1},I_{dr2},I_{dr3}]^{\mathrm{T}}\in\boldsymbol{R}^3$。

选取状态向量 $\boldsymbol{X}_1=\boldsymbol{\beta}=[\beta_1,\beta_2,\beta_3]^{\mathrm{T}}\in\boldsymbol{R}^3$,$\boldsymbol{X}_2=\dot{\boldsymbol{\beta}}=[\dot{\beta}_1,\dot{\beta}_2,\dot{\beta}_3]^{\mathrm{T}}\in\boldsymbol{R}^3$,控制输入向量 $\boldsymbol{u}=[u_1,u_2,u_3]^{\mathrm{T}}=\boldsymbol{I}_{dr}=[I_{dr1},I_{dr2},I_{dr3}]^{\mathrm{T}}\in\mathbf{R}^3$,则风力发电机桨叶系统动力学模型式(6-8)可写成式(6-9)的系统状态方程的形式。

$$\begin{cases}\dot{\boldsymbol{X}}_1=\boldsymbol{X}_2\\ \dot{\boldsymbol{X}}_2=\boldsymbol{f}_2(\boldsymbol{X}_2)+\boldsymbol{b}_2\boldsymbol{u}\end{cases} \tag{6-9}$$

式中,$\boldsymbol{f}_2(\boldsymbol{X}_2)=\boldsymbol{f}_{20}(\boldsymbol{X}_2)+\Delta\boldsymbol{f}_2(\boldsymbol{X}_2)$,$\boldsymbol{f}_{20}(\boldsymbol{X}_2)=-\boldsymbol{A}\boldsymbol{X}_2$,$\Delta\boldsymbol{f}_2(\boldsymbol{X}_2)=-\Delta\boldsymbol{A}\boldsymbol{X}_2-\boldsymbol{C}$;$\boldsymbol{b}_2=\boldsymbol{b}_{20}+\Delta\boldsymbol{b}=\boldsymbol{b}+\Delta\boldsymbol{b}$;$\boldsymbol{f}_{20}(\boldsymbol{X}_2)$ 和 $\boldsymbol{b}_{20}$ 为系统的名义值,$\Delta\boldsymbol{f}_2(\boldsymbol{X}_2)$ 和 $\Delta\boldsymbol{b}$ 为系统中的不确定性(包括参数不确定和载荷扰动)。

式(6-9)即为所建立的含有参数不确定及载荷扰动的桨叶系统数学模型。

6.4 独立桨距角跟踪鲁棒自适应反演控制器设计及稳定性分析

独立变桨距执行控制设计的目的是设计一个鲁棒自适应控制律,消除不确定性对桨叶系统的影响,在保证信号有界的前提下,通过电动桨叶执行机构,使3个桨叶的桨距角分别独立跟踪各自桨叶的期望桨距角。

为便于独立变桨反演控制器设计,引入新的误差状态向量 $\boldsymbol{Z}_1,\boldsymbol{Z}_2 \in \boldsymbol{R}^3$,

$$\boldsymbol{Z}_1 = \boldsymbol{X}_1 - \boldsymbol{X}_{1d} \tag{6-10a}$$

$$\boldsymbol{Z}_2 = \boldsymbol{X}_2 - \boldsymbol{X}_{2d} \tag{6-10b}$$

式中,$\boldsymbol{X}_{1d}$、$\boldsymbol{X}_{2d}$ 均为系统期望的状态轨迹,$\boldsymbol{X}_{1d}$ 为桨叶系统期望的桨距角,$\boldsymbol{X}_{2d}$ 由式(6-13)给出。由式(6-10)及式(6-9)可得误差状态的系统动态方程,如式(6-11)和式(6-12)所示。

$$\dot{\boldsymbol{Z}}_1 = X_2 - \dot{\boldsymbol{X}}_{1d} \tag{6-11}$$

$$\dot{\boldsymbol{Z}}_2 = f_2(\boldsymbol{X}_2) + \boldsymbol{b}_2\boldsymbol{u} - \dot{\boldsymbol{X}}_{2d} \tag{6-12}$$

将 $\boldsymbol{X}_2$ 作为子系统[式(6-11)]的虚拟控制量,则存在一个理想的虚拟控制量 $\boldsymbol{X}_2^* = -k_1\boldsymbol{Z}_1 + \dot{\boldsymbol{X}}_{1d}$,使得 $\dot{\boldsymbol{Z}}_1 = -k_1\boldsymbol{Z}_1 + (\boldsymbol{X}_2 - \boldsymbol{X}_2^*)$,其中 $k_1 > 0$ 为设计参数。由于 $\boldsymbol{X}_2^*$ 是得不到的,故选取期望的虚拟控制量为

$$\boldsymbol{X}_{2d} = -k_1\boldsymbol{Z}_1 + \dot{\boldsymbol{X}}_{1d} \tag{6-13}$$

使得 $\dot{\boldsymbol{Z}}_1 = -k_1\boldsymbol{Z}_1 + (\boldsymbol{X}_2 - \boldsymbol{X}_{2d})$。

选取 Lyapunov 函数为

$$V_1 = \frac{1}{2}\boldsymbol{Z}_1^{\mathrm{T}}\boldsymbol{Z}_1 \tag{6-14}$$

对式(6-14)求导可得

$$\dot{V}_1 = \boldsymbol{Z}_1^{\mathrm{T}}\dot{\boldsymbol{Z}}_1 = \boldsymbol{Z}_1^{\mathrm{T}}[-k_1\boldsymbol{Z}_1 + (\boldsymbol{X}_2 - \boldsymbol{X}_{2d})] = -k_1\|\boldsymbol{Z}_1\|^2 + \boldsymbol{Z}_1^{\mathrm{T}}(\boldsymbol{X}_2 - \boldsymbol{X}_{2d}) = -k_1\|\boldsymbol{Z}_1\|^2 + \boldsymbol{Z}_1^{\mathrm{T}}\boldsymbol{Z}_2 \tag{6-15}$$

由 $\dot{\boldsymbol{Z}}_1 = -k_1\boldsymbol{Z}_1 + (\boldsymbol{X}_2 - \boldsymbol{X}_{2d})$ 和式(6-15)可知,只要 $\boldsymbol{X}_2$ 与 $\boldsymbol{X}_{2d}$ 之间的误差 $\boldsymbol{Z}_2$ 足够小,就可使 $\boldsymbol{Z}_1$ 渐近指数收敛至系统原点很小的一个邻域内。

为使 $\boldsymbol{X}_2$ 跟踪 $\boldsymbol{X}_{2d}$,考虑第二个子系统[式(6-12)],即 $\dot{\boldsymbol{Z}}_2 = \boldsymbol{f}_2(\boldsymbol{X}_2) + \boldsymbol{b}_2\boldsymbol{u} - \dot{\boldsymbol{X}}_{2d}$,则存在一个理想的控制量

$$\boldsymbol{u}^* = -\boldsymbol{b}_2^{-1}[k_2\boldsymbol{Z}_2 + \boldsymbol{f}_2(\boldsymbol{X}_2) - \dot{\boldsymbol{X}}_{2d}] + k\boldsymbol{Z}_2 + \boldsymbol{Z}_1 \tag{6-16}$$

使得

$$\dot{\boldsymbol{Z}}_2 = \boldsymbol{f}_2(\boldsymbol{X}_2) + \boldsymbol{b}_2 u - \dot{\boldsymbol{X}}_{2d} + \boldsymbol{b}_2 \boldsymbol{u}^* - \boldsymbol{b}_2 u^* = -k_2 \boldsymbol{Z}_2 + b_2(k\boldsymbol{Z}_2 + \boldsymbol{Z}_1) + \boldsymbol{b}_2(\boldsymbol{u} - \boldsymbol{u}^*) \tag{6-17}$$

式中，$k_2 > 0, k > 0$，为设计参数。

由于不确定性的存在，理想的控制量 $\boldsymbol{u}^*$ 是得不到的，可以设为

$$\boldsymbol{u}^* = -\boldsymbol{b}_{20}^{-1}[k_2\boldsymbol{Z}_2 + \boldsymbol{f}_{20}(\boldsymbol{X}_2) - \hat{\dot{\boldsymbol{X}}}_{2d}] + k\boldsymbol{Z}_2 + \boldsymbol{Z}_1 + \Delta_2 \tag{6-18}$$

式中，$\hat{\dot{\boldsymbol{X}}}_{2d}$ 为以 $\dot{\boldsymbol{X}}_{2d}$ 为输入的非线性跟踪微分器的输出；Δ_2 为由于系统存在不确定性及用 $\hat{\dot{\boldsymbol{X}}}_{2d}$ 代替 $\dot{\boldsymbol{X}}_{2d}$ 而引入的不确定项，通过引入自适应鲁棒项来抵消其影响。

假设存在一个未知的正数 ρ_2，使得

$$\| \Delta_2 \| \leqslant \rho_2 \delta_2(\boldsymbol{X}_1, \boldsymbol{X}_2) \tag{6-19}$$

式中，$\delta_2(\boldsymbol{X}_1, \boldsymbol{X}_2)$ 为已知的非负光滑函数，以下简写为 δ_2。

选取实际控制量为

$$\boldsymbol{u} = -\boldsymbol{b}_{20}^{-1}[k_2\boldsymbol{Z}_2 + \boldsymbol{f}_{20}(\boldsymbol{X}_2) - \hat{\dot{\boldsymbol{X}}}_{2d}] + k\boldsymbol{Z}_2 + \boldsymbol{Z}_1 + \boldsymbol{\eta}_2 \tag{6-20}$$

式中，$\boldsymbol{\eta}_2$ 为引入的自适应鲁棒项，由式(6-24)给出。将式(6-18)、式(6-20)代入式(6-17)，可得

$$\dot{\boldsymbol{Z}}_2 = -k_2\boldsymbol{Z}_2 + \boldsymbol{b}_2(k\boldsymbol{Z}_2 + \boldsymbol{Z}_1) + \boldsymbol{b}_2(\boldsymbol{\eta}_2 - \Delta_2) \tag{6-21}$$

设 $\hat{\rho}_2$ 为未知正数 ρ_2 的估计值，$\tilde{\rho}_2 = \hat{\rho}_2 - \rho_2$ 为估计误差。考虑式(6-22)的 Lyapunov 函数

$$V_2 = V_1 - \frac{1}{2}\boldsymbol{Z}_2^{\mathrm{T}}\boldsymbol{b}_2^{-1}\boldsymbol{Z}_2 + \frac{1}{2r_2}\tilde{\rho}_2^2 \tag{6-22}$$

式中，$r_2 > 0$ 为设计参数。

对 V_2 求导可得

$$\dot{V}_2 = \dot{V}_1 - \boldsymbol{Z}_2^{\mathrm{T}}\boldsymbol{b}_2^{-1}\dot{\boldsymbol{Z}}_2 - \boldsymbol{Z}_2^{\mathrm{T}}\dot{\boldsymbol{b}}_2^{-1}\boldsymbol{Z}_2 + \frac{1}{r_2}\tilde{\rho}_2\dot{\hat{\rho}}_2 \tag{6-23}$$

选择自适应鲁棒项和参数自适应调节律分别为式(6-24)、式(6-25)。

$$\boldsymbol{\eta}_2 = \boldsymbol{Z}_2\hat{\rho}_2^2\delta_2^2 + \frac{\varepsilon_2^2}{4}\boldsymbol{Z}_2\delta_2^2 \tag{6-24}$$

$$\dot{\hat{\rho}}_2 = r_2[\varepsilon_2 \|\boldsymbol{Z}_2\|^2 \delta_2^2 - \sigma_2(\hat{\rho}_2 - \rho_2^0)] \tag{6-25}$$

式中，$\varepsilon_2, \sigma_2, \rho_2^0$ 都是正的设计参数。

将式(6-21)及式(6-15)代入式(6-23)，并考虑到 $\boldsymbol{Z}_1^{\mathrm{T}}\boldsymbol{Z}_2 = \boldsymbol{Z}_2^{\mathrm{T}}\boldsymbol{Z}_1$，可得

$$\begin{aligned}\dot{V}_2 &= \dot{V}_1 - \boldsymbol{Z}_2^{\mathrm{T}}\boldsymbol{b}_2^{-1}[-k_2\boldsymbol{Z}_2 + \boldsymbol{b}_2(k\boldsymbol{Z}_2 + \boldsymbol{Z}_1) + \boldsymbol{b}_2(\boldsymbol{\eta}_2 - \Delta_2)] - \boldsymbol{Z}_2^{\mathrm{T}}\dot{\boldsymbol{b}}_2^{-1}\boldsymbol{Z}_2 + \frac{1}{r_2}\tilde{\rho}_2\dot{\hat{\rho}}_2 \\ &= -k_1\|\boldsymbol{Z}_1\|^2 + k_2\boldsymbol{Z}_2^{\mathrm{T}}\boldsymbol{b}_2^{-1}\boldsymbol{Z}_2 - k\|\boldsymbol{Z}_2\|^2 - \boldsymbol{Z}_2^{\mathrm{T}}\dot{\boldsymbol{b}}_2^{-1}\boldsymbol{Z}_2 + \boldsymbol{Z}_2^{\mathrm{T}}(\Delta_2 - \eta_2) + \frac{1}{r_2}\tilde{\rho}_2\dot{\hat{\rho}}_2\end{aligned} \tag{6-26}$$

设 $\dot{\boldsymbol{b}}_2^{-1}=\mathrm{diag}[\boldsymbol{b}_{11},\boldsymbol{b}_{22},\boldsymbol{b}_{33}]$，取 $k_d=\max(|\boldsymbol{b}_{11}|,|\boldsymbol{b}_{22}|,|\boldsymbol{b}_{33}|)$。如果选取 $k>k_d$，将式(6-24)、式(6-25)代入式(6-26)，得

$$\begin{aligned}\dot{V}_2 \leqslant& -k_1\|\boldsymbol{Z}_1\|^2+k_2\boldsymbol{Z}_2^{\mathrm{T}}\boldsymbol{b}_2^{-1}\boldsymbol{Z}_2-k\|\boldsymbol{Z}_2\|^2+k_d\|\boldsymbol{Z}_2\|^2+\\&\boldsymbol{Z}_2^{\mathrm{T}}\left(\Delta_2-\boldsymbol{Z}_2\hat{\rho}_2^2\delta_2^2-\frac{\varepsilon_2^2}{4}\boldsymbol{Z}_2\delta_2^2\right)+\tilde{\rho}_2\varepsilon_2\|\boldsymbol{Z}_2\|^2\delta_2^2-\frac{1}{2}\sigma_2\tilde{\rho}_2(\hat{\rho}_2-\rho_2^0)^2\\\leqslant& -k_1\|\boldsymbol{Z}_1\|^2+k_2\boldsymbol{Z}_2^{\mathrm{T}}\boldsymbol{b}_2^{-1}\boldsymbol{Z}_2+\boldsymbol{Z}_2^{\mathrm{T}}\left(\Delta_2-\boldsymbol{Z}_2\hat{\rho}_2^2\delta_2^2-\frac{\varepsilon_2^2}{4}\boldsymbol{Z}_2\delta_2^2\right)+\tilde{\rho}_2\varepsilon_2\|\boldsymbol{Z}_2\|^2\delta_2^2-\\&\frac{1}{2}\sigma_2\tilde{\rho}_2(\hat{\rho}_2-\rho_2^0)^2\end{aligned}\tag{6-27}$$

由于

$$\begin{aligned}&\boldsymbol{Z}_2^{\mathrm{T}}\left(\Delta_2-\boldsymbol{Z}_2\hat{\rho}_2^2\delta_2^2-\frac{\varepsilon_2^2}{4}\boldsymbol{Z}_2\delta_2^2\right)+\tilde{\rho}_2\varepsilon_2\|\boldsymbol{Z}_2\|^2\delta_2^2\\&\leqslant \|\boldsymbol{Z}_2\|\delta_2\rho_2-\|\boldsymbol{Z}_2\|^2\hat{\rho}_2^2\delta_2^2-\frac{\varepsilon_2^2}{4}\|\boldsymbol{Z}_2\|^2\delta_2^2+\tilde{\rho}_2\varepsilon_2\|\boldsymbol{Z}_2\|^2\delta_2^2\\&\leqslant\left(\varepsilon_2\|\boldsymbol{Z}_2\|^2\delta_2^2+\frac{1}{4\varepsilon_2}\right)\rho_2-\|\boldsymbol{Z}_2\|^2\hat{\rho}_2^2\delta_2^2-\frac{\varepsilon_2^2}{4}\|\boldsymbol{Z}_2\|^2\delta_2^2+\tilde{\rho}_2\varepsilon_2\|\boldsymbol{Z}_2\|^2\delta_2^2\end{aligned}$$

（注：这里用到不等式 $2\sqrt{ab}\leqslant a+b,a\geqslant0,b\geqslant0$）

$$\begin{aligned}&=\varepsilon_2\hat{\rho}_2\|\boldsymbol{Z}_2\|^2\delta_2^2-\|\boldsymbol{Z}_2\|^2\hat{\rho}_2^2\delta_2^2-\frac{\varepsilon_2^2}{4}\|\boldsymbol{Z}_2\|^2\delta_2^2+\frac{\rho_2}{4\varepsilon_2}\\&=-\delta_2^2\left(\|\boldsymbol{Z}_2\|\hat{\rho}_2-\frac{\varepsilon_2}{2}\|\boldsymbol{Z}_2\|\right)^2+\frac{\rho_2}{4\varepsilon_2}\leqslant\frac{\rho_2}{4\varepsilon_2}\end{aligned}\tag{6-28}$$

且利用

$$-\sigma_2\tilde{\rho}_2(\hat{\rho}_2-\rho_2^0)=-\frac{1}{2}\sigma_2\tilde{\rho}_2^2-\frac{1}{2}\sigma_2(\hat{\rho}_2-\rho_2^0)^2+\frac{1}{2}\sigma_2(\rho_2-\rho_2^0)^2\tag{6-29}$$

所以式(6-27)变为

$$\begin{aligned}\dot{V}_2&\leqslant-k_1\|\boldsymbol{Z}_1\|^2+k_2\boldsymbol{Z}_2^{\mathrm{T}}b_2^{-1}\boldsymbol{Z}_2-\frac{1}{2}\sigma_2\tilde{\rho}_2^2+\frac{1}{2}\sigma_2(\rho_2-\rho_2^0)^2+\frac{\rho_2}{4\varepsilon_2}\\&\leqslant-c_1V_2+c_2\end{aligned}\tag{6-30}$$

式中，$c_1=2k_2=\min\{2k_1,\sigma_2r_2\}$

$$c_2=\frac{1}{2}\sigma_2(\rho_2-\rho_2^0)^2+\frac{\rho_2}{4\varepsilon_2}$$

由式(6-30)可得

$$V_2(t)\leqslant V_2(0)\mathrm{e}^{-c_1t}+\frac{c_2}{c_1}\tag{6-31}$$

综上可知，对风力发电机桨叶系统独立变桨距进行控制时，虚拟控制量和控制量分

别采用式(6-13)和式(6-20)的形式，自适应参数调节律采用式(6-25)的形式，则系统状态跟踪误差 $\boldsymbol{Z}_1,\boldsymbol{Z}_2$ 以及参数估计误差均有界且指数收敛至系统原点的一个邻域：

$$\boldsymbol{\Omega}=\left\{\boldsymbol{Z}_1,\boldsymbol{Z}_2,\tilde{\rho}_2 \mid V_2 \leqslant c_2/c_1\right\} \tag{6-32}$$

由式(6-32)可以看出，通过调整 k_1、σ_2、r_2、ε_2 的值可调节收敛速度和收敛域的大小。

风力发电机组变桨距执行控制的目标是：在高于额定风速时，变桨距执行控制器能够发出信号，驱动每个桨叶变桨执行电机，使变桨执行机构及时调节桨叶桨距角，快速准确地跟踪各自的期望桨距角，同时控制器应具有一定的鲁棒自适应能力。对于非线性时变且具有许多不确定项的电动变桨系统，本章设计了独立桨距角跟踪鲁棒自适应反演控制系统框图如图 6-2 所示。

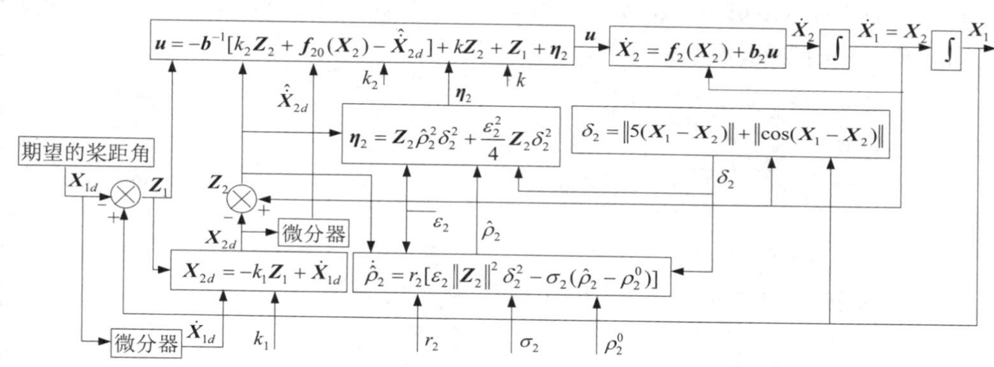

图 6-2　独立桨距角跟踪鲁棒自适应反演控制系统框图

6.5　独立桨距角跟踪鲁棒自适应反演控制仿真分析

对于非线性时变且具有许多不确定项的电动变桨系统，为验证所设计独立桨距角执行反演控制器的有效性和可行性，采用 Matlab/Simulink 软件搭建水平轴三桨叶变速恒频型风电机组桨叶系统仿真平台，仿真时 3 个桨叶的转动惯量分别取为 $J_1=2.25\times10^3\,\mathrm{kg\cdot m^2}$，$J_2=2.2\times10^3\,\mathrm{kg\cdot m^2}$，$J_3=2.3\times10^3\,\mathrm{kg\cdot m^2}$；空气阻尼系数分别取为 $k_{D1}=1\,000\ \mathrm{N\cdot m/(rad\cdot s^{-1})}$，$k_{D2}=990\ \mathrm{N\cdot m/(rad\cdot s^{-1})}$，$k_{D3}=995\ \mathrm{N\cdot m/(rad\cdot s^{-1})}$；轴承摩擦系数分别取为 $k_{f1}=97\ \mathrm{N\cdot m/(rad\cdot s^{-1})}$，$k_{f2}=100\ \mathrm{N\cdot m/(rad\cdot s^{-1})}$，$k_{f3}=98\ \mathrm{N\cdot m/(rad\cdot s^{-1})}$；3 个桨叶变桨系统的机电变换常数分别取为 $b_1=350\ \mathrm{N\cdot m/A}$，$b_2=340\ \mathrm{N\cdot m/A}$，$b_3=360\ \mathrm{N\cdot m/A}$；由于风力发电机桨叶系统的非线性和参数的时变性，系统准确参数难以得到，所以以上这些参数给出的均是非准确值，它们的时变不确定性以

及系统不确定性和干扰包含在 $\Delta\boldsymbol{f}_2(\boldsymbol{X}_2)$ 和 $\Delta\boldsymbol{b}$ 中，独立变桨距反演控制时，通过引入自适应鲁棒项来抵消这些不确定性和干扰对系统的影响。仿真时其他控制参数选择为 $k_1=10$，$k_2=8$，$\mathrm{k}=15$，$\sigma_2=5$、$r_2=3.2$、$\varepsilon_2=0.3$，$\rho_2^0=0.1$；已知非负光滑函数取为 $\delta_2=\|5(\boldsymbol{X}_1-\boldsymbol{X}_2)\|+\|\cos(\boldsymbol{X}_1-\boldsymbol{X}_2)\|$。仿真初始条件取为 $\boldsymbol{X}_1(0)=[0,0,0]^{\mathrm{T}}$，$\boldsymbol{X}_2(0)=[0,0,0]^{\mathrm{T}}$。

为便于控制系统仿真，桨叶系统不确定项 $\Delta\boldsymbol{b}$ 和 $\Delta\boldsymbol{f}_2(\boldsymbol{X}_2)$ 分别选取为（这些数据并未用于控制器的设计）：

$\Delta\boldsymbol{b}=\mathrm{diag}[\,|0.1\sin(0.2t)|,|0.1\cos(0.1t)|,|0.12\sin(0.1t)|\,]$；

$\Delta\boldsymbol{f}_2(\boldsymbol{X}_2)=[500\sin t,500\cos t,500\sin(2t)]^{\mathrm{T}}$。

仿真时，根据风速的变化，为达到控制目标，假设 3 个桨叶的期望桨距角 $\boldsymbol{X}_{1d}=[\beta_{1d},\beta_{2d},\beta_{3d}]^{\mathrm{T}}$ 按图 6-3 所示来调节。

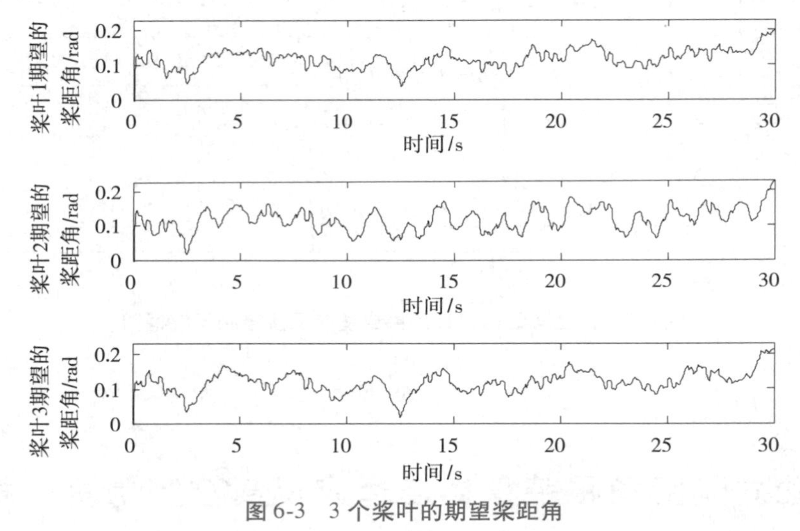

图 6-3　3 个桨叶的期望桨距角

在桨距角跟踪鲁棒自适应反演控制下，3 个桨叶的桨距角跟踪性能曲线如图 6-4 所示。跟踪误差曲线如图 6-5 所示。自适应参数 $\hat{\rho}_2$ 的自适应调节曲线如图 6-6 所示。由图 6-4、图 6-5 可以看出，即便是风电机组桨叶系统参数时变存在不确定项，系统经过自适应过程后，也能够较好地跟踪各自期望桨距角。虽然起始跟踪误差略大，但经过自适应调节后渐趋平稳，并由图 6-6 可看出，自适应调节参数光滑且有界，表明所设计的反演控制器能够实现快速的独立桨距角跟踪，表现出较好的鲁棒自适应能力。

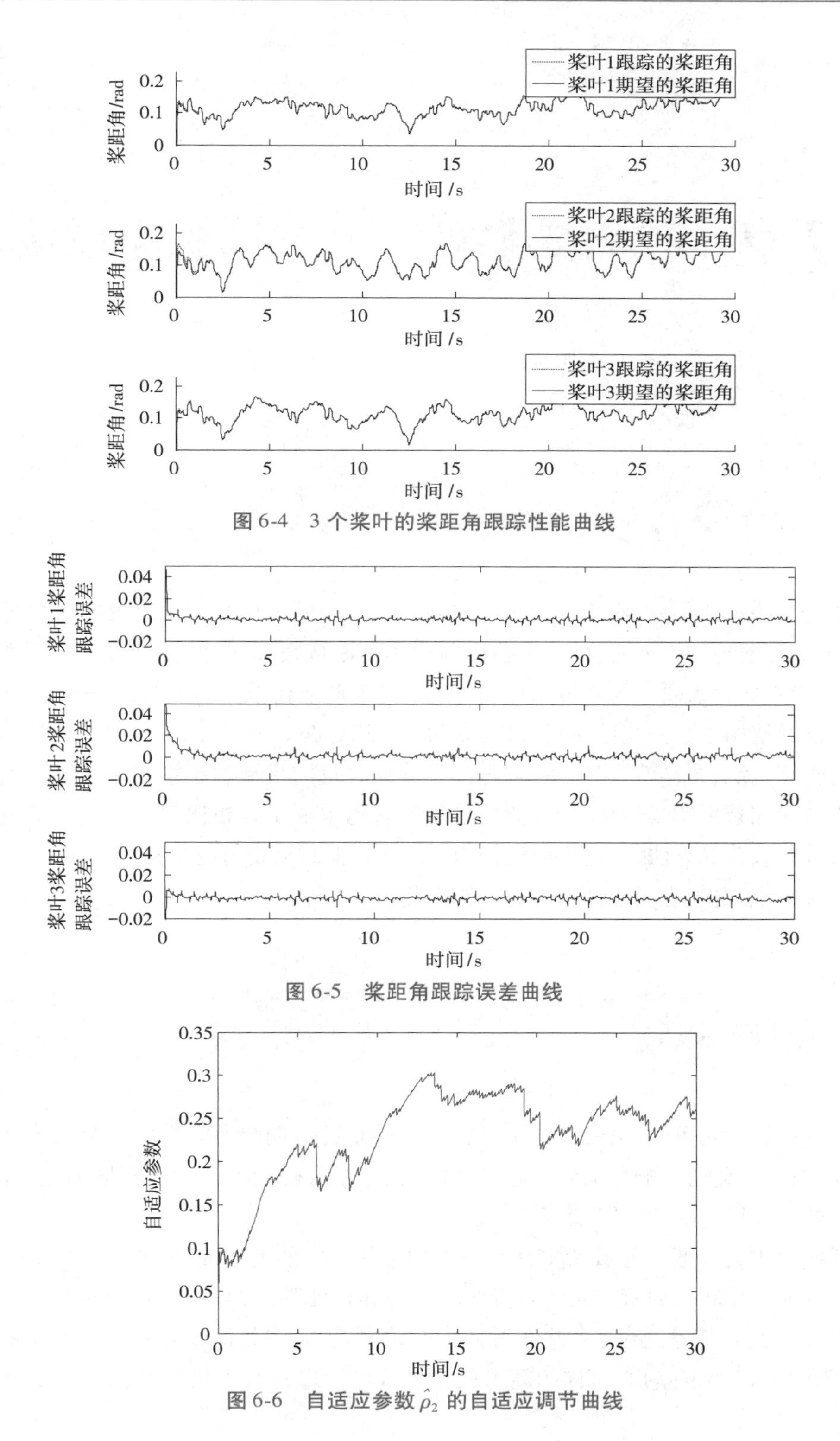

图 6-4　3 个桨叶的桨距角跟踪性能曲线

图 6-5　桨距角跟踪误差曲线

图 6-6　自适应参数 $\hat{\rho}_2$ 的自适应调节曲线

第7章　独立变桨算法大型风机降载应用

7.1　引　言

在过去的这些年里,应用独立变桨控制思想来降低风机载荷的建议曾被提过许多次,这方面开展的工作证实,独立变桨控制确实可以从很大程度上降低载荷,从商业角度来说,有必要深入研究与开发该控制思想。随着商业化类型的风机越来越大,许多风机目前已经使用了独立变桨执行机构,因为只要通过精心的设计,它们就可被当作相对独立的刹车系统,这样就没有必要考虑再设计高容量的机械刹车系统了。随着风机变得越来越大和越来越柔性化,降载荷就显得越来越重要了。相比于通过设计机械系统来应对较大载荷的方法,通过智能型控制系统来降低载荷变得越来越吸引人,并且对于控制系统来说,电气方面已经不再是一种限制。

7.2　载荷分析

叶片扫过叶轮盘时,会受到由于风剪切、塔影效应、偏航不完全对风及湍流等引起的风速、风向变化的影响。随着叶轮尺寸的增加,相对的湍流面积也会增加,这样通过叶轮盘的湍流风速的"变化"就显得更加重要。

这些变化会导致叶片载荷中存在较大的每转1次的波动成分,或称作1P(一个叶片绕叶轮面内旋转一周所带来的载荷波动)。同时,伴随它的还有高次谐波,这些谐波是指2P、3P、4P等等。对于一个三叶片的叶轮来说,这些载荷成分会在3个叶片间互成120°角(120°相位差)。这样的结果就会导致轮毂以及其他机械结构部件受到谐波

3P、6P 频率的影响,而相比来说可以排除 1P 及其他谐波频率所产生的影响。

但是这种排除基于两个假设条件:静止的和线性的。随着风机叶轮的增大,湍流作用在叶轮上的面积也会增大,此时这些假设就变得不合理了。例如:对于叶片 1,它在某处感受到了阵风,那么当叶片 2 达到同样的位置时,阵风可能早已经发生了变化,就是说由 1P 及其他高次谐波频率所产生的不对称载荷就不能再排除了,这些频率处的载荷成分会对轮毂、主轴、偏航轴承、塔架的疲劳载荷产生重大的影响。1P 的载荷对于大型风机来说是尤为重要的。

从原则上来讲,通过在 1P 的频率处使用独立变桨的控制策略是可以减少载荷的,这里三叶片之间成 120°的相位差,就是本章要讨论的内容。

7.3　分析工具介绍

近些年分析工具的开发也为合适的控制策略研发起到了推进作用。一些风机的仿真工具,例如 GH 公司的 Bladed 就是其中一种。它可以模拟出真实的湍流风"场",并在其中进行非常详细的仿真。

这里的风是指 3 个成分(X、Y、Z 3 个方向)均是在空间和时间上发生变化的(复杂的流体力学中的风"场"的概念)。详细的预测对各个部件的载荷影响是可以实现的,并且也可以详细评估控制对这些载荷点的影响。在通过测量载荷实现控制的策略中,算法的设计是一个专业性的工作。此类设计工作的先决条件是,首先要得到一个线性化的模型,该模型可以在一定程度上体现风机的动态特性。这样对于该任务来说,模型必须足够详细,它不仅包括给定风"场"中叶轮的旋转动态特性以及风机的气动特性(这是相对直接的部分),而且还需要考虑由于风速变化及独立变桨动作而导致的各个部件载荷的变化(这是更加复杂的部分)。

但是,最近 Bladed 软件扩展的功能允许将标准的风机模型,通过小的输入和状态的扰动之后再通过数值分析方法自动生成线性化模型,而且线性化的结果也是可以直接导入 MATLAB 中的。因此在工业领域中,它被控制系统设计人员广泛地运用。

7.4　算法简介

通过 Bladed 的模型线性化工具得到的模型,我们可以开发一些不同的算法,即通过独立变桨控制策略来控制1P频率处的载荷。它是一个多变量的控制问题,就是说有几个输入(至少包括测量载荷)同时被处理之后会产生3个变桨命令,初始工作会集中在使用LQG或线性镇定高斯控制设计方法(后面将做介绍)。这种方法是现代控制理论设计方法中最简单的一种,可以直接应用到多变量的问题中。

该方法可以通过详细的仿真演示来说明它起到了一些非常成功的效果。但是以这种方式来开发复杂的多变量控制器是很难直接完成的。结果算法会是高阶的,它需要在控制器的每个时间步长都做大量的计算处理工作。同时,它也很难保证鲁棒性,就是说当实际风机与模型有些差别或测量信号中带有噪声等情况时,控制器的表现仍然令人满意。

以下的工作非常成功,它证明了在对设计方法进行提炼,并极大地减少了模型阶数的情况下,控制器表现非常好,而且,通过仿真也证实了即使风机模型不完全或带有信号噪声的影响,控制器的性能仍不会受影响。

最好的结果是通过将统一变桨与独立或1P变桨方式解耦得到的。统一变桨方法,即对所有3个叶片来说给定角度命令是相同的,它通过测量转速作为输入,之后通过标准的、经典的、基于PI原理的控制器来实现。现在外加一个零均值的1P独立变桨算法来减少1P频率处的载荷,独立变桨需要一个多变量的控制来实现,至少两个输入(通过测量得到)两个输出。

虽然有3个叶片,但3个给定变桨角度命令可以被看成一个统一的变桨角度命令和两个对立的不同变桨角度命令。其中一种有效的方法是:借助三相电机学理论中的d—q轴变换原则。沿着两个轴的变化部分合成(d与q轴),它们代表了垂直和水平两个方向,然后计算不同的变桨输出(d,q轴上),再进行一个反变换即得到3个叶片的不同角度命令。相对低阶的LQG控制器可以从d—q轴载荷得到一个d—q轴的变桨命令。但是最近的研究发现,将d轴与q轴分开处理是可行的,这就是说传统的经典设计方法可以产生一个单输入单输出的控制器,它可以与d轴、q轴分开应用。

传统的PI控制器串联一个简单的滤波器这种方式可以提供很好的控制效果。实践中两个轴之间是有些关联的,但它可以通过引入一个简单的方位相位差应用到d—q轴变换中,就是说在d—q变换时在叶轮方位角上增加一个恒定的偏差值。这种方法获得了与LQG方法可比的结果。本书的结果是通过在叶根、轮毂或低速轴或偏航轴承处安装载荷来实现的。用PI的方法在切换一个传感器至另一个传感器特别直接——只是需要对增益做适当的调整,而且每种情况下的结果也是相似的。

7.5 d—q 变换介绍

d—q 变换可以用式(7-1)来表述：

$$\begin{pmatrix}\beta_d\\ \beta_q\end{pmatrix}=\left(\frac{2}{3}\right)\begin{pmatrix}\cos(\theta) & \cos(\theta+2\pi/3) & \cos(\theta+4\pi/3)\\ \sin(\theta) & \sin(\theta+2\pi/3) & \sin(\theta+4\pi/3)\end{pmatrix}\begin{pmatrix}\beta_1\\ \beta_2\\ \beta_3\end{pmatrix} \tag{7-1}$$

其中 β_1,β_2,β_3 对应叶片 1—3 的角度，β_d,β_q 分别指 d 轴与 q 轴对应的角度，θ 是叶片 1 与 d 轴方向的夹角。

$$\begin{pmatrix}\beta_1\\ \beta_2\\ \beta_3\end{pmatrix}=\begin{pmatrix}\cos\theta & \sin\theta\\ \cos(\theta+2\pi/3) & \sin(\theta+2\pi/3)\\ \cos(\theta+4\pi/3) & \sin(\theta+4\pi/3)\end{pmatrix}\begin{pmatrix}\beta_d\\ \beta_q\end{pmatrix} \tag{7-2}$$

如果测量了叶片的载荷，变换式(7-1)就用来将测量载荷转换到 d—q 轴上来。如果使用了旋转轮毂或主轴载荷，就只需要通过引入方位角得到简单旋转变换式。对于风机的静载荷，比如，主轴支撑或偏航轴承载荷可以认为已经在 d—q 轴坐标轴系统中了。通过 LQG 或 PI 算法得到的 d—q 轴的变桨命令通过变换式(7-2)生成了 3 个独立的变桨角度的增量值。

7.6 LQG 控制器/PI 控制器

LQG 的设计首先需要对象的一个线性化的模型，然后利用镇定指标函数来定义控制的目标，并且假定为高斯分布，具体描述如下。

风机动态特性的线性化模型可以通过状态空间表达式来表示：

$$\dot{x}=\boldsymbol{A}x+\boldsymbol{B}u,\ y=\boldsymbol{C}x+\boldsymbol{D}u \tag{7-3}$$

这里 x 是系统的状态向量，可以用一组变量来代表系统的动态特性，这些动态特性组成一个矩阵，u 代表了系统的外部输入向量，比如：随机的风速变化或控制信号通过输入矩阵 $\boldsymbol{B}$ 来影响状态的动态特性。其次 y 是输出向量，它可以是通过矩阵 $\boldsymbol{C}$ 和 $\boldsymbol{D}$ 及状态向量、输入向量共同得到的任意变量。对于离散时间步长的控制器来说以上模型的离散化如式(7-4)所示。

$$x_{k+1}=\bar{\boldsymbol{A}}x_k+\bar{\boldsymbol{B}}u_k,y_k=\bar{\boldsymbol{C}}x_k+\bar{\boldsymbol{D}}u_k \tag{7-4}$$

图 7-1 绘出了 LQG 控制器的结构形式，卡尔曼滤波器是一个状态估计器，它可以通过测量信号来估计系统的状态。输入 u 是控制信号，如变桨命令。卡尔曼滤波器包括了一个体现风机动态特性的方框，可以用 $\bar{\boldsymbol{A}}$ 与 $\bar{\boldsymbol{B}}$ 简单地表示，这里用的是提前一步预测状态的方法，而 $\bar{\boldsymbol{C}}$ 及 $\bar{\boldsymbol{D}}$ 用来估计测量的输出量，输出值有一个偏差可以用它来更新状态估值，它考虑到了预测误差，测量信号 y 与预测值 y' 之间的差值。

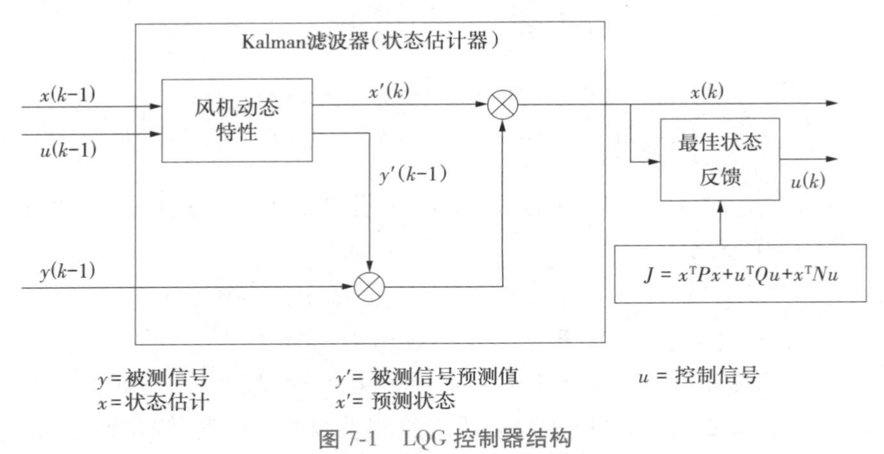

图 7-1　LQG 控制器结构

$\boldsymbol{M}$ 阵可以通过系统动态特性来计算，通过作用到系统上的随机扰动来体现，只要这些为高斯成分，且假定基于期望的预测误差 $(y'_k - y_k)$ 的平方是最小的，那么通过相似计算便可得到最优的状态反馈阵 K。因此控制律为：

$$u_{k+1} = -Kx_{k+1} \tag{7-5}$$

保证选择的指标函数 J(状态与控制量的二次函数)为最小，有：

$$J = x^{\mathrm{T}}Px + u^{\mathrm{T}}Qu + x^{\mathrm{T}}Nu \tag{7-6}$$

直接变换式(7-6)得到用输出 y 来表示的指标函数：

$$J = y^{\mathrm{T}}Py + u^{\mathrm{T}}Qu + y^{\mathrm{T}}Ny \tag{7-7}$$

式(7-7)是更方便的公式，因为输出量是可选择的，而且相对于系统的状态量来说，它更具有一定的意义。指标函数的方法实际上是几个相互影响的目标的隐函数的表达形式。它通过选择合适的指标函数中对应项的权来实现。对于当前的应用来说，u 代表了 d—q 轴的变桨贡献量，y 代表了测量的 d—q 轴的载荷量，而指标函数应包括统一的 d、q 轴的载荷，因为这些是需要最小化的，也可以包括带通或高通滤波 d 与 q 轴的变桨速度来防止不必要的高频响应频率。当然 LQG 控制器可以同时生成统一的变桨命令，但它对于 PI 控制器、利用测量转速信号得到的统一变桨命令并无优势。LQG 的控制方法应该较直接且直观，但实际中往往并非如此。这个方法会产生相当高阶的控制器，模型降阶的方法在应用中成功地使用了，并且对性能影响很小；但是计算时就需要每个步长仍然是一阶或二阶的形式，这要比一般的 PI 控制器复杂。

通过 PI 原理得到的独立变桨命令的方式是要将 d 与 q 轴独立处理。PI 控制器通过测量 d 轴的载荷得到 d 轴的变桨命令，对于 q 轴也同理。其中设计时给 d 轴与 q 轴的载荷增加一些滤波特性来避免不必要的高频动作是有必要的。积分参数可以保证 d 与 q 轴的平均载荷趋向零。

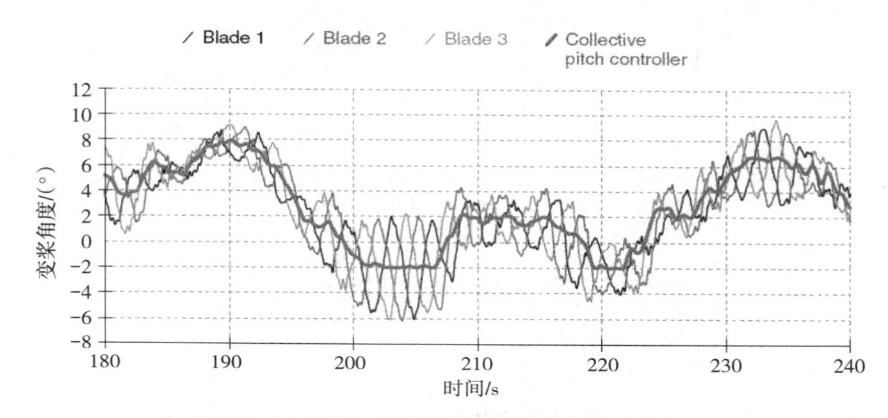

图 7-2　LQG 额定风速附近典型变桨角度变化曲线

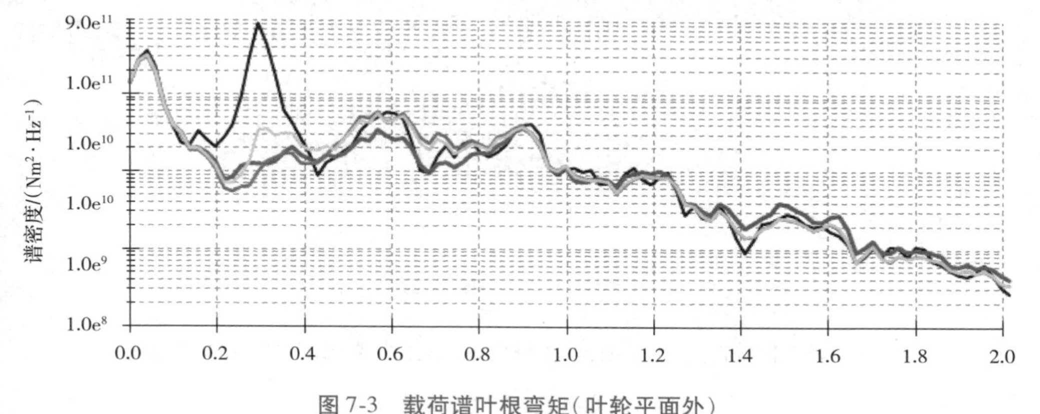

图 7-3　载荷谱叶根弯矩(叶轮平面外)

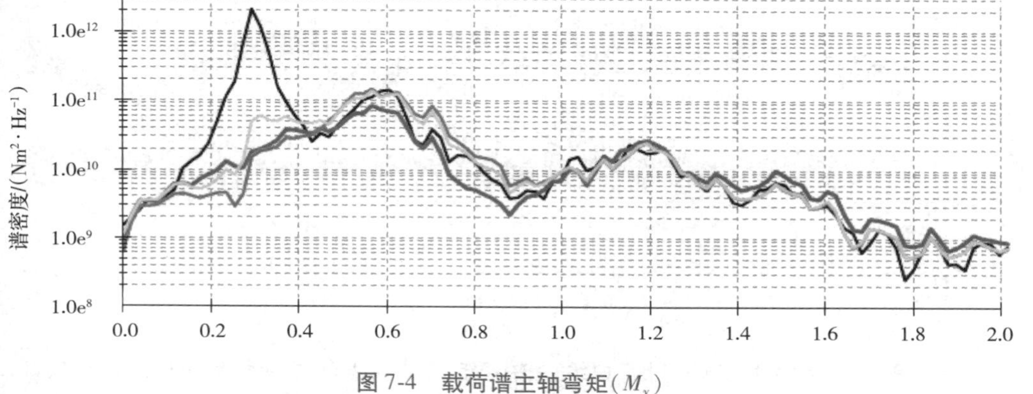

图 7-4　载荷谱主轴弯矩(M_y)

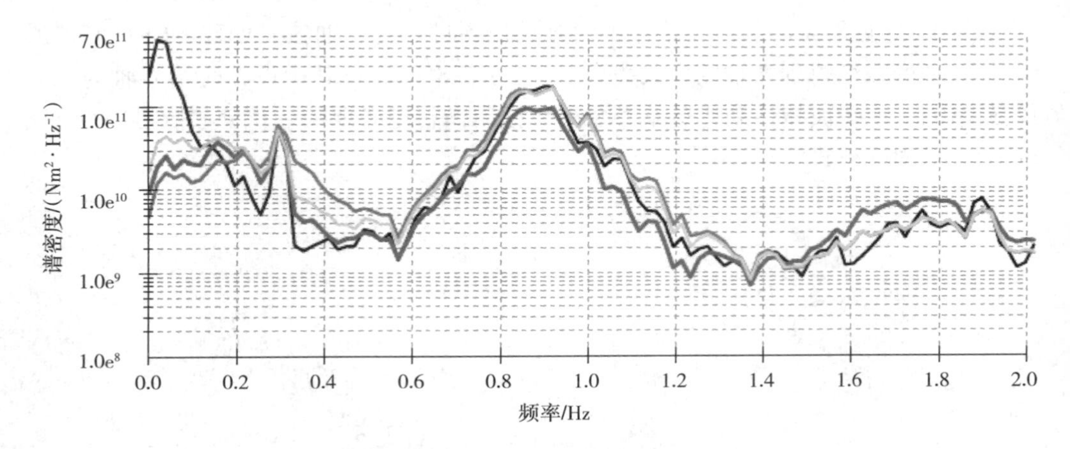

图 7-5　载荷谱偏航弯矩(M_z)

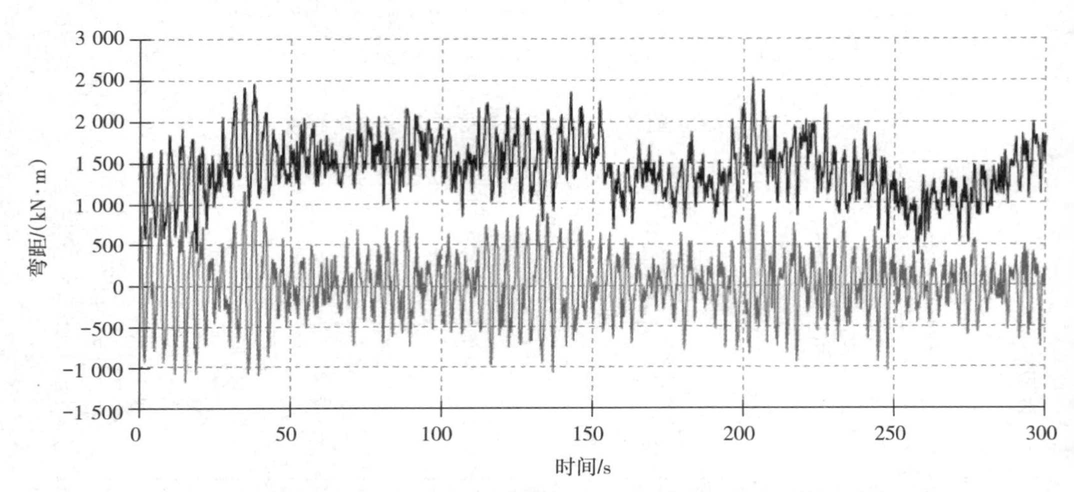

图 7-6　叶根挥舞弯矩(上面曲线)主轴弯矩(下面曲线)集体变桨控制器输出

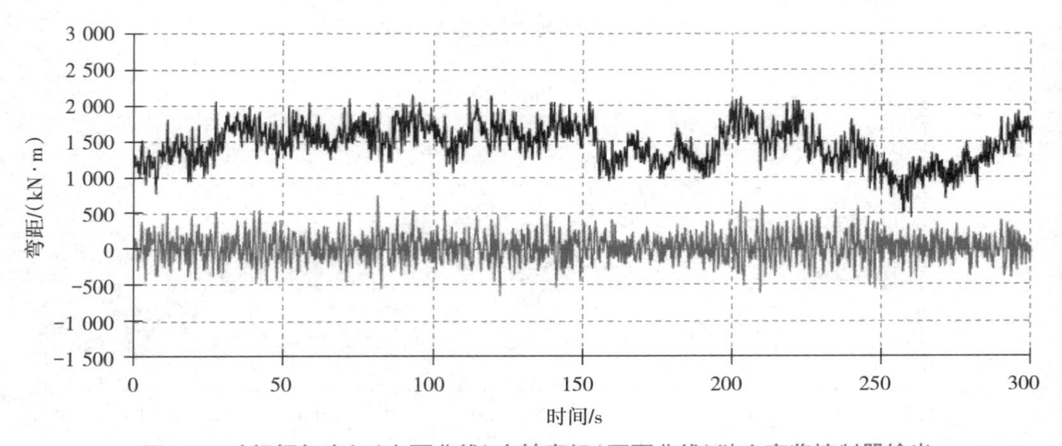

图 7-7　叶根挥舞弯矩(上面曲线)主轴弯矩(下面曲线)独立变桨控制器输出

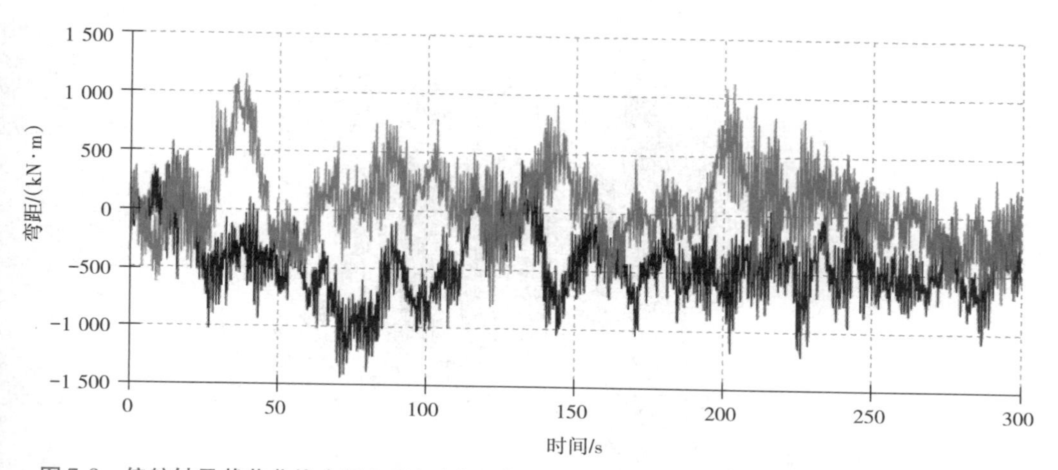

图 7-8　偏航轴承载荷曲线水平向弯矩(上面曲线)水平向弯矩(下面曲线)集体变桨控制器输出

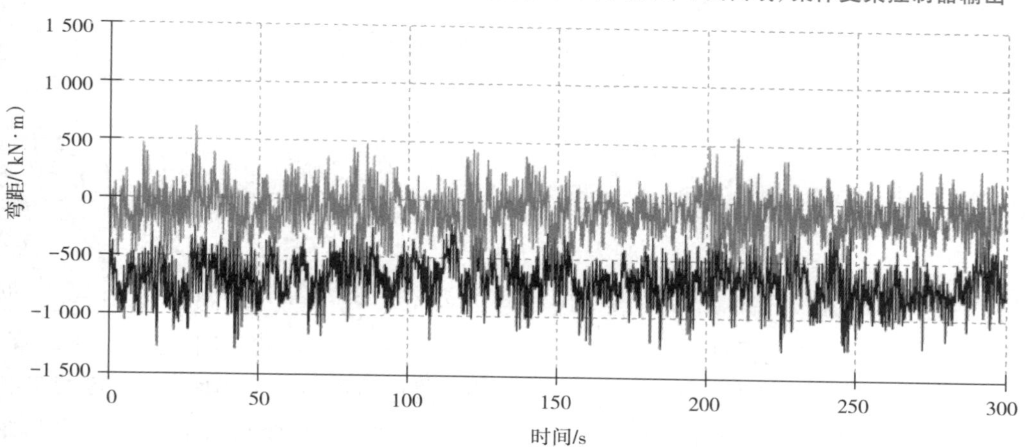

图 7-9　偏航轴承载荷曲线水平向弯矩(上面曲线)水平向弯矩(下面曲线)独立变桨控制器输出

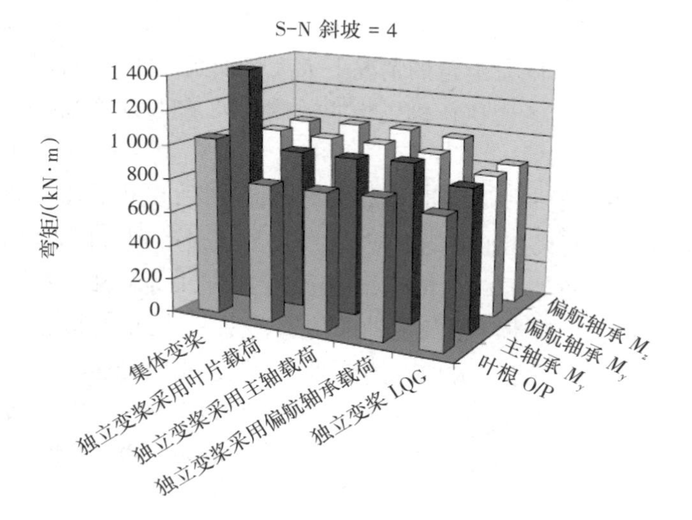

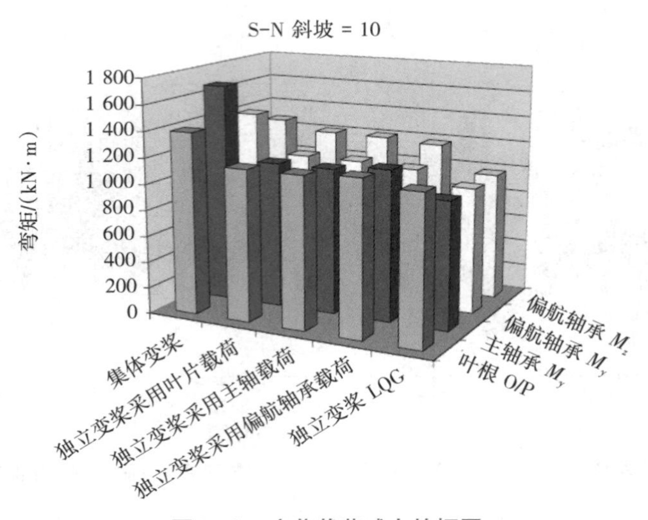

图 7-10　疲劳载荷减少的框图

7.7　仿真结果说明

每个仿真都是基于三方向的湍流风模型来实现的,每个仿真时间都为 10 min。平均风速为 13 m/s,湍流强度在 X(长度)方向上为 18.9%,在水平方向上为 14.8%,在垂直方向上为 10.6%。时间序列的仿真是从这些仿真中取得的,而频谱特性及疲劳载荷是从满 10 min 的结果中计算出来的。图 7-2 描述了典型的 1P 变桨动作的幅度,它是在额定风速附近运行时得到的,很显然与传统的控制器相比在一定程度上增加了变桨执行机构的动作,尤其是在有些低于额定风速的情况下,独立变桨仍然会起作用,此时可能会在很大程度上,在不影响发电量的情况下大大降低系统的载荷,但也增加了执行机构的疲劳特性,同时还需要考虑执行机机构的散热效果,但这对变桨执行机构的设计来说是不需要作出主要变更的。

图 7-3—图 7-5 描绘了一些弯矩载荷的关键频谱特性:在叶根挥舞方向、主轴、偏航轴承以及一些不同独立变桨控制器的响应特性,比如通过叶根传感器设计的 LQG 控制器,叶根、主轴或偏航轴承增加载荷传感器的 PI 控制方法等。几种不同的变桨控制器的结果十分相似,事实上,对于叶根及主轴的传感器来说,结果的接近程度几乎是无法区分的。这里的结果也是基于三方向的湍流风,在额定风速处进行 10 min 的仿真得到的。对于叶片及旋转轴的载荷来说,以往较大的 1P 尖峰载荷通过独立变桨的方式消除了,偏航轴承载荷在坐标系统中是不随着叶片的旋转而改变的,因此 1P 也占据了主要

成分，这里体现了风速在叶轮平面上作用的不对称性，这是导致 1P 载荷作用到旋转部件的原因。独立变桨方法从一定程度上削减了低频率处存在的尖峰能量。

图 7-6—图 7-9 体现了一些载荷随时间变化的曲线，只列出了 LQG 控制器作用的结果，其他方法的结果也是相似的。

图 7-10 展示了等效破坏载荷。等效破坏载荷是通过考虑每种载荷材料的疲劳特性而得到的等效的疲劳损坏程度。S-N 曲线中使用了 4 和 10。

7.8 仿真结论

以上主要工作说明，在可以测量到不对称载荷的情况下，通过独立变桨的方式可以在很大程度上降低机组的载荷。几种令人满意的可以测量到不对称载荷的方法也已被发现。实际中要求使用的载荷传感器必须要非常可靠，而当前这样的传感器也是可以获得的。

为了设计控制算法，我们需要一个风机的线性化模型，并且该模型可以体现不对称载荷及独立变桨对载荷的影响。这样的模型当前也是可以得到的。因为设计需求一个变量的控制器，就是说通过一些测量信号来计算得到几个控制命令，初始的工作是基于 LQG 的控制方法，对此情况来说是很合适的。虽然该方法得到了很好的结果，但是算法设计比较复杂。后期的工作中逐渐发现将多输入多输出问题转化为 2 个解耦后的单输入单输出控制器是可能的。这样控制算法的设计也相对简单，就用经典的方法，便可以更直接地实现并得到同样的结果。详细的仿真结果证实了在不牺牲发电量的情况下，机组的运行载荷在很大程度上降低了。当然变桨执行机构的动作要比以往有所增加，但总的来说在允许范围内是可以实现的。

7.9 独立变桨系统物理器件介绍

独立变桨系统主要由 3 部分组成：检测单元、算法处理单元，以及执行单元。检测单元一般由贴片光纤传感器、传感器接口单元组成，贴片光纤传感器通过检测叶根发生形变，将载荷通过传感器接口单元转化为算法处理单元（PLC）（可以识别电压电流信号），算法处理单元在集体变桨基础上，计算出独立变桨角度，并在将其添加到集体变桨角度上后发送到执行单元，通过变桨平衡叶轮平面的载荷。

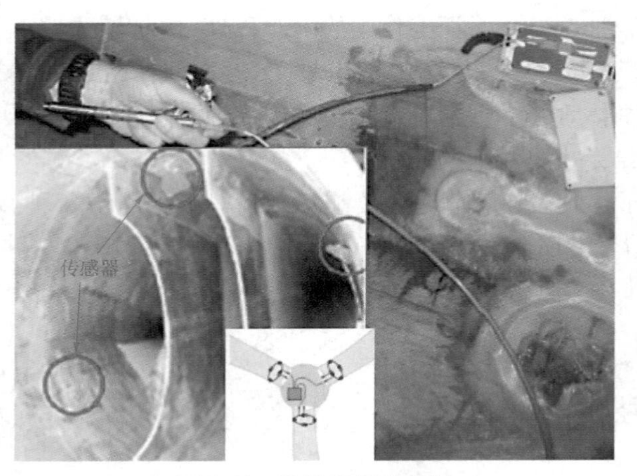

图 7-11　贴片光纤传感器

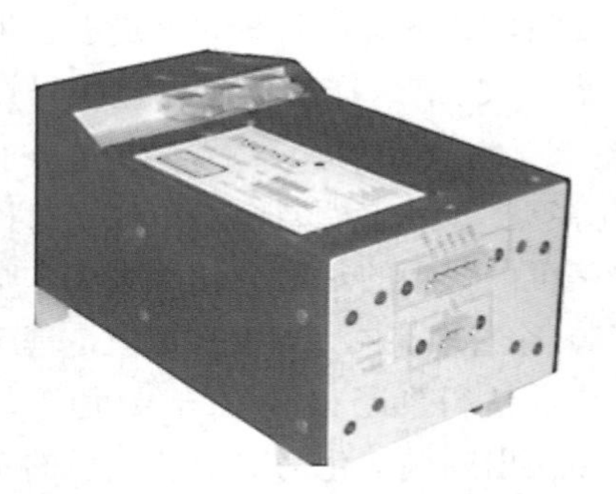

图 7-12　传感器接口单元组成

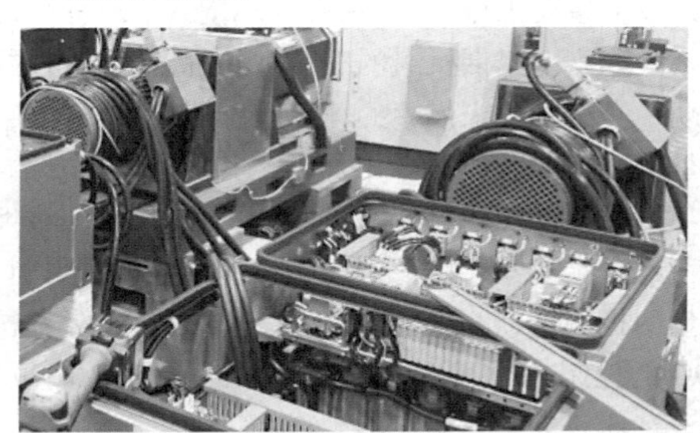

图 7-13　变桨执行机构

7.10　独立变桨算法降低载荷

独立变桨算法,是在集体变桨算法基础上对叶片角度进行控制。

集体变桨以控制发电机转速稳定为目标,通过 PID 以及滤波器生成变桨角度,并输出到变桨执行机构。

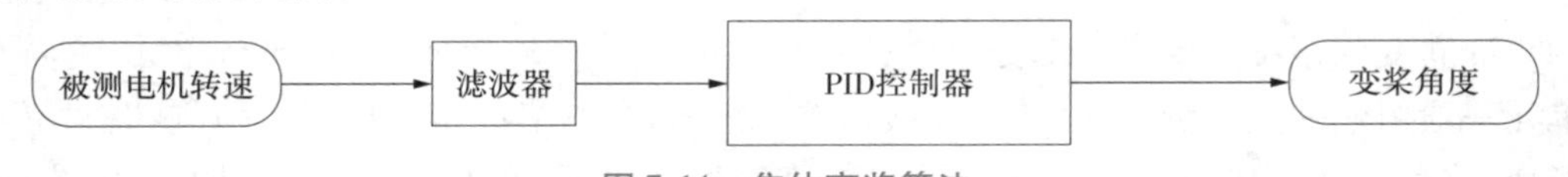

图 7-14　集体变桨算法

独立变桨以叶根载荷为输入,通过 dq 变换、滤波器、PI 控制模块、dq 反变换,生成每个叶片需要达到的变桨角度要求,最终输出至变桨执行机构。

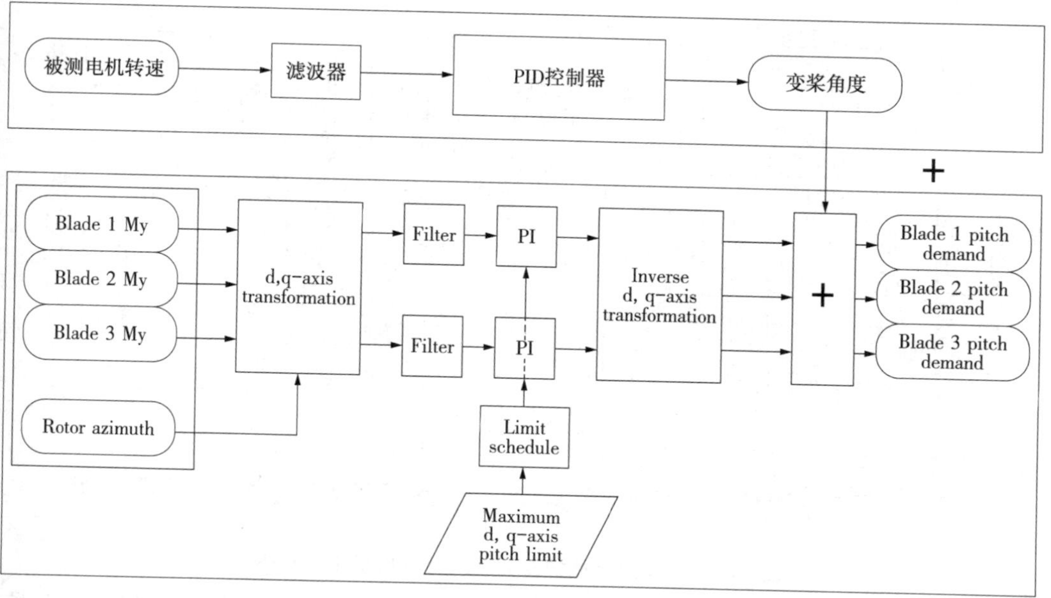

图 7-15　独立变桨算法

通过在某机型上的实验测试，测试结果如表 7-1 表示。

表 7-1　独立变桨算法风机验证结果

叶片疲劳	载荷平均降低 10% 以上
轮毂疲劳	载荷平均降低 10% 以上
塔架疲劳	载荷基本不变
叶片极限	载荷基本不变
塔架极限	载荷基本不变

7.11　独立变桨对变桨执行机构的影响

变桨执行机构包括机械部分和电动部分（本文未讨论液压变桨系统）。机械部分包括驱动系统以及传动系统。独立变桨虽然降低了叶根、轮毂的载荷，但对传动系统比如变桨轴承的疲劳载荷有所增加。电动部分主要由变桨电机、驱动器、充电系统和备电系统构成。针对某机型对比集体变桨和独立变桨的叶片角度跟踪情况，结果如图 7-16 所示。

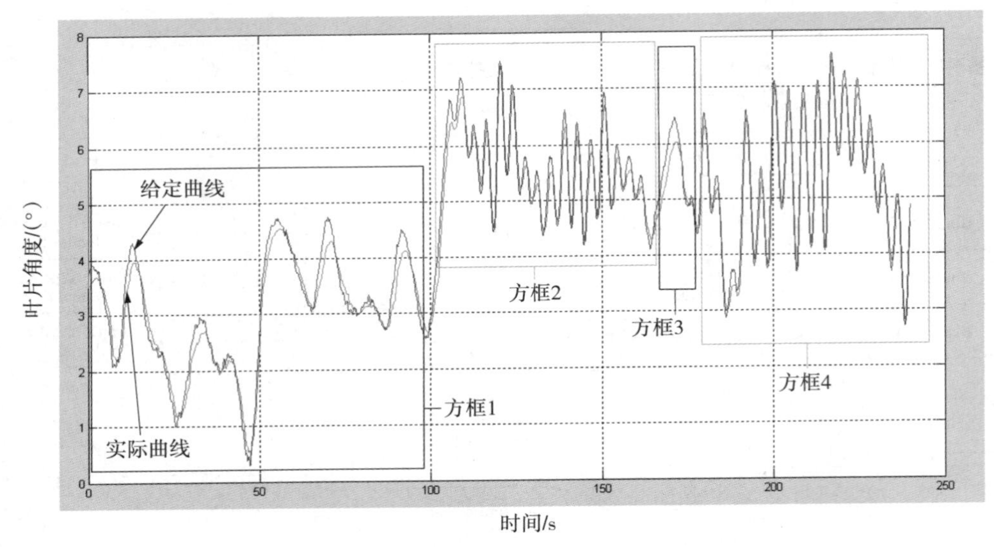

图 7-16　集体变桨和独立变桨的叶片角度跟踪对比

方框 1 和 3 内为集体变桨跟踪情况,方框 2 和 4 为独立变桨跟踪情况,集体变桨情况下由于速度大部分处于速度死区内部,所以跟踪效果差,而独立变桨速度大部分超出了死区限定,因此跟踪效果好一些。

对比集体变桨和独立变桨的电压和电流情况发现:变桨驱动时,变桨电机工作在恒功率段(速度力矩拐点),当电机电流升高时,电机电压有所下降,如图 7-17 所示;独立变桨的使用在某些时段减少了电机速度过零点的次数,可以减少电流的尖峰,如图 7-18 所示。

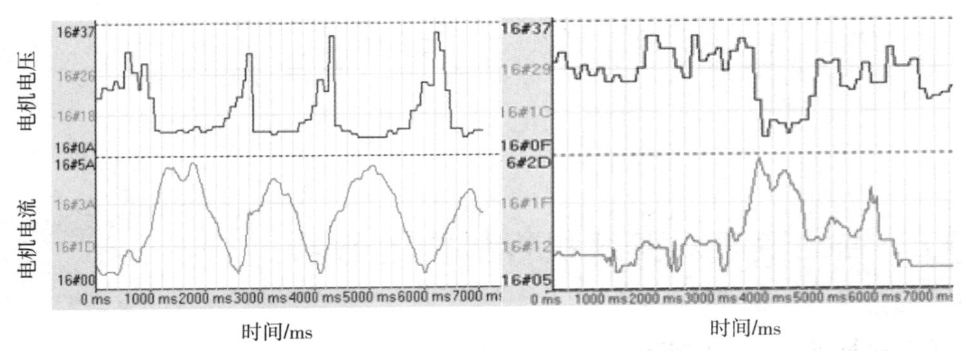

图 7-17　集体变桨(左)和独立变桨(右)电机电压(上)电流(下)变化情况

综合以上两种情况,某变桨系统在实际应用中,电机的温度并没有因为使用独立变桨算法而升高。

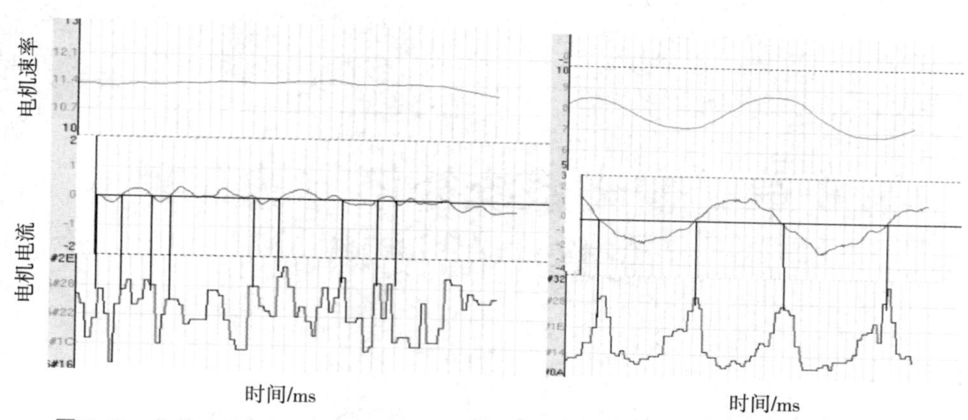

图 7-18　集体变桨(左)和独立变桨(右)电机电流和变桨速度、变桨位置的变化情况

第 8 章　变桨系统补偿方法在独立变桨中的使用

8.1 引　言

变桨对风力发电机的安全和正常工作起着非常重要的作用，从控制策略的角度出发，可以将变桨分为独立变桨和传统变桨。随着风力发电机单机功率等级的不断上升、叶轮直径的不断增大，风剪切和塔影效应造成的载荷波动也不断增大，由此导致的疲劳载荷问题日益凸显，而独立变桨正是在这种背景下提出的。

本章节从产生基础、控制策略、硬件执行机构 3 个角度对独立变桨进行阐述。

①独立变桨建立在传统变桨的基础之上，传统变桨主要目标是功率控制。在额定风速以上，通过降低风力发电机的气动转矩，使叶片的载荷与风力发电机输出功率维持在设计范围之内，保证风力发电机安全。传统变桨控制可以采用传统的 PI 或 PD 控制器，本章给出了 PI 控制器的设计过程及其控制效果。

②独立变桨控制策略的核心思想是在原有传统变桨角度上叠加一个新的控制量，这个控制量是基于 1P Coleman 变换和反变换产生的，目的在于抑制风剪切和塔影效应对气动载荷造成的波动。本章给出了独立变桨控制器的设计方法和控制效果。

③独立变桨控制策略需要变桨系统具备准确的位置跟踪能力，本章针对某种变桨控制系统位置跟踪存在的缺点进行改进。首先建立变桨控制系统位置跟踪的数学模型，然后根据前馈加反馈控制理论分析现有控制方法中存在的缺陷，为了增强跟踪效果，本章提出了新的补偿方式，最终在物理硬件平台上得到了验证。

8.2 风力发电技术的发展

风力发电是一个多学科交叉的领域，包括空气动力学、机械工程、结构工程、电气工程等等。从发电机速度控制角度出发，风力发电机组可分为：恒速恒频发电机组和变速恒频发电机组。

恒速恒频发电机组控制方式简单，可靠性好，但是由于无法变速，在额定风速以下不能宽范围内实现最大功率跟踪。由于采用定桨距技术，在额定风速以上，只能依靠叶片的失速特性限制风力发电机吸收功率。叶片失速以后，风力发电机吸收功率会随着风速的增加而降低。风能利用率低是这种技术路线的最大缺点。

变速恒频发电机组通过主动控制发电机的电磁转矩，实现了发电机转速的可控，可以维持叶尖速比在最大气动系数对应值附近，保证在低风速下宽范围内的最大功率跟踪，同时采用变桨距技术，在额定风速以上通过变桨降低风力发电机的功率系数，维持风力发电机吸收功率的恒定，提高风能利用率。

现在主流的变速恒频发电机组可以分为直驱和双馈两种类型。直驱型技术路线避开了双馈型使用的齿轮箱，而且直驱型风力发电机组采用的全功率变流器实现了网侧和电机侧的解耦，网侧功率（有功和无功）的独立控制能力更能适应电网的低电压穿越要求。随着风力发电机叶轮直径的加大、变流器容量的提升，直驱型技术路线正朝着单机大型化高功率等级方向发展。

风力发电机大型化后能够产生更大的效益。据推算，离地面 50 m 处的风速比离地面 10 m 处大 1.2 ~ 1.6 倍，而叶轮的直径增加 1 倍可获得的能量是原来的 4 倍，世界上主流机型已经从 2000 年的 500 ~ 1 000 kW 增加到 2009 年的 2 000 ~ 3 000 kW。海上风电场的开发进一步加快了大容量风力发电机的发展，采用无齿轮箱的直驱式变速变桨距风电机组，6 MW 的机组也已投产。对于容量在 2 MW 以上的机组，欧洲市场主要考虑在海上安装。对相同输出功率的风电机组，开发具有更大的风轮直径、更高塔架的风电机组，应用在低风速地区也是一种发展趋势。据 2009 年 BTM 统计数据显示，变速变桨机组在 2009 年的市场占有率为 91.4%，1.5 ~ 2.5 MW 机组的市场占有率为 81.8%，2.5 MW 以上的机组市场占有率为 5.1%。MW 级以上的风电机组制造商中，只有 Nordex 公司的 N60/N62 1.3 MW 机型保持了失速型双速电机的模式，市场上的其他机型均为变速变桨机型。

8.3 变桨技术的发展

从最初无须变桨的被动失速型风力发电机到主动变桨型风力发电机，变桨技术伴随着风力发电机技术发展从无到有，现有的变桨技术按照实现方式可以分为液压式变桨和电动式变桨。从控制策略的角度，变桨技术可分为传统变桨（CPC）和独立变桨（IPC）。

传统变桨距控制是最先发展起来的变桨控制方法，风力发电机3个叶片的节距角改变相同的角度，目前应用最为成熟。由于风速存在垂直切变（分剪切），随高度的增加而风速值也增加，作用在扫风平面上端和下端的风速不一致，而且塔架减弱了来流速度，风力发电机的各叶片在风轮扫掠面内任意位置的叶尖速比也是不同的。根据叶尖速比与风力发电机攻角的关系可知，风力发电机叶片在扫风平面内的攻角随高度发生周期性的变化，而攻角将会影响作用在叶片上的拍击力和桨叶旋转的驱动力，导致风力发电机载荷存在周期性的变化，加大了叶片的疲劳载荷。

独立变桨降低载荷的方式是在叶轮不同位置执行不同的桨矩角，导致气动载荷被“削峰填谷”，其波动被削弱，使疲劳载荷降低。

降低疲劳载荷的优点最终体现在风力发电机成本的降低上，比如相同疲劳载荷的叶片可以使用在更大功率的风力发电机上，或者减小现行风力发电机轮毂的尺寸等。

但是也应该看到独立变桨对变桨驱动器的要求比传统变桨更高，风力发电机制造商为了IPC的安全可靠实施，不得不增加变桨电机的功率，提升变桨系统位置、速率的控制精度。从这个角度看，整机的成本又会上升，而且现阶段国际上没有一个认证机构可以对独立变桨作出完整的风险评估。所以批量使用独立变桨的风力发电机制造商还是比较少。现阶段批量使用独立变桨策略的风力发电机制造商有三菱、三星，在样机上使用独立变桨的制造商很多，如VESTAS、Repower等。其他的风力发电机制造商也都表现出对独立变桨的浓厚兴趣。

独立变桨的理论在2006年就被荷兰的风能研究中心（ECN）提出，本章的研究也是在ECN的指导思想之下进行的。

8.4 传统风力发电机控制研究

8.4.1 传统风力发电机控制策略概述

对于变速变桨型风力发电机，控制策略需要完成两项工作：第一，在额定风速以下，通过对变流器的控制，改变发电机的电磁转矩，控制风力发电机的转速，使叶尖速比维持在最大功率系数对应值附近，从而保证风力发电机低风速段宽范围的最大功率吸收；第二，当风速超过额定风速，电磁转矩已经达到最大，无法平衡气动转矩，通过变桨降低风力发电机的气动转矩，从而维持转速，功率在额定值附近。这两项工作通过转矩控制器和变桨控制器来实现。

在验证转矩控制器和变桨控制器的控制效果之前，需要建立风力发电机的模型。对于传统变桨，即 3 个叶片按照相同的桨矩角变化，风力发电机模型只需要一个桨矩角输入，而对于独立变桨，风力发电机模型需要重新建立，需要 3 个桨矩角的独立输入。

本章研究传统风力发电机的控制策略，变桨控制采用传统变桨的方式。

8.4.2 风力发电机模型建立

传统的风力发电机建模方法基于功率系数 C_p，根据获得 C_p 的方式不同，建模方法可以分为两种。

方法一：

利用现有的 C_p 经验公式，以叶尖速比 λ，叶片的桨矩角 β 为输入变量。

$$C_p(\lambda,\beta)=C_1\left(\frac{C_2}{\lambda_i}-C_3\beta-C_4\right)e^{\frac{-C_6}{\lambda i}}+C_6\lambda \tag{8-1}$$

$$\frac{1}{\lambda_i}=\frac{1}{\lambda+0.08\beta}-\frac{0.035}{\beta^3+1} \tag{8-2}$$

根据系统辨识的结果，$C_1=0.5176$，$C_2=116$，$C_3=0.4$，$C_4=5$，$C_5=21$，$C_6=0.0068$。再结合风轮的功率，转矩输出方程为：

$$P=\frac{1}{2}\rho\pi R^2C_p(\lambda,\beta)V^3 \tag{8-3}$$

$$T=\frac{P}{\omega} \tag{8-4}$$

在 Simulink 中建立仿真模型，如图 8-1 所示。

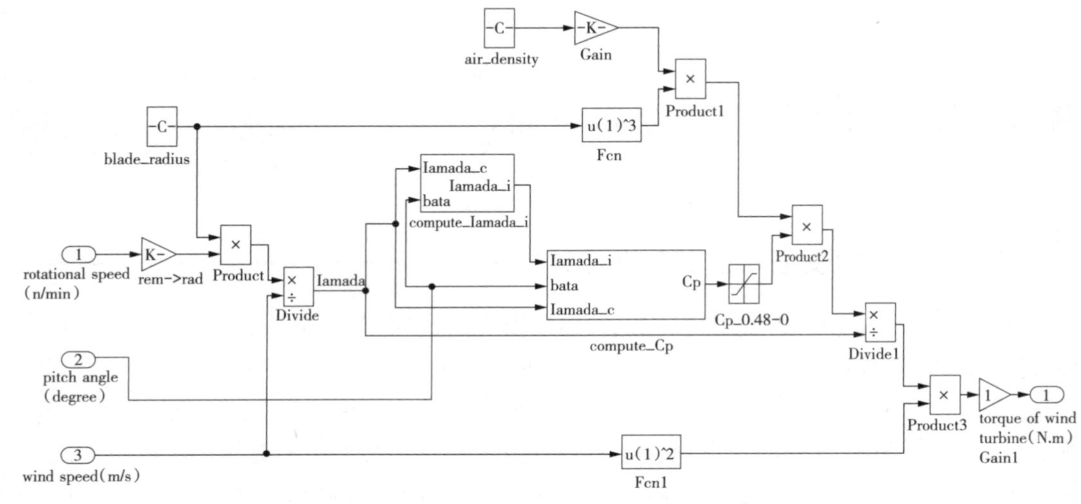

图 8-1　Simulink 风力发电机模型

其中 ρ 为空气密度，单位为 kg/m^3；R 为叶片长度，单位为 m；V 为风速，单位为 m/s；ω 为风轮转速，单位为 rad/s；T 为风轮产生的转矩，单位为 N · m。在风速、风轮转速和 3 个叶片桨矩角确定的情况下，就可以计算出在风轮主轴上产生的气动转矩，风速和叶轮转速也可以通过叶尖速比 λ 来代替，转速在 0 r/min 到 35 r/min 的变化范围内，风轮转矩随着转速、风速、桨矩角变化而变化的仿真曲线如图 8-2 所示。

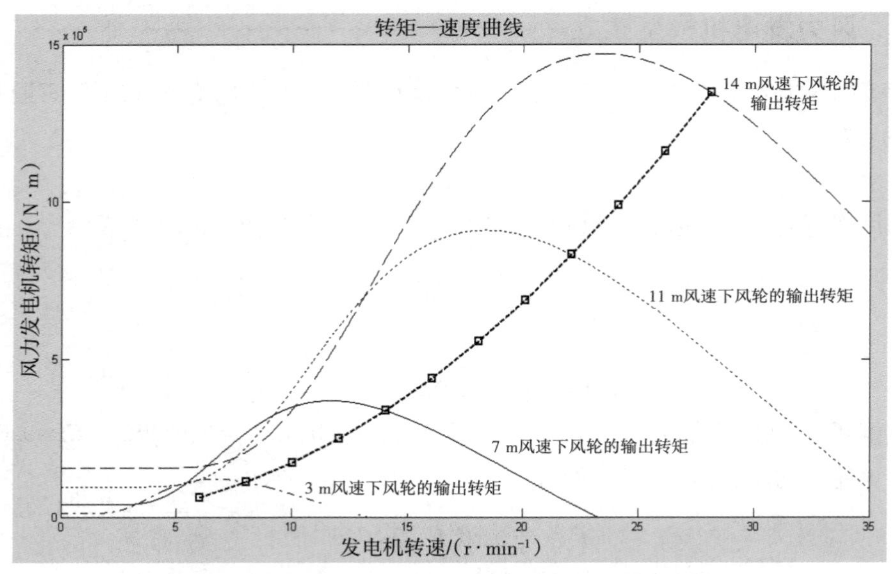

图 8-2　风力发电机气动转矩随风速、转速变化的仿真曲线

在风轮气动转矩随着风速、风轮转速变化的过程中，桨矩角保持为 0°。从仿真的曲线中可以定性地看出两点内容：

第一：桨矩角确定的情况下，风轮转矩随风速同步变化。

第二：风速、桨矩角确定的情况下，由于 C_p 曲线的影响，风轮转矩在转速变化的范围内会出现一个最大值。

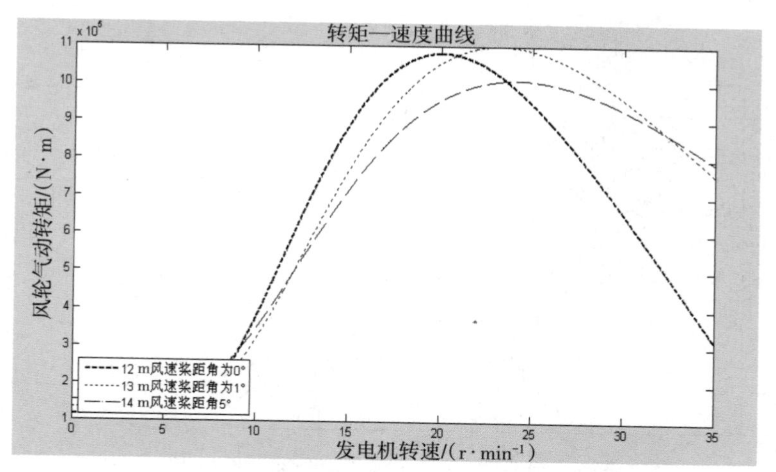

图 8-3　风轮气动转矩随着风速、风轮转速、桨矩角变化的曲线

从图 8-3 中的仿真曲线可以看出，高风速下增大桨矩角可以有效地减小风轮的转矩输出，从而控制气动功率。

方法二：

利用风力发电机设计专用软件 Bladed 对某种叶片进行静态气动系数的计算。在转速设计范围内，计算风力发电机的功率系数 C_p，构成二维矩阵直接放入 Simulink 的 lookup table 中，在 Bladed 中设定桨矩角为 0°，某种叶片在不同叶尖速比下的功率系数如图 8-4 所示。

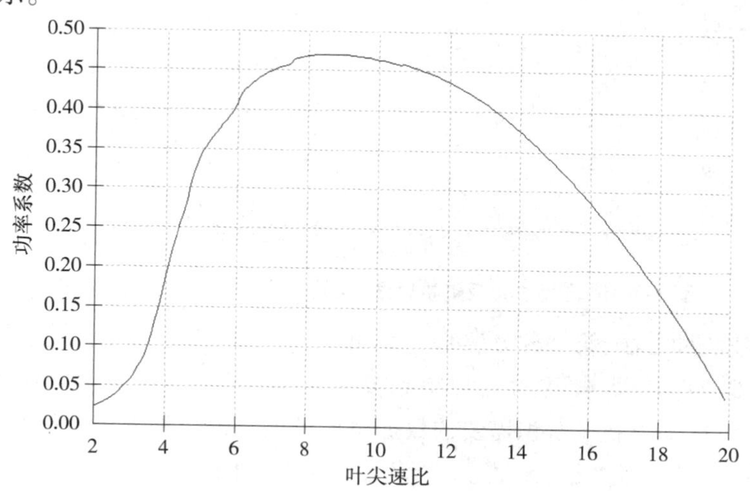

图 8-4　桨矩角为 0°时，某种叶片在不同叶尖速比下的功率系数变化曲线

用类似的方法分别算出桨矩角从 0°到 30°对应的功率系数,并将数据转换到 Excel 中处理,最后导入 Simulink 的 lookup table 中完成模型的建立,如图 8-5 所示。

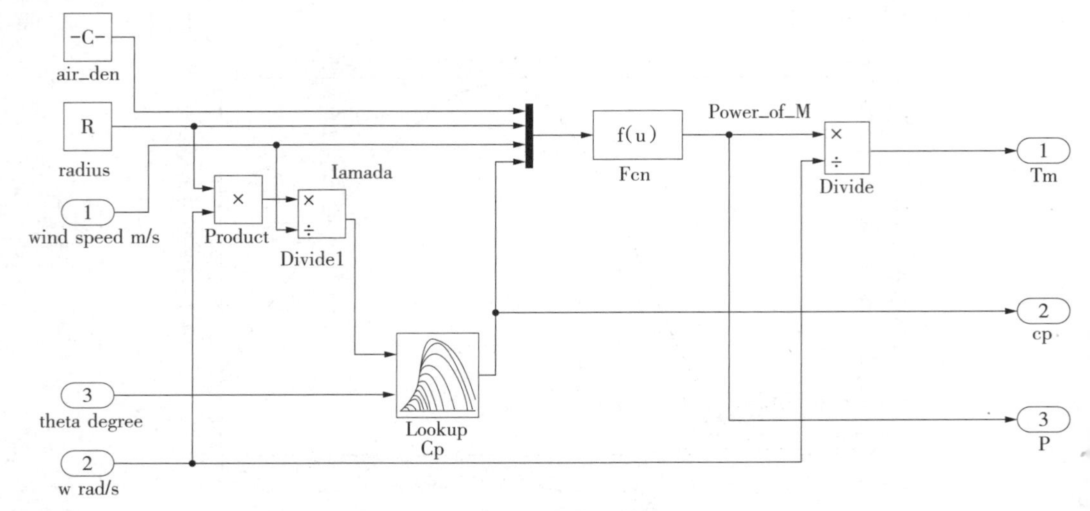

图 8-5 Simulink 中风力发电机仿真模型 2

仿真参数为风速 12 m/s,桨矩角 0°,风速 13 m/s,桨矩角 0°,风速 14 m/s,桨矩角 5°,仿真结果如图 8-6 所示。

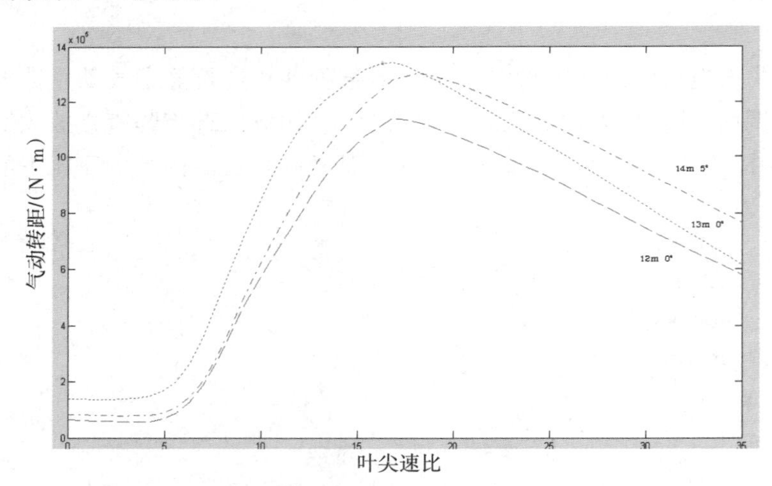

图 8-6 风轮气动转矩随着风速、风轮转速、桨矩角变化的曲线

综合比较两种方法,第一种方法基于 C_p 的经验公式,对于气动性能不同的叶片,需要对大量的 C_p 数据进行辨识,才可以得到较为准确的风力发电机气动模型参数,其优点在于数据连续,缺点在于辨识需要的数据量比较大。第二种方法直接利用 Bladed 导出的 C_p 数据,构成二维数组,无须系统辨识,当遇到不同的叶片类型时,只需在 Bladed 中对叶片的气动参数进行修改,便可计算。其优点在于简单、快速、便于工程实现,缺点

在于数据不连续。

8.4.3 风力发电机静态曲线分析

风力发电机控制器包括两大部分:转矩控制器和桨矩角控制器。

转矩控制器的作用是控制发电机电磁转矩平衡气动转矩,在部分低风速区域实现最大功率跟踪。在高风速区域下控制发电机以最大转矩输出。

桨矩角控制器的作用是在额定风速至切出风速之间,通过变桨降低风力发电机的气动转矩,维持风力发电机额定转速,保证风力发电机安全满发。

以 Bladed 中 demo 的海上 2 MW 风力发电机为例子,根据 Bladed 的仿真结果说明控制器的目的。

对 demo 进行静态功率曲线计算,观察发电机的功率曲线、气动系数 C_p 曲线、变桨角度曲线。

根据图 8-7 可以看出,某种叶片的切入风速为 4 m/s,额定风速为 12 m/s,在部分低风速段下,转矩控制器输出的电磁转矩给定应该保证风力发电机满足图 8-8 中的最大 C_p 的跟踪。

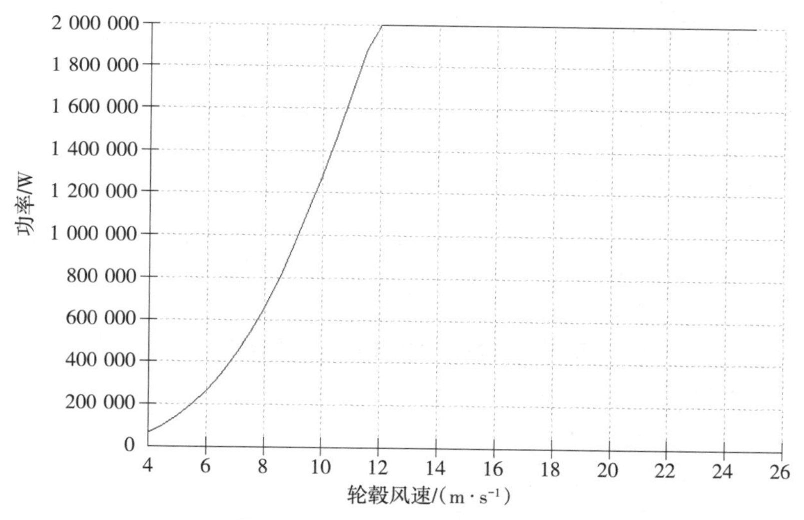

图 8-7　风力发电机静态功率曲线

根据图 8-9 可以看出,变桨控制器在切入风速至额定风速之间输出的桨矩角固定,一般为 0°左右,根据叶片的不同气动特性将有所调整。

当发电机转速接近额定转速时(图 8-10),转矩控制器将以较快的速度输出,使发电机电磁转矩达到 T_{max}(图 8-11)。这种控制方式比较简单,可以在变桨控制器输出之前快速限制风力发电机转速的上升。

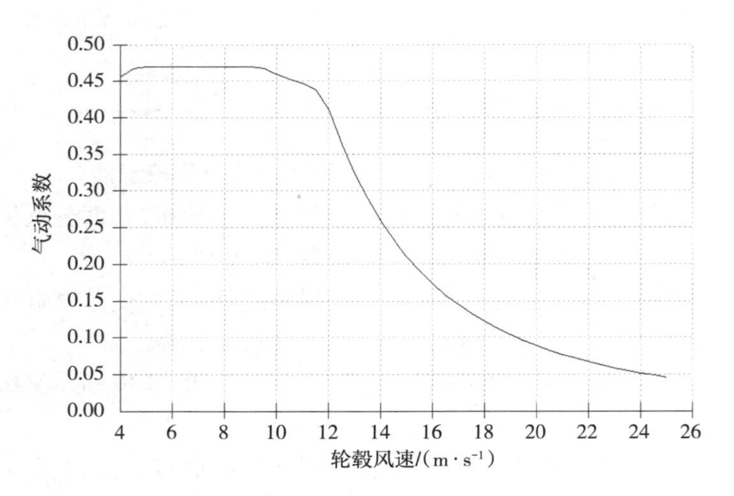

图 8-8　风力发电机静态气动系数曲线

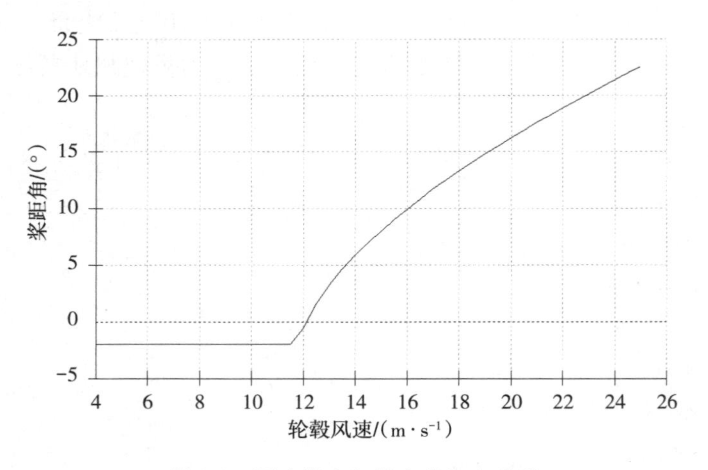

图 8-9　风力发电机静态桨矩角曲线

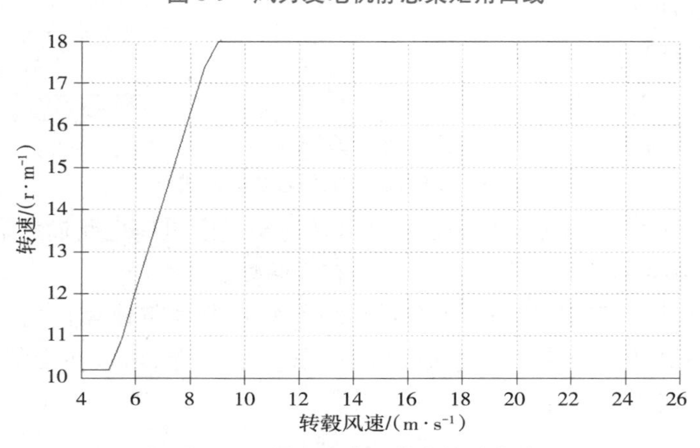

图 8-10　风力发电机静态转速曲线

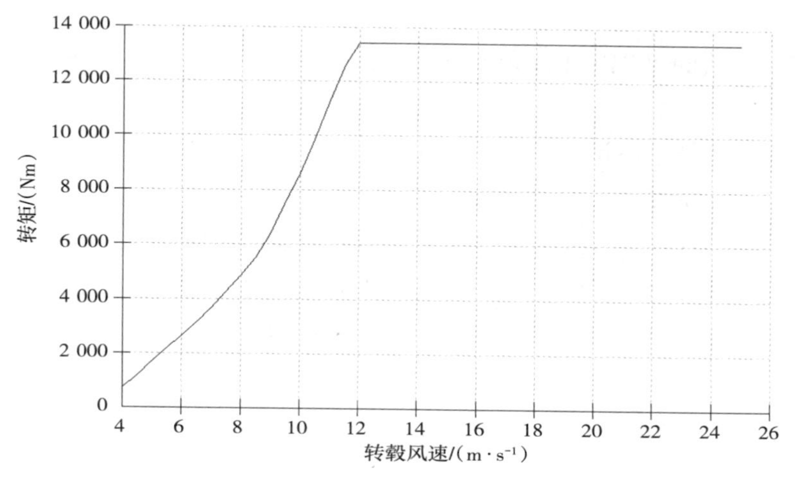

图 8-11　静态发电机转矩曲线

变桨控制器检测到发电机转速超过额定转速后，增大桨矩角，降低 C_p，限制气动转矩，如图 8-12 所示。

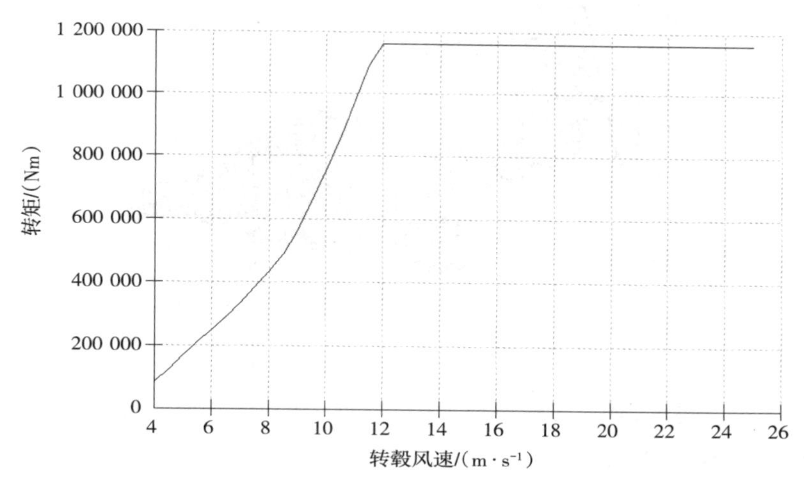

图 8-12　风力发电机静态气动转矩

利用 Bladed 提供的 demo，可以根据风速的变化将风力发电机运行区域划分为 3 个部分：风速在 4 ~ 9 m/s 为最大 C_p 跟踪区，叶轮在这一区域中将最大限度地吸收风中的能量；风速在 9 ~ 12 m/s 为恒转速区，发电机电磁转矩将平衡气动转矩，从而将发电机转速维持在额定转速范围之内；风速大于 12 m/s，进入恒功率区，通过变桨限制了气动转矩，限制了发电机转速，最终保证发电机维持额定功率输出。

8.4.4 转矩控制器的设计以及仿真验证

(1)转矩控制器的设计

转矩控制器的设计目的有两个:①保证额定风速以下的部分区域中,风力发电机以最大 C_p 吸取风中的能量;②风速接近额定风速时,限制风轮转速进一步上升。

针对某种叶片,额定风速为 11 m/s,额定转速为 17.5 r/min,利用 Bladed 计算出不同桨矩角下,C_p 与叶尖速比的关系曲线,如图 8-13 所示。

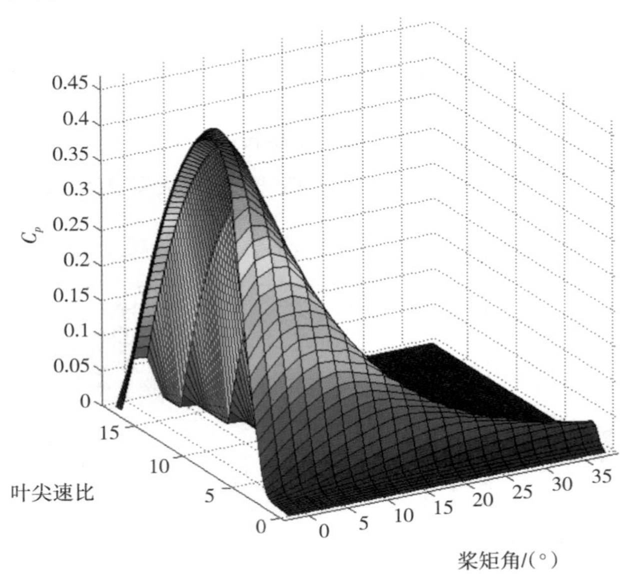

图 8-13 某种叶片的气动系数曲线

由图 8-13 可以得出,叶片在桨矩角为 0°时,对应 C_{popt} 为 0.46,对应叶尖速比 λ_{opt} 为 8.4,根据式(8-3)和式(8-5)

$$\lambda = \frac{\omega R}{V} \tag{8-5}$$

并且代入 C_{popt} 和 λ_{opt},可以推导出对应气动转矩为:

$$T_{opt} = \frac{1}{2}\rho\pi\frac{R^5}{\lambda_{opt}^3}C_{popt}w^2 \tag{8-6}$$

将转速前面的 $\frac{1}{2}\rho\pi\frac{R^5}{\lambda_{opt}^3}C_{popt}$ 设为 K_{opt} 得到:

$$T_{opt} = K_{opt}w^2 \tag{8-7}$$

将式(8-7)作为转矩控制器追求最大风功率系数时电磁转矩的给定公式,代入参数

计算出 K_{opt}，并将 $K_{opt}=1.3199\times10^5$ 作为最大功率跟踪的控制系数。

在切入风速和额定风速之间选择风力发电机工作点，在工作点附近将气动转矩线性化，忽略二阶以及二阶以上的高阶项。工作点附近的平衡方程为：

$$Te = Ta \tag{8-8}$$

由于低风速情况下，桨矩角 β 不变，所以 $\delta\beta=0$，在气动转矩变化量的表达式中没有桨矩角的偏微分部分：

$$\delta Ta = \frac{\partial Ta}{\partial \Omega}\delta\Omega + \frac{\partial Ta}{\partial V}\delta V \tag{8-9}$$

由于在平衡点，气动转矩和电磁转矩是相等的，所以当气动转矩发生变化的时候，这个变化量将导致风力发电机转速的变化。为了达到新的平衡，电磁转矩的给定必须作出相应的变化。

$$\delta Ta - \delta Te = (Jr + Jg)\frac{\mathrm{d}(\delta\Omega)}{\mathrm{d}t} \tag{8-10}$$

根据式(8-9)和式(8-10)得到式(8-11)：

$$\frac{\partial Ta}{\partial \Omega}\delta\Omega + \frac{\partial Ta}{\partial V}\delta V - \delta Te = (Jr + Jg)\frac{\mathrm{d}(\delta\Omega)}{\mathrm{d}t} \tag{8-11}$$

写出其 S 域下的表达式为：

$$\frac{\partial Ta}{\partial \Omega}\delta\Omega(S) + \frac{\partial Ta}{\partial V}\delta V(S) - \delta Te(S) = (Jr + Jg)S\delta\Omega(S) \tag{8-12}$$

根据传统 PI 控制的方式，推导出电磁转矩控制对象的传递函数为：

$$\frac{\partial Ta}{\partial \Omega}\delta\Omega(S) - \delta Te(S) = (Jr + Jg)S\delta\Omega(S) \tag{8-13}$$

控制对象的线性化模型为：

$$\frac{\delta\Omega(S)}{\delta Te(S)} = \frac{1}{\dfrac{\partial Ta}{\partial \Omega} - (Jg + Jr)S} \tag{8-14}$$

转矩控制器及其控制对象的控制框图如图 8-14 所示。

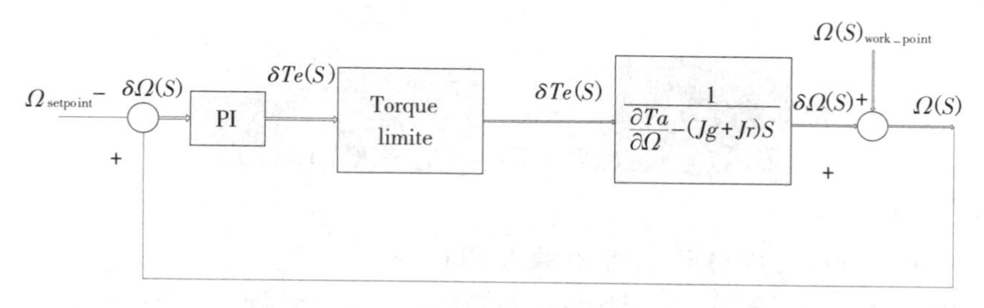

图 8-14　转矩控制器的控制框图

根据经验，PI 参数整定取 $K_p = 2\times10^6$，$K_i = 6\times10^5$。

为了满足在额定风速以下部分区域内最大功率的捕捉，需要对 PI 控制器的输出进行限幅。最终实现如图 8-15 所示的控制。

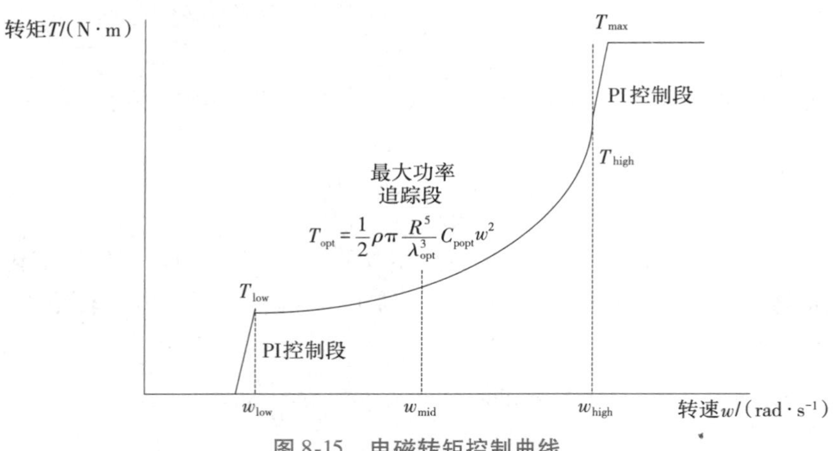

图 8-15　电磁转矩控制曲线

为了在工程中实现图 8-15 的控制曲线，将中间转速 w_{mid} 作为基准，当实测转速低于中间转速 w_{mid} 时，将 T_{opt} 作为转矩限幅的上限，将转速误差给定值设为 w_{low}。根据图 8-15 可知，当实测转速在 w_{low} 和 w_{mid} 之间时，转速误差通过比例积分环节增加，但由于 T_{opt} 为上限值，转矩输出会按照最大功率跟踪的 T_{opt} 输出。

右半段的控制思想类似于左半段，只是在设置时，将 T_{opt} 作为转矩限幅的下限，同时将转速设定值设为 w_{high}。同样转矩控制器会按照 T_{opt} 输出。

如果实测转速进一步增加，转速误差会经过 PI 控制器输出，最终电磁给定转矩会维持一个恒定输出 T_{max}，同时，桨矩角控制器开始工作，通过对变桨角度的控制，限制气动转矩 T_m，从而限定风轮转速的进一步增加。

根据反向差分的方法将 PI 控制器离散化用于仿真

$$\frac{C_s}{R_s}=K_p+\frac{K_i}{S} \tag{8-15}$$

$$S=\frac{1-z^{-1}}{T} \tag{8-16}$$

将公式合并后得到差分方程为：

$$C(kT)-C(kT-T)=(K_p+K_iT)R(kT) \tag{8-17}$$

其中 $T=0.02$ s。

有了差分方程就可以将 PI 控制器编入 PLC 中了。

对于更高阶的控制部分可以利用 Matlab 中的 c2d( ) 函数，将连续的传递函数以固定的采样频率和零阶保持方式离散化，通过变换后得到其 z 表达式，变形之后，通过 z 变换的延迟定理将变形后的 z 表达式转化为差分方程：

$$C(z)z^{-k} = C(nT - kT) \tag{8-18}$$

到此为止可以在程序中实现高阶的补偿，但是这种方法只是用于连续传递函数的分子多项式最高次幂小于分母多项式的最高次幂。

Simulink 中转矩控制器的结构如图 2.16 所示。

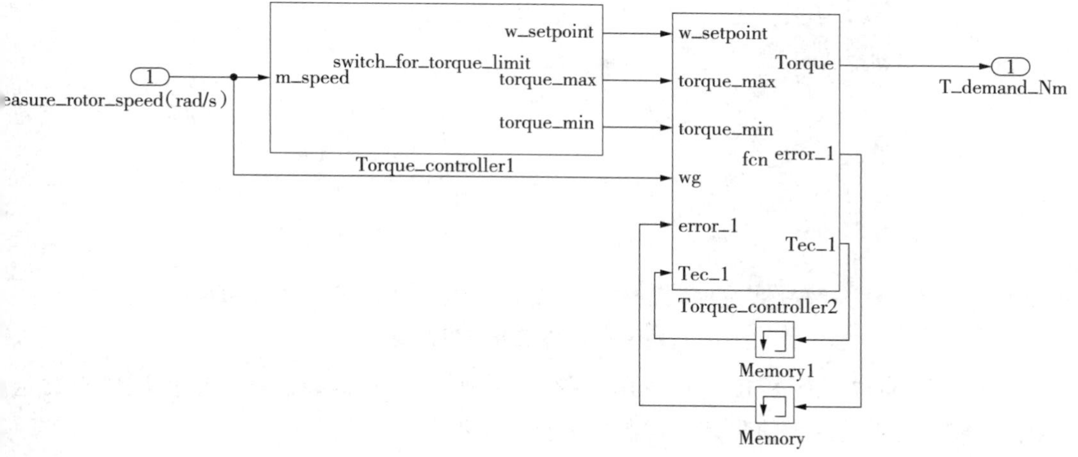

图 8-16　Simulink 转矩控制模块

(2)转矩控制器的仿真验证

对转矩控制器进行仿真检验：

针对某种 1.5 MW 风力发电机叶片，设计额定转速为 17.5 r/min，额定风速为 11 m/s。

仿真条件：风速从 6 m/s 至 10 m/s 阶跃变化，风速信号采用阶跃信号，如图 8-17 所示。

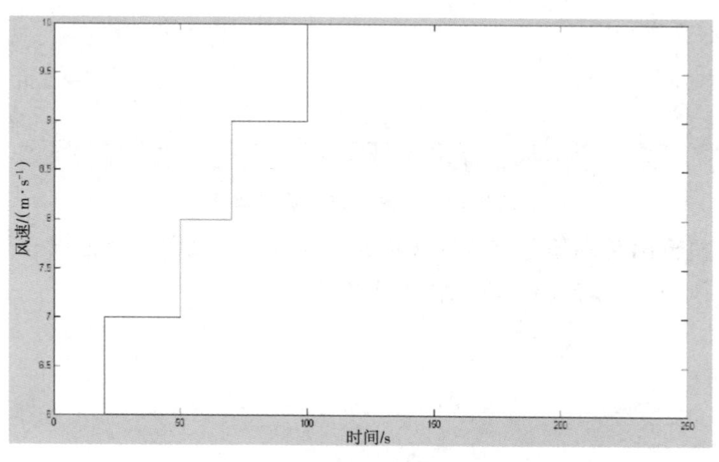

图 8-17　风速仿真变化曲线

风速变化对应 C_p 变化的曲线如图 8-18 所示。

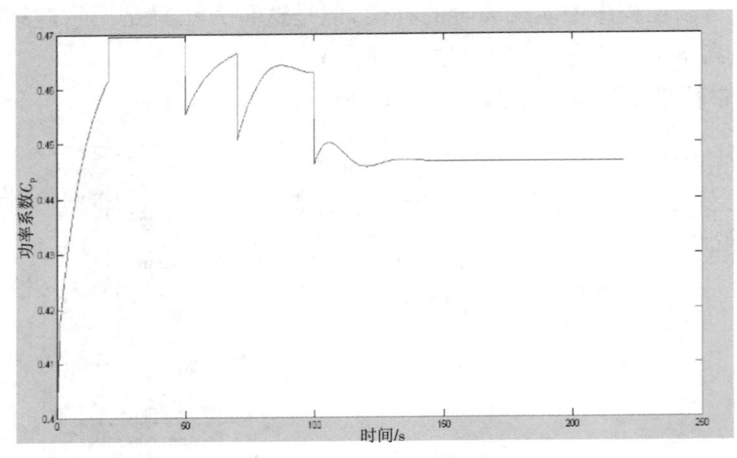

图 8-18　C_p 变化仿真曲线

结合图 8-17 和图 8-18 可以看出，在额定风速以下，转矩控制器可以保证风力发电机 C_p 基本处于其最大值附近。控制器的目的基本达到。

额定风速之下，桨矩角应保持在 0°，如图 8-19 所示。

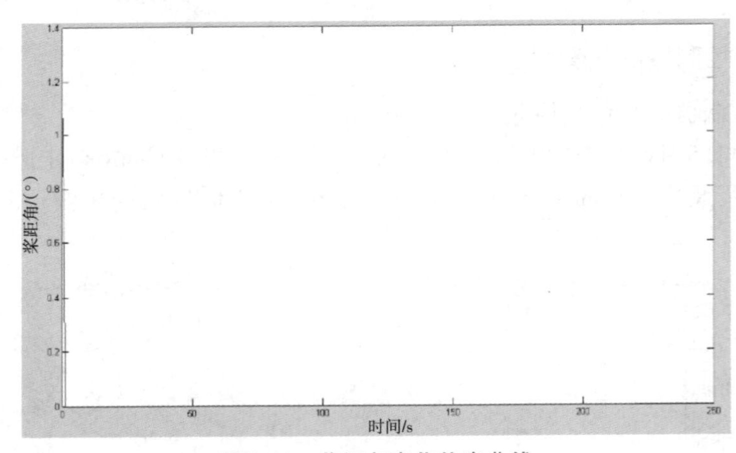

图 8-19　桨矩角变化仿真曲线

风力发电机输出功率随着风速的变化如图 8-20 所示，因为风速没有达到风力发电机设计的额定风速，所以输出功率小于 1.5 MW。

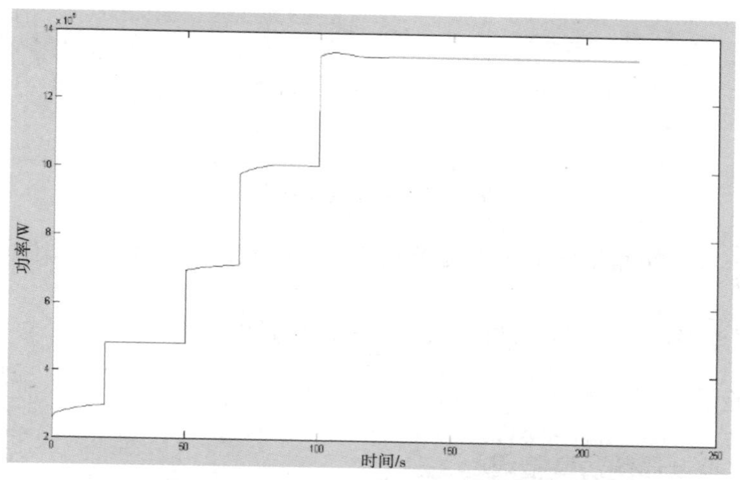

图 8-20　风力发电机输出功率仿真曲线

8.4.5　变桨控制器的设计以及仿真验证

(1)变桨控制器的设计

在风速高于额定风速的情况下,气动转矩已经无法依靠电磁转矩去平衡,所以在电磁转矩的输出能力和叶轮转速双重限制之下,必须通过变桨降低 C_p,限制风力发电机的气动转矩,保证风力发电机的安全。

在额定风速工作点下将风力发电机气动转矩线性化,由于电磁转矩受到限制无法弥补气动转矩的变化,即 $\delta Te = 0$,气动转矩的变化导致风力发电机的转速变化:

$$\frac{\partial Ta}{\partial \Omega}\delta\Omega + \frac{\partial Ta}{\partial V}\delta V + \frac{\partial Ta}{\partial \beta}\delta\beta = (Jr + Jg)\ \frac{\mathrm{d}(\delta\Omega)}{\mathrm{d}t} \tag{8-19}$$

转化到 S 域后的方程为:

$$\frac{\partial Ta}{\partial \Omega}\delta\Omega(S) + \frac{\partial Ta}{\partial V}\delta V(S) + \frac{\partial Ta}{\partial \beta}\delta\beta(S) = (Jr + Jg)S\delta\Omega(S) \tag{8-20}$$

基于 PI 控制算法:

$$\frac{\partial Ta}{\partial \Omega}\delta\Omega(S) + \frac{\partial Ta}{\partial \beta}\delta\beta(S) = (Jr + Jg)S\delta\Omega(S) \tag{8-21}$$

最终推导出变桨控制器控制对象的传递函数:

$$\frac{\delta\Omega(S)}{\delta\beta(S)} = \frac{\dfrac{\partial Ta}{\partial \beta}}{(Jr + Jg)S - \dfrac{\partial Ta}{\partial \Omega}} \tag{8-22}$$

变桨控制框图如图 8-21 所示。

由于在额定点处将风力发电机气动转矩线性化,所以 $\beta_{\text{work\_po int}} = 0$。

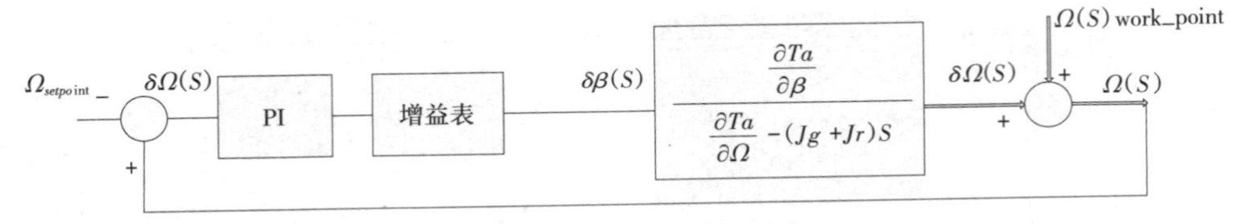

图 8-21　变桨控制框图

由于 $\frac{\partial Ta}{\partial \beta}$ 在桨矩角不同的工作点差别很大，所以在控制回路中需做增益表（Gain Schedule），根据桨矩角的实际位置来抵消 $\frac{\partial Ta}{\partial \beta}$ 对增益的放大作用。

根据经验设定 PI 参数为：$K_p=0.8$，$K_i=0.3$。

(2)变桨控制器的仿真验证

给定风速如图 8-22 所示，额定风速以上时，变桨控制器输出的桨距角如图 8-23 所示。当风速发生阶跃跳变时，风力发电机的气动转矩发生阶跃性的上升，但是在变桨控制器的作用下，风力发电机相应增大桨矩角，使气动转矩下降，如图 8-24 所示。

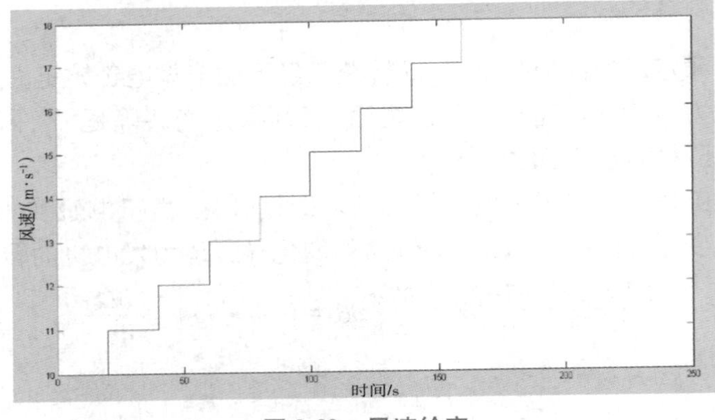

图 8-22　风速给定

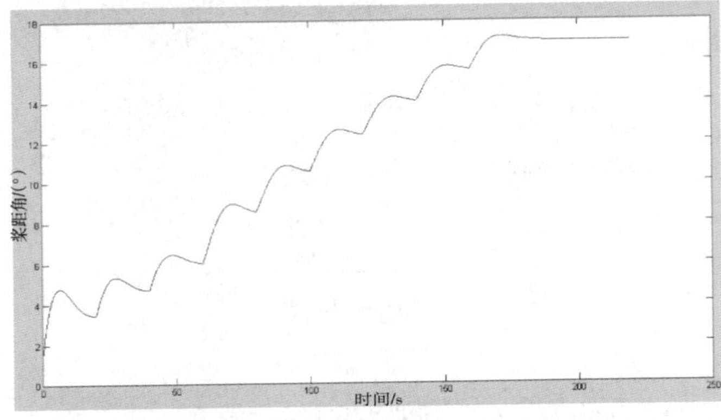

图 8-23　额定风速以上变桨控制器输出的桨矩角

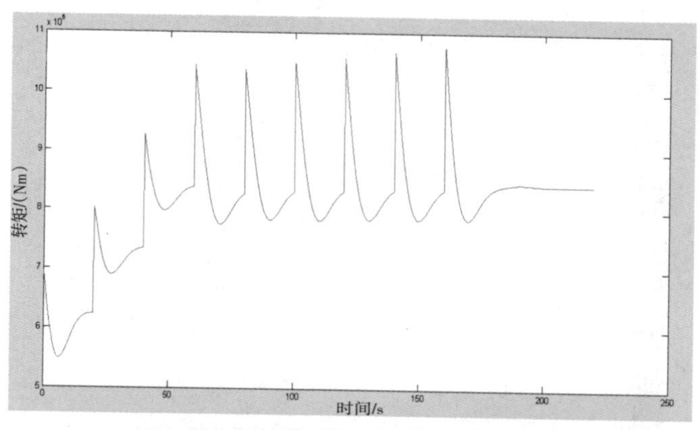

图 8-24　风力发电机气动转矩变化曲线

由于变桨的作用,气动转矩最终被限制在额定范围内。

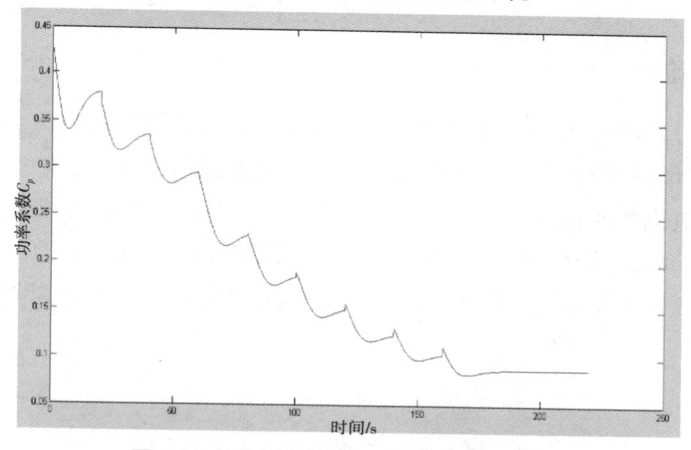

图 8-25　风力发电机气动系数的变化曲线

由于桨矩角的增大,风力发电机的功率系数 C_p 将下降,如图 8-25 所示。风力发电机输出功率如图 8-26 所示,发电机转速曲线如图 8-27 所示。

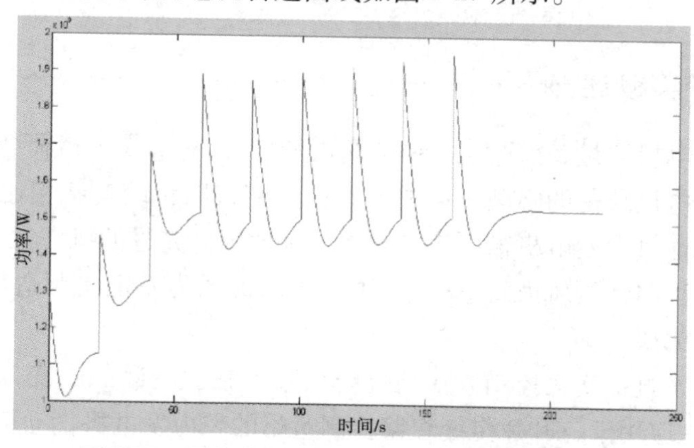

图 8-26　风力发电机输出功率随时间变化的曲线

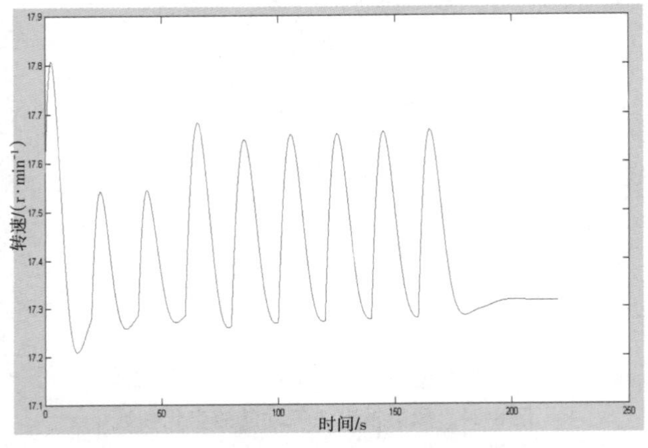

图 8-27　额定风速以上转速的变化曲线

8.4.6　结　论

传统的风力发电机控制设计中并没有考虑风剪切和塔影效应对风力发电机载荷的影响，但是随着风轮直径的增大，风剪切和塔影效应对载荷的影响会随之增大。因此在传统的风力发电机变桨控制策略基础上，需要有一种新的控制方式来降低由风剪切和塔影效应带来的载荷波动，独立变桨正是在这种需求背景下提出来的。本章第 5 节将在第 4 节传统变桨控制策略基础上，应用独立变桨，降低风剪切和塔影效应带来的叶片载荷 1P 波动。

8.5　独立变桨控制研究

8.5.1　独立变桨概述

随着风力发电机容量、叶轮直径、塔架高度的增加，风力发电机荷载问题日益凸现，如何降低风力发电机载荷的问题日益迫切。独立变桨同传统变桨相比，其优势在于载荷降低的同时保证风力发电机输出额定功率。少数国外先进的风力发电机制造商已经将独立变桨应用于兆瓦级风力发电机上，国内先进的风力发电机制造商也加大了对独立变桨控制技术的研究。

为实现风力发电机变桨控制方式从传统变桨到独立变桨的转变，需要有一种新的建模方式，因为在应用于三叶片传统变桨控制策略的风力发电机气动模型中，3 只桨叶的桨距角对风力发电机气动转矩的影响是耦合在一起的，无法利用传统模型来分析单只叶片桨距角对拍击力和升力的影响，所以需要通过叶素理论来研究适用于独立变桨的风力发电机气动模型。

本小节根据叶素理论建立适用于独立变桨仿真的风力发电机气动模型，同时给出独立变桨的控制策略和仿真结果。

8.5.2　独立变桨风机模型建立

适用于独立变桨的风力发电机气动模型基于叶素理论，当风吹在旋转的风轮上时，如果以风轮为参考系（视风轮为静止），风速 V 将叠加一个同叶轮转速方向相反、大小相同的速度分量，这个速度分量称为相对转速的 $-u$。此时风轮真正受到的风速就是以地面为参考系的风速 V 与以叶轮为参考系的相对转速 $-u$ 的矢量合成风速，即相对风速 w，相对风速 w 同扫风平面的夹角为入流角 I，而弦线同扫风平面的夹角为桨矩角 β，相对风速 w 同弦线的夹角为攻角 i。

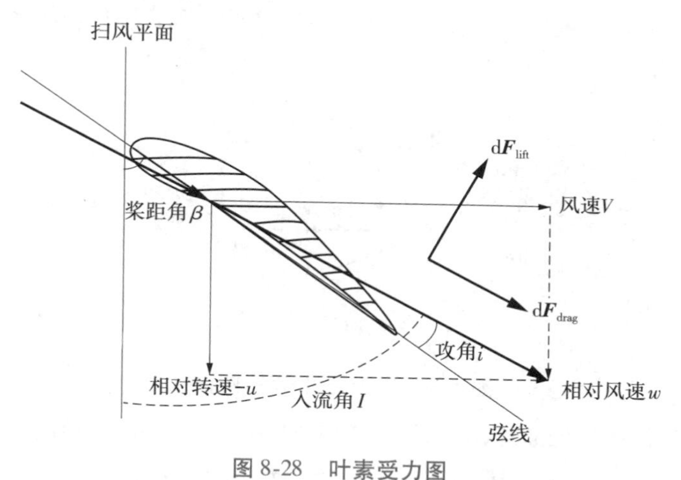

图 8-28　叶素受力图

攻角将影响叶素的升力系数 C_l 和阻力系数 C_d，从而影响了叶素的升力 $\boldsymbol{F}_{\mathrm{lift}}$ 和阻力 $\boldsymbol{F}_{\mathrm{drag}}$，升力系数和阻力系数是两个无量纲参数，当几种不控变量，如弯曲度、叶片厚度、表面粗糙度和雷诺数都确定后，升力系数和阻力系数将由攻角 i 决定。

根据图 8-29 可以看出，攻角 i 同桨矩角 β 的和为入流角 I，入流角的大小由风速和叶轮转速决定，风速不可控，当叶轮转速确定时，入流角将被确定，从而改变桨矩角，就实现了对攻角的控制，进而控制了升力和阻力。

$$\mathrm{d}\boldsymbol{F}_{\mathrm{drag}} = \frac{1}{2}\rho C_d w^2 L\mathrm{d}r \tag{8-23}$$

$$\mathrm{d}\boldsymbol{F}_{\mathrm{lift}} = \frac{1}{2}\rho C_L w^2 L\mathrm{d}r \tag{8-24}$$

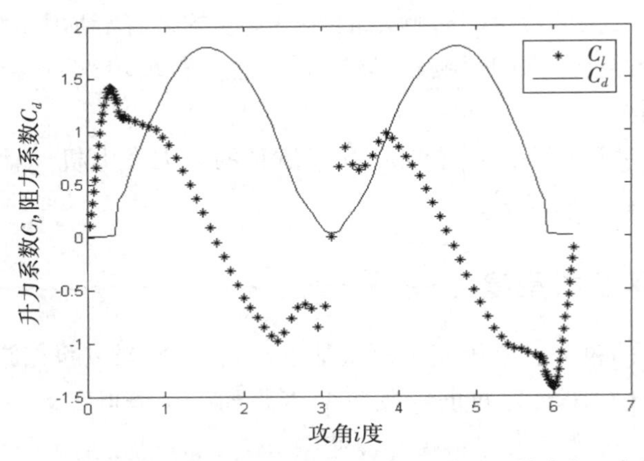

图 8-29　某种翼型的升力系数 C_l 和阻力系数 C_d 随攻角 i 变化的曲线

式(8-23)和式(8-24)给出了一个叶素在旋转状态下升力 $\boldsymbol{F}_{\text{lift}}$、阻力 $\boldsymbol{F}_{\text{drag}}$ 同叶轮转速 w、升力系数 C_l、阻力系数 C_d、弦长 L(单位 m)、叶展 $\mathrm{d}r$(单位 m)的微分关系。

升力和阻力分解合成后形成拍击力 $\boldsymbol{F}_a$,同扫风平面垂直;叶片旋转驱动力 $\boldsymbol{F}_u$ 同 $\boldsymbol{F}_a$ 垂直,如图 8-30 所示。

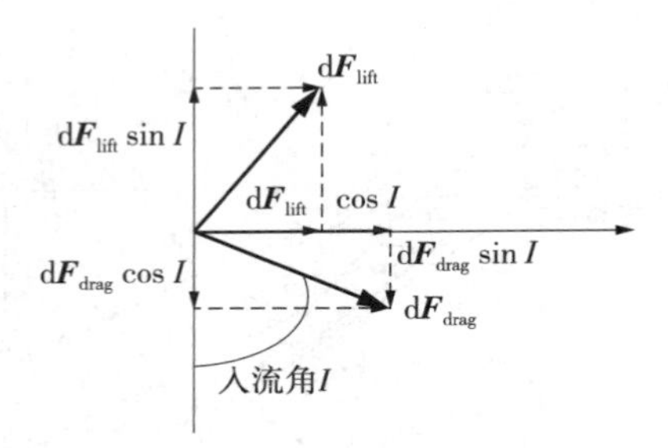

图 8-30　叶素受力分解与合成

每一小段叶素上产生的驱动力 $\mathrm{d}\boldsymbol{F}_u$ 和拍击力 $\mathrm{d}\boldsymbol{F}_a$ 由式(8-25)和式(8-26)计算出来。

$$\mathrm{d}\boldsymbol{F}_a = \mathrm{d}\boldsymbol{F}_{\text{lift}}\cos I + d\boldsymbol{F}_{\text{drag}}\sin I \tag{8-25}$$

$$\mathrm{d}\boldsymbol{F}_u = \mathrm{d}\boldsymbol{F}_{\text{lift}}\sin I - \mathrm{d}\boldsymbol{F}_{\text{drag}}\cos I \tag{8-26}$$

式中,I 为入流角,单位为 rad。

为了实现仿真,将微分放大为变化量,将每只桨叶分为均匀的 10 段,每段的弦长为此段两端弦长的平均值,分别建立每段叶片的拍击力 $\Delta\boldsymbol{F}_a$ 和驱动力 $\Delta\boldsymbol{F}_u$ 的模型。

$$\Delta\boldsymbol{F}_{\text{drag}} = \frac{1}{2}\rho C_d w^2 L\Delta r \tag{8-27}$$

$$\Delta\boldsymbol{F}_{\text{lift}} = \frac{1}{2}\rho C_L w^2 L\Delta r \tag{8-28}$$

$$\Delta\boldsymbol{F}_a = \Delta\boldsymbol{F}_{\text{lift}}\cos I + \Delta\boldsymbol{F}_{\text{drag}}\sin I \tag{8-29}$$

$$\Delta\boldsymbol{F}_u = \Delta\boldsymbol{F}_{\text{lift}}\sin I - \Delta\boldsymbol{F}_{\text{drag}}\cos I \tag{8-30}$$

图 8-31 为某段叶片的仿真模块图。

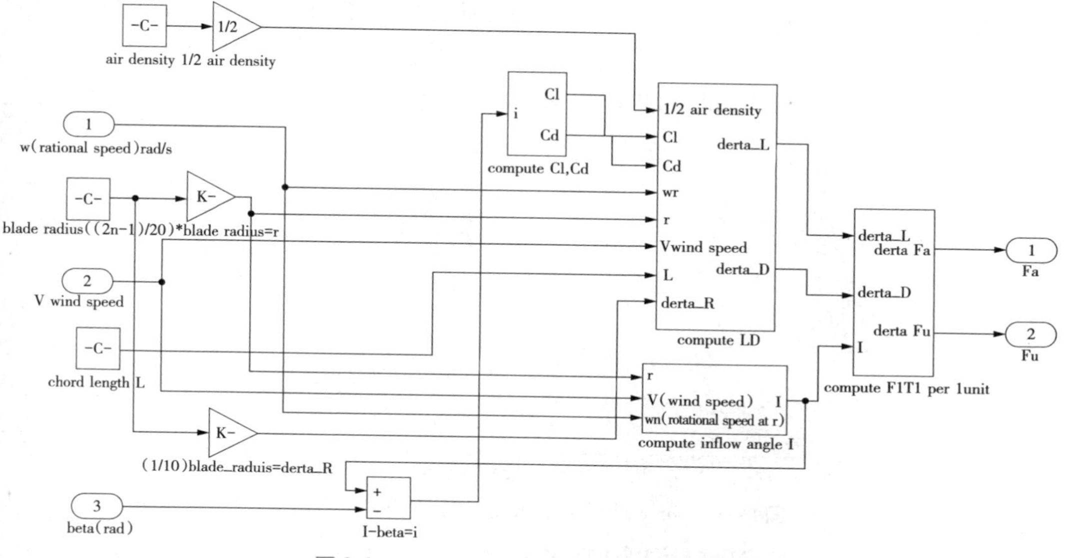

图 8-31　Simulink 中某段叶片的仿真模块

将一只叶片上每段的拍击力 $\Delta \boldsymbol{F}_{ai}$ 与对轮毂处的转矩 $\Delta \boldsymbol{F}_{ui} r_i$ 求和，最终计算出每只叶片上的拍击力 $\boldsymbol{F}_{(\mathrm{flap})j}$ 与 3 只叶片总体在主轴上的气动转矩 T_{air}

$$F_{(flap)j} = \left(\sum_{i=1}^{10} \Delta F_{ai} \right)_j \tag{8-31}$$

$$T_{air} = \sum_{j=1}^{3} \left[\sum_{i=1}^{10} (\Delta F_{ui} r_i) \right]_j \tag{8-32}$$

式中，i 为每段叶片的标号；r_i 为第 i 段叶片中心距轮毂的距离，单位为 m；j 为叶片数。风力发电机在 Simulink 中的仿真模型如图 8-32 所示。

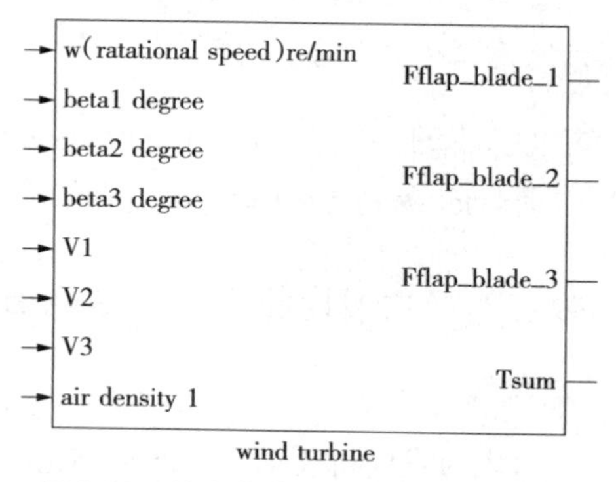

图 8-32　独立变桨的 Simulink 仿真模块

仿真条件：空气密度 1.25 kg/m^3，叶片长度 38.5 m，风速 3～13 m/s，风轮转速 0～35 r/min，桨距角保持−1°。

仿真结果:主轴气动转矩随着风速、风轮转速变化曲线如图 8-33 所示。

图 8-33 中,横坐标为主轴转速,纵坐标为气动转矩,曲线下方的矩形面积为叶轮吸收的风能,根据最大面积的方法可以找到最佳转速值。

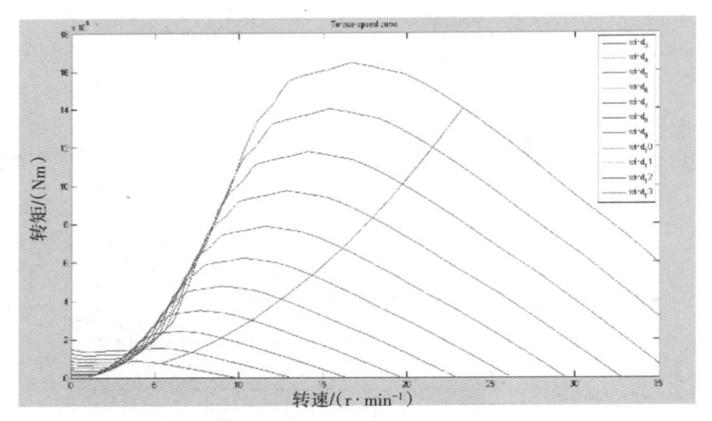

图 8-33　Simulink 中适用于独立变桨模块仿真结果

基于叶素理论的模型同时可以计算出每只叶片上的拍击力 $F_{(\mathrm{flap})j}$。 在上面的仿真条件下对应叶片 1 的拍击力如图 8-34 所示。

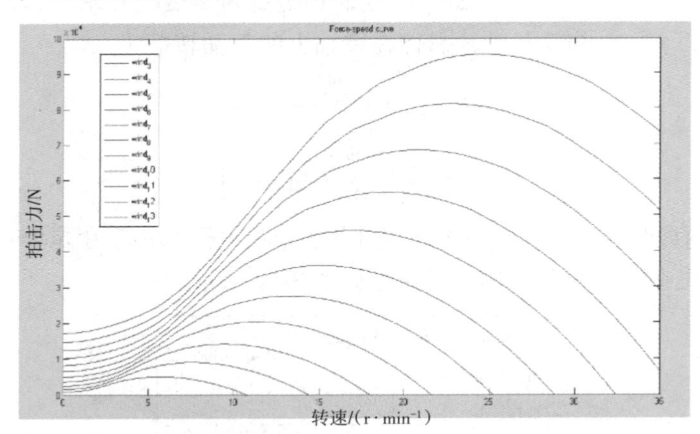

图 8-34　气动拍击力变化仿真结果

8.5.3　风剪切和塔影效应对风力发电机气动模型输出的影响

(1)风模型和风力发电机气动模型配合

风剪切和塔影效应最终对风力发电机气动模型的影响包括:

①在单只叶片上会产生 1P 的拍击力波动,波动频率为叶轮旋转周期的倒数。

②在风力发电机主轴转矩中产生 3P 的波动,波动频率为 1P 波动频率的 3 倍。塔影效应引起的波动要比风剪切引起的波动更大。

由于风力发电机的每只叶片被分为 10 段,风速模型输出的风速值也与每一段的中心位置对应,即风速最终都应转化为叶片位置角度 θ 与叶片位置点到轮毂中心距离 r_i 的函数。因此,风速模型输出 30 个风速变量与 3 只叶片中的 30 个叶片段位置对应。

(2)风剪切和风模型的配合

风剪切是指风速随着垂直高度的变化而变化。风剪切会造成转矩和拍击力的周期性波动,计算公式为:

$$V(h) = V(h_0)\left(\frac{h}{h_0}\right)^{\alpha} \tag{8-33}$$

式中,$V(h)$为某一高度处的风速,$V(h_0)$为轮毂高度处的风速,单位均为 m/s。α 为风剪切经验指数,取 1/7。

将式(8-33)转化为风速同位置角度的函数,风速同每段叶片对应公式为:

$$V(\theta,r_i) = V(h_0)\left(\frac{r_i\cos\theta}{h_0} + 1\right)^{\alpha} \tag{8-34}$$

$$\theta = \omega t \tag{8-35}$$

式中,r_i 为第 i 段叶片距离轮毂的半径,单位为 m;ω 为风轮转速,单位为 r/min。根据式(8-34)和式(8-35),作用在单只叶片某段上的风速会叠加一个频率为(ω/60)Hz 的分量。设定仿真条件为:叶片长度为 38.5 m,轮毂高度为 70 m,转速为 12 r/min,桨距角为 4°,轮毂处的风速为 13 m/s。观察与一段叶片对应的风剪切风速模型,其输出如图 8-35 所示。

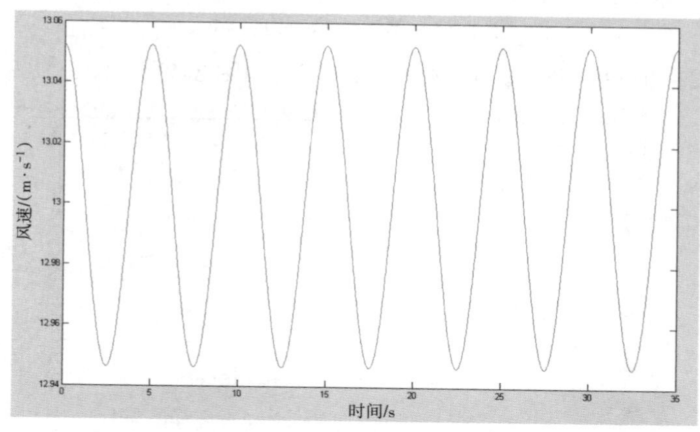

图 8-35　风剪切风速模型的输出

对风速模型输出的数据进行快速傅里叶变换得到频谱图,如图 8-36 所示。

风速中除直流分量外,还有明显叠加了 0.2 Hz 谐波含量。

风剪切造成叶片拍击力的 1P 波动如图 8-37 所示,频率为 0.2 Hz,即 5 s 的倒数,而仿真设定转速为 12 r/min,也就是 0.2 r/s,即 5 s/r,亦即叶轮旋转周期为 5 s。仿真结果验证了风剪切影响单叶片拍击力和气动转矩的结论。

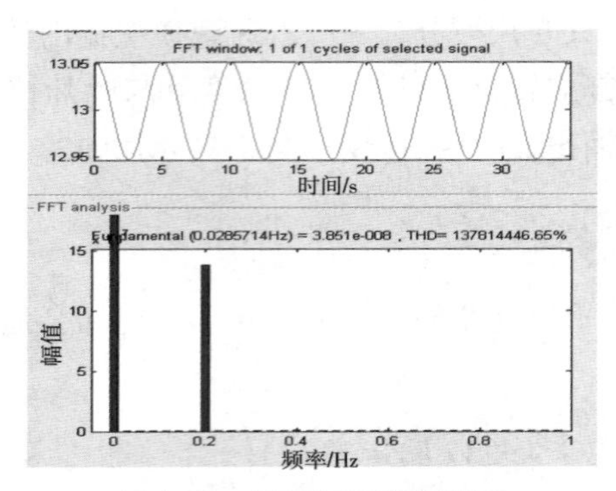

图 8-36　风剪切风速频谱图

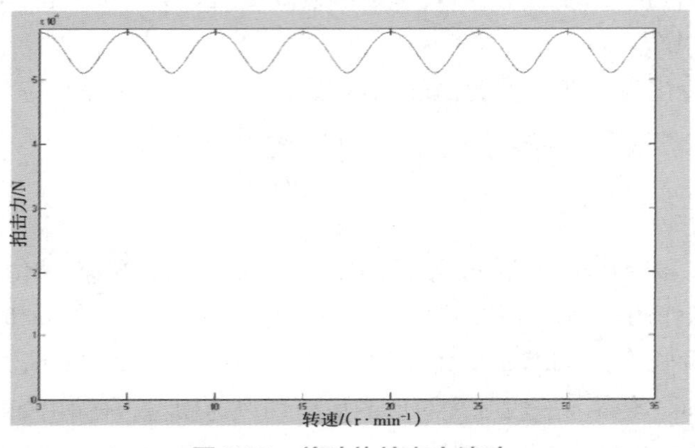

图 8-37　单叶片拍击力波动

风剪切造成主轴转矩 3P 波动,频率为 0.6 Hz,如图 8-38 所示。

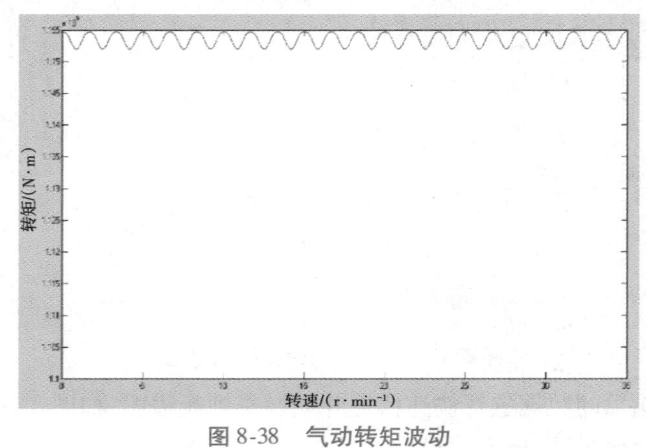

图 8-38　气动转矩波动

(3)塔影效应同风模型的配合

塔影效应指塔架正面的风速由于塔架的作用而减小。所以当叶片经过塔架的竖直位置时，叶片上的拍击力会减小，单只叶片旋转一周后由风速引起的拍击力会产生 1P 波动。而对于三叶片风力发电机，叶轮旋转一周后，每只叶片都经过一次塔架位置，所以在主轴转矩中会产生 3P 波动。由塔影效应计算公式得出每段叶片对应位置的风速表达式为：

$$V = V(h_0)(1 + fact\_tse) \tag{8-36}$$

$$fact\_tse = ma^2\left\{\frac{(r_i \sin \theta)^2 - x^2}{[(r_i \sin \theta)^2 + x^2]^2}\right\} \tag{8-37}$$

$$m = 1 + \frac{a(a - 1)R^2}{8H^2} \tag{8-38}$$

式中，a 为塔架的半径，单位为 m；R 为叶片长度，单位为 m；H 为塔架高度，单位为 m；x 为叶片与塔架的距离，单位为 m；塔影效应只在位置角度 θ 为 $\frac{2}{3}\pi \sim \frac{4}{3}\pi$ 时起作用。仿真的其他条件不变，考虑塔影效应的情况下，观察到单只叶片的拍击产生了 1P 波动，主轴转矩中产生了 3P 波动。

塔影效应造成叶片拍击力的 1P 波动，频率为 0.2 Hz，如图 8-39 所示。

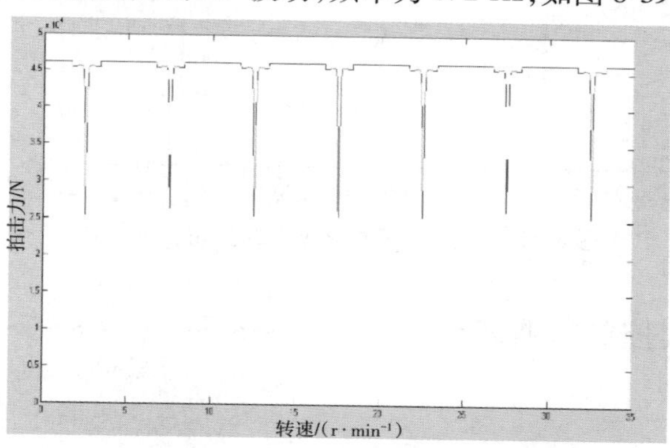

图 8-39　单只叶片拍击力塔影效应的波动

塔影效应造成主轴转矩 3P 波动，频率为 0.6 Hz，如图 8-40 所示。

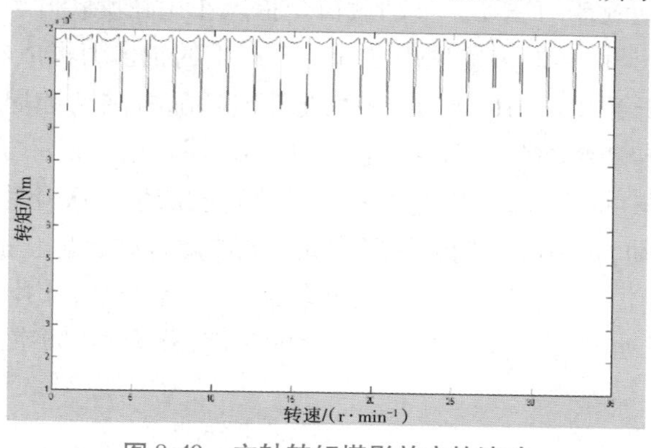

图 8-40　主轴转矩塔影效应的波动

(4)风剪切和塔影效应对风机影响

风剪切和塔影效应都会造成单只叶片的拍击力中的1P波动、主轴转矩中的3P波动。但是由于塔影效应对风速的影响比风剪切更加严重,所以塔影效应产生的波动更加严重。

为了减小风对叶片拍击力的影响,需要对每只叶片的桨距角进行独立的控制,在风速为13 m/s、转速为12 r/min的条件下,3只桨叶的桨距角分别为2°,4°,6°,从仿真结果可以看出桨距角的增大削弱了叶片的拍击力,如图8-41所示。

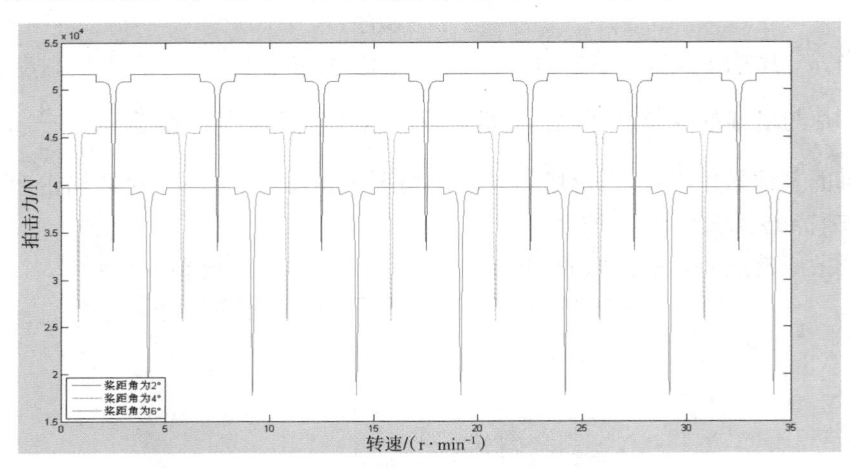

图8-41　变桨对塔影效应下的拍击力的影响

8.5.4　独立变桨控制策略研究

(1)风机载荷

风力发电机的载荷包括气动载荷、结构载荷等,本文主要研究如何通过独立变桨降低风力发电机的气动载荷的波动。气动载荷是指风作用在旋转叶轮上时在叶片根部产生的转矩,这个转矩是由相对风速作用在叶片上产生的拍击力形成的。

风速的波动将导致拍击力的波动,这种波动包括随机波动和周期性波动。周期性波动的频率是叶轮转速频率的整数倍,比如1P、3P等。结合前一节的内容,这个波动很好理解,例如,单只叶片旋转一周经过塔架的位置会产生一次叶片拍击力和转矩的波动,称为1P频率波动,频率同叶轮旋转频率是一样的,而对于静止的部件如塔架,所受到的力是3只叶片拍击力形成的合力,而叶轮旋转一周,3只叶片都经过了塔影的位置,所以这种合力波动的频率是叶轮旋转频率的3倍,称为3P频率波动。

(2)独立变桨算法设计

根据前述的叶素理论,叶片受到相对风速的作用后将在每个叶素上产生与相对风速方向一致的阻力和垂直于阻力的升力。这两个力分解合成之后将产生垂直于扫风平面拍击力 $\boldsymbol{F}_x$、驱动叶片旋转的 $\boldsymbol{F}_y$,叶片受到的拍击力会在叶片的根部产生弯矩 $\boldsymbol{M}_y$。$\boldsymbol{M}_y$ 处于旋转坐标系中,如图 8-42 和图 8-43 所示。

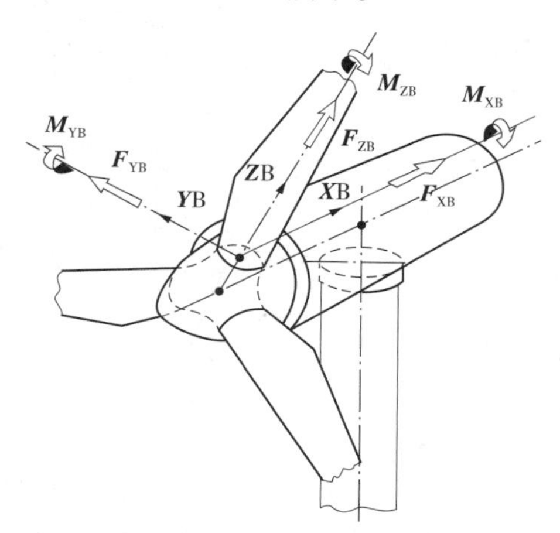

图 8-42　三叶片旋转坐标

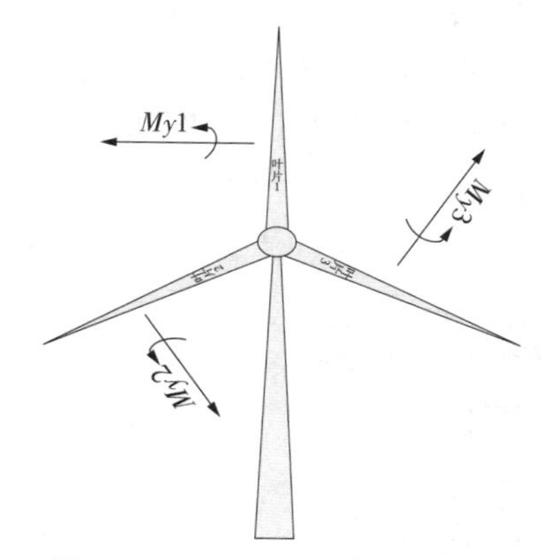

图 8-43　风力发电机旋转坐标图

通过坐标系变化将旋转叶片的旋转坐标系转为固定坐标系,如图 8-44 所示。

将旋转坐标系下的 $\boldsymbol{M}_{y1}$,$\boldsymbol{M}_{y2}$,$\boldsymbol{M}_{y3}$ 通过 1P Coleman 变换转移到固定坐标系下 M_{YN} 和 M_{ZN}。M_{YN} 将会导致机头前后摇动,就像风力发电机在点头一样,而 M_{ZN} 将会影响风力发电机的偏航。偏航方向的不同将会阻碍或者帮助机头旋转。

1P Coleman 变换为:

$$\begin{bmatrix} M_{YN} \\ M_{ZN} \end{bmatrix} = \begin{bmatrix} 2/3\cos\theta_1 & 2/3\cos\theta_2 & 2/3\cos\theta_3 \\ 2/3\sin\theta_1 & 2/3\sin\theta_2 & 2/3\sin\theta_3 \end{bmatrix} \begin{bmatrix} M_{y1} \\ M_{y2} \\ M_{y3} \end{bmatrix} \tag{8-39}$$

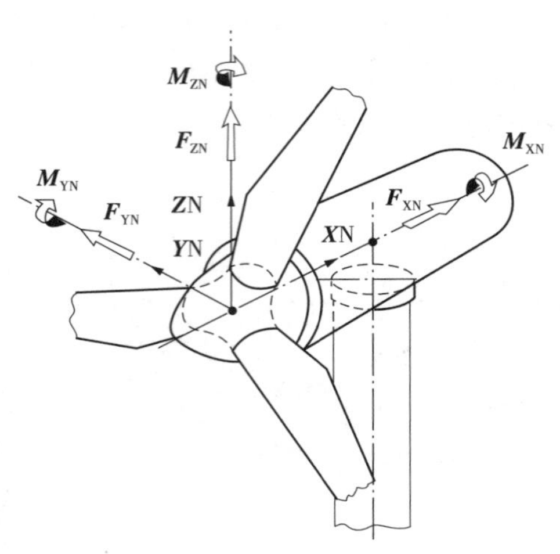

图 8-44　固定坐标系视图

式中,θ 为叶轮的方位角度,下标表示不同的叶片。通过 1P Coleman 变换,隐藏在旋转坐标系下的 1P 载荷分量将会转为静止坐标下的 0P 载荷分量,也就是直流分量。如果我们希望降低旋转坐标系下的 1P 载荷波动,就需要在控制回路中将静止坐标系下的 0P 载荷分量给定设定为零。所以在 IPC 的反馈控制回路中,1P Coleman 变换输出位置将 0 给定在静止坐标下,其控制框图如图 8-45 所示。

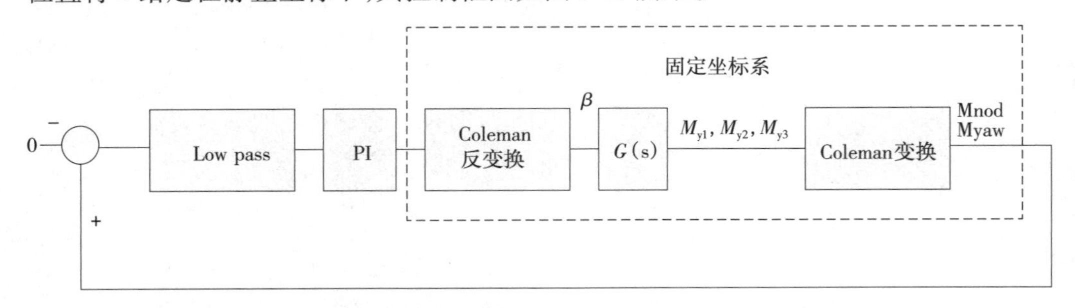

图 8-45　独立变桨 1P Coleman 算法控制框图

旋转坐标系中的 2P 载荷将会转化为静止坐标系下的 3P 载荷,所以如果希望旋转坐标系下的 2P 载荷波动得到降低,需要在 1P Coleman 算法中将静止坐标系下载荷中的 3P 分量滤去,这就是要在 1P 算法中加滤波器的原因。由于旋转坐标下的 2P 波动无法产生,所以下面的仿真验证主要观察的是旋转坐标系下的 1P 载荷波动被削减的效果。

1P Coleman 反变换为:

$$\begin{bmatrix}\beta_1\\ \beta_2\\ \beta_3\end{bmatrix}=\begin{bmatrix}\cos\theta_1 & \sin\theta_1\\ \cos\theta_2 & \sin\theta_2\\ \cos\theta_3 & \sin\theta_3\end{bmatrix}\begin{bmatrix}\beta_{\text{nod}}\\ \beta_{\text{yaw}}\end{bmatrix}\tag{8-40}$$

如果希望对旋转坐标系下的3P以及更高阶的载荷波动进行衰减,就需要采用高阶的Coleman变换。但是由于旋转坐标下的3P以及更高阶的载荷分量相对较小,所以1P Coleman算法显得更具有实践意义。

(3)独立变桨算法仿真

通过仿真结果可以观察到由于风力发电机拍击力产生的M_y方向1P载荷波动在使用1P IPC算法后减小的效果,如图8-46—图8-50所示。

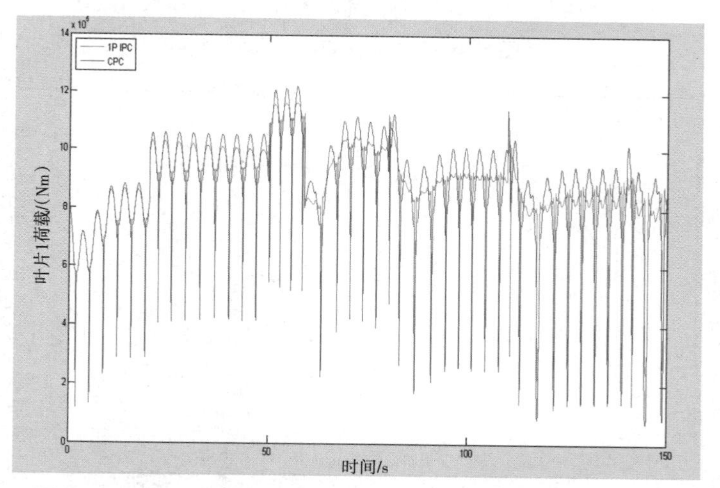

图 8-46　17.5 r/min 下采用传统变桨和独立变桨后 M_{y1} 对比图

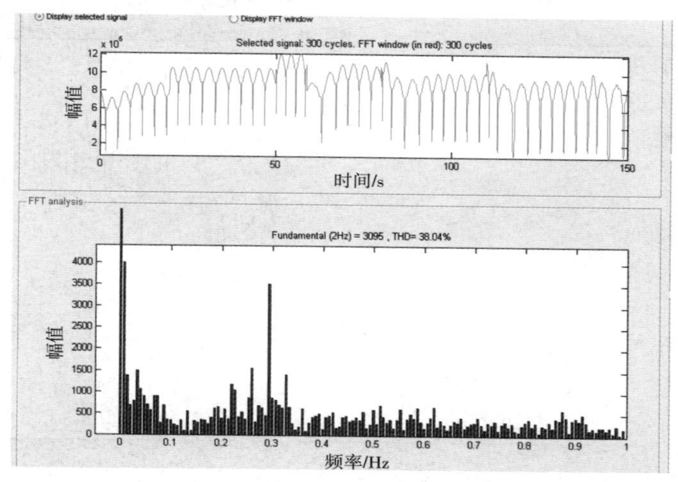

图 8-47　传统变桨载荷频谱

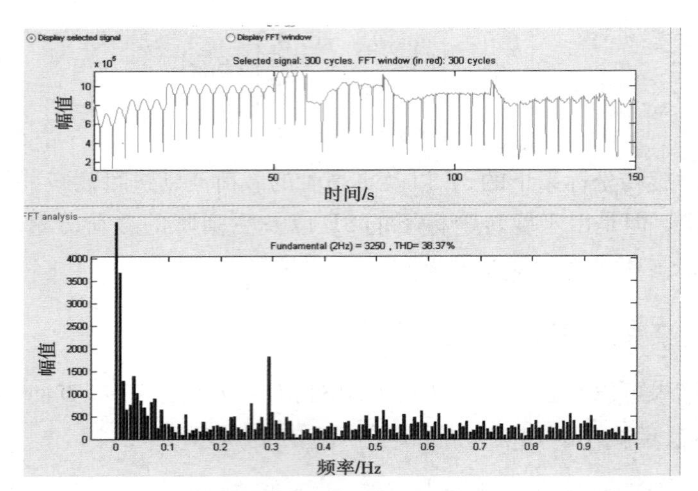

图 8-48　1P 独立变桨载荷频谱

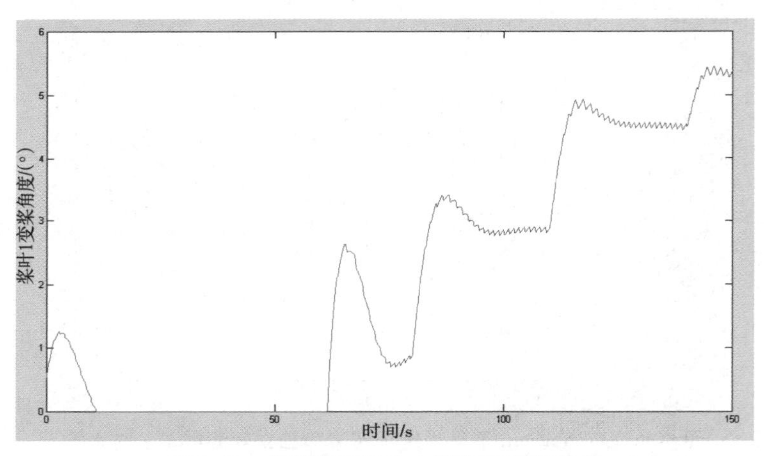

图 8-49　传统变桨叶片 1 桨矩角变化曲线

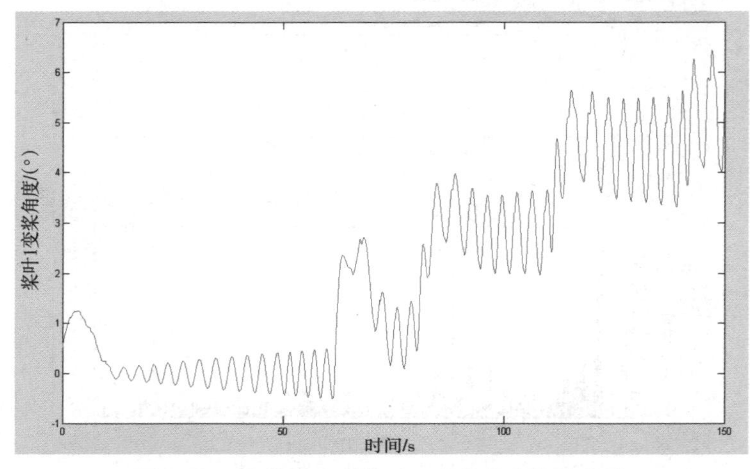

图 8-50　1P 独立变桨桨叶 1 变桨角度变化曲线

8.5.5 总 结

独立变桨建立在传统变桨基础之上，通过独立变桨可降低叶片气动载荷的波动，从而降低叶片的疲劳载荷，使风力发电机更加安全，并延长了叶片的使用寿命。但是由于桨矩角频繁变化，第一会增加变桨电机的载荷与温度，第二由于风力发电机气弹模型的非线性，变桨速度的频繁变化将会导致风力发电机发电量的剧烈变化，所以如何在保证独立变桨优点的同时弥补其缺点，是未来研究的方向。

8.6 变桨系统设计和优化

8.6.1 变桨系统分类和构成

变桨系统是风力发电机四大电控系统（变流系统、主控系统、冷却系统、变桨系统）的重要组成部分之一，其作用可以分为两大类。

第一，一旦风力发电机安全链出现问题，变桨系统必须将桨叶顺至顺桨位置以保护风力发电机。风力发电机的安全链系统也分为两个大类，即变桨内部安全链和变桨外部安全链。当发生变桨内部安全链故障时，变桨系统必须无条件立即顺桨，无须等待主控的顺桨命令，同时通过硬件的触点通知主控 PLC：变桨内部发生故障。而当变桨外部安全链发生故障时，变桨系统将按照主控的命令执行顺桨。

第二，在风速高于额定风速时，为了限制风轮转速，通过变桨系统驱动桨叶降低风轮的气动转矩，保证发电机发出额定功率。

现行的变桨系统可以分为液压和电动两大类，电动变桨系统又可以分为直流系统和交流系统，交流系统的主要构件包括超级电容、电机驱动器、充电器、变桨电机、PLC 控制器、旋转编码器和其他辅助器件。

变桨驱动器的主要拓扑结构图如图 8-51 所示。

电机的选择是基于风力发电机叶片载荷计算的结果，根据船级社对各种风况的分类，将变桨电机转矩同转速的仿真结果和电机曲线进行对比分析，保证风力发电机绝大部分工况下，变桨电机的运行点都在电机曲线的包络线中。驱动器容量根据电机的功率设计，直流母线电压的高低影响着超级电容的串并联方式，同时也表明变桨系统是属于高电压小电流系统还是属于低电压大电流系统。

超级电容为系统备电，当变桨柜的主电失去时，保证风力发电机顺桨，如果主电瞬时电压跌落，超级电容保证短时间变桨柜的正常工作，从而为风力发电机低电压穿越提

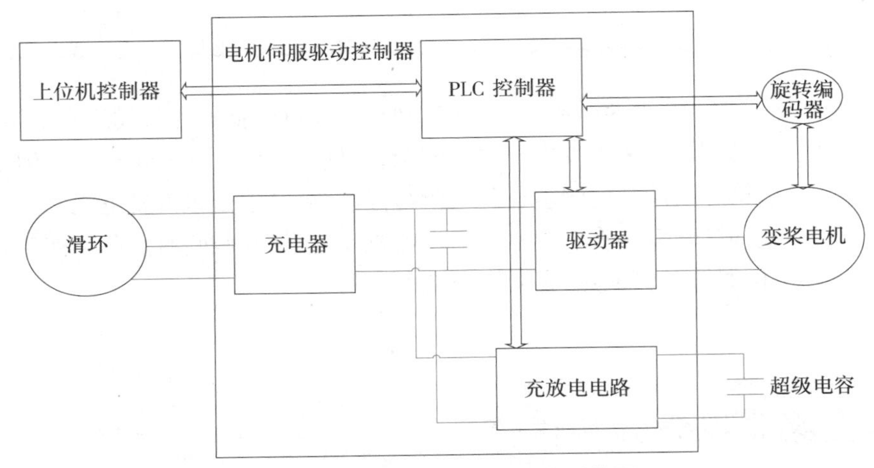

图 8-51　变桨驱动器主要拓扑结构图

供必要条件。在设计超级电容的容量时，应当保证变桨系统在电网电压过低或缺失的情况下，存有足够 1.5 ~2 倍顺桨的能量。

$$W_m = T_m \omega_m \tag{8-41}$$

式中，W_m 为电机顺桨所需能量，T_m 为电机的额定转矩，ω_m 为电机在固定减速比下顺桨的转速。

$$W_c = \frac{1}{2}CU_1^2 - \frac{1}{2}CU_2^2 \tag{8-42}$$

式中，W_c 为超级电容所能释放出的能量，C 为超级电容总体的法拉值，U_1 为超级电容充满电后的电压值，U_2 为超级电容保证变桨驱动器可以正常工作的最低电压。一般情况下保证：

$$W_c = (1.5 \sim 2)W_m \tag{8-43}$$

编码器可以分为绝对值编码器和增量式编码器两大类，为了准确采集桨叶的位置，一般采用绝对值编码器，而增量式编码器一般用于测速环节。

8.6.2　变桨系统上位机补偿

从控制的角度出发，变桨系统可以分为同步伺服系统和异步系统。二者最大的区别在于同步伺服系统可以实现内部位置和速度的闭环控制，即可以同时响应主控发出的位置命令和速度命令，可以非常准确地实现定位和转速控制，但是其造价比较昂贵。

异步系统只是响应主控发出的速度命令，如果为了实现桨叶的位置控制，必须借助上位机共同实现。其造价比同步伺服系统低廉，通过提高其 PLC 的运算能力可以将主控的位置闭环控制程序移交到变桨控制器，以实现与同步伺服系统相同的功能，然而这必然要增加异步系统的成本。

本章通过对异步系统的研究，为提高异步系统的变桨位置跟踪精度设计了上位机控制程序，在不增加成本的基础上为独立变桨提供位置跟踪精度更高的变桨系统。

异步系统位置控制的主回路如图 8-52 所示。

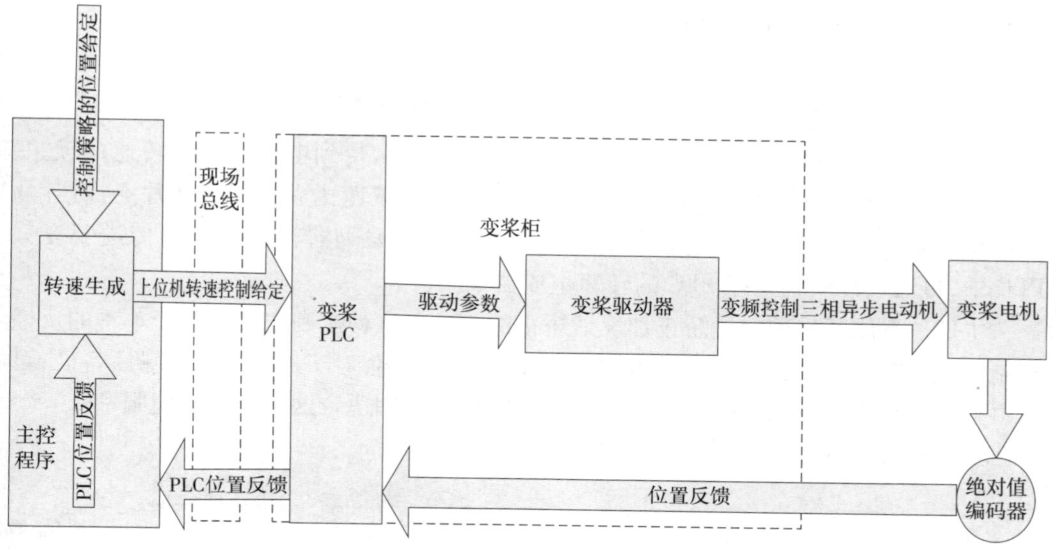

图 8-52　异步系统位置控制的主回路

控制策略部分给出的桨矩角位置和变桨 PLC 反馈回来的桨矩角位置通过转速生成模块后，计算出桨叶的转速，通过现场总线进入变桨 PLC 中。在变桨 PLC 程序中经过减速比的折算，计算出变桨电机需要达到的转速，并通过变桨驱动器控制变桨电机拖动桨叶到达目标位置。

建立整个变桨系统的数学模型，变桨驱动器和变桨电机可以共同抽象为一个变桨驱动部分。根据 Bladed 理论手册中提供的建议，这个变桨驱动部分可以通过一阶微分方程来描述，其输入量为桨矩角位置或者桨矩角变化速度。由于是异步系统，所以按照桨矩角速度来描述：

$$\frac{dy}{dt} = \frac{1}{T}(x - y) \tag{8-44}$$

式中，x 为变桨驱动部分的速度输入量，y 为变桨驱动部分的速度执行量。在零初始条件下可以将其转化为传递函数：

$$\frac{Y_s}{X_s} = \frac{1}{TS + 1} \tag{8-45}$$

即一阶惯性环节，通过利用 MATLAB 的系统辨识工具箱，利用已有的输入输出变桨速度数据，对变桨驱动部分进行辨识，结果为 $T = 0.2$ s。

在 Simulink 中建立变桨驱动和叶片部分数学模型，如图 8-53 所示。

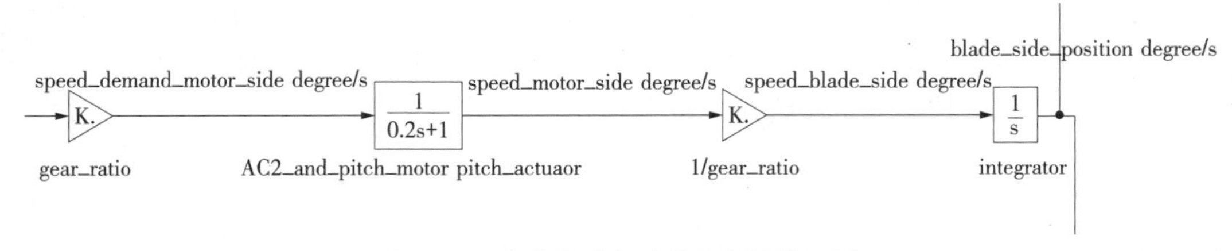

图 8-53　变桨驱动和叶片部分数学模型

根据主控发出叶片转速的给定，通过减速比的折算，得到电机的目标转速；经过变桨驱动部分执行，变桨电机输出目标转速；经过硬件的减速比后作用在叶片上，对叶片速度积分后得到叶片的角度，安装在电机侧的绝对值编码器将位置信号传送至变桨 PLC 中，再通过总线到主控 PLC 的转速生成器中。

主控位置闭环采用前置矫正加反馈矫正的方式。这种控制方式相比于单一的反馈控制的优点在于控制器无须等待被控量发生变化再输出，对于控制对象的滞后特性，可以由补偿部分进行补偿，理论上可以做到完全补偿，特别适合这种跟随的伺服系统。

主控程序部分仿真模型如图 8-54 所示。

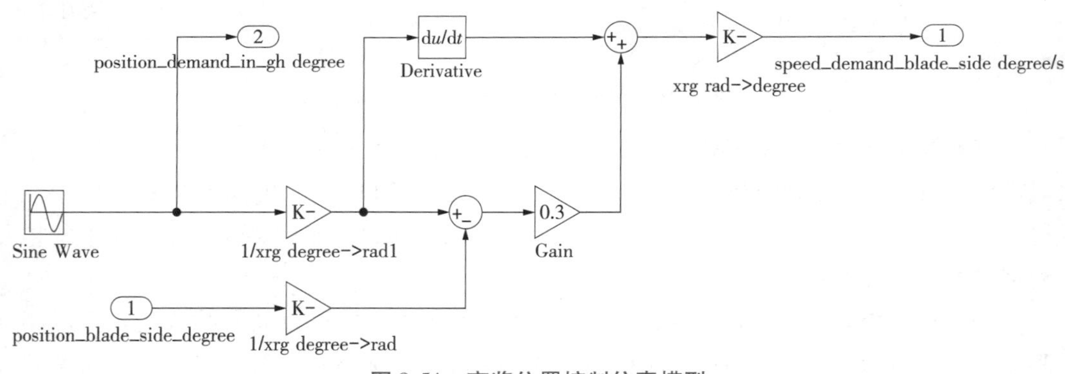

图 8-54　变桨位置控制仿真模型

整个控制系统的控制框图如图 8-55 所示。

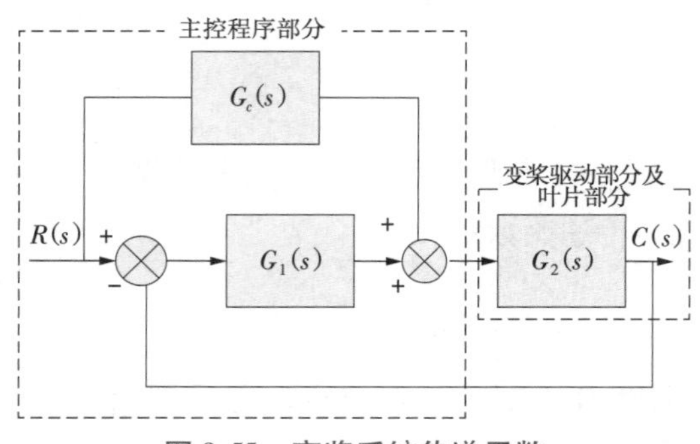

图 8-55　变桨系统传递函数

其中 $C(s)$ 为旋编测量的实际桨矩角位置，$R(s)$ 为主控程序中给出的桨矩角给定。

对控制系统进行推导:将左边的第一个交汇点后移得到系统控制框图,如图8-56所示。

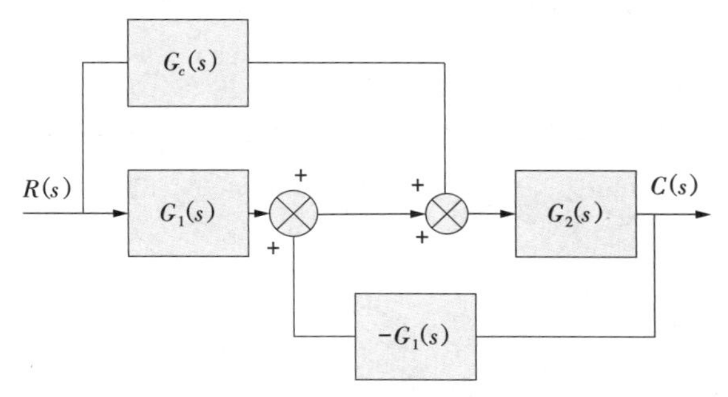

图8-56　变桨系统传递函数1

交汇点交换位置后如图8-57所示。

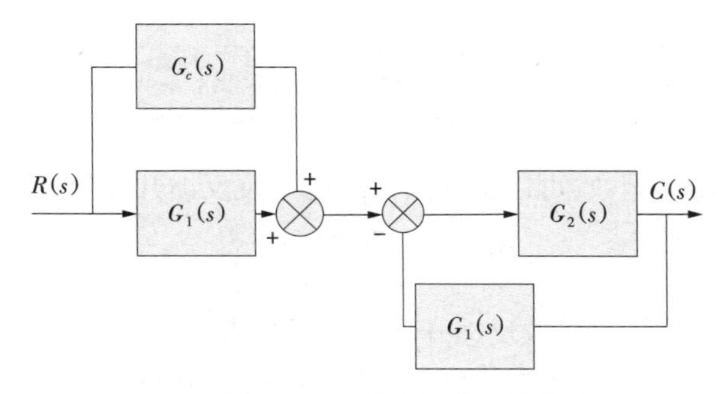

图8-57　变桨系统传递函数2

两部分的表达式分别是: $G_c(s) + G_1(s)$ 和 $\dfrac{G_2(s)}{1 + G_1(s)G_2(s)}$, 最终推导出传递函数表达式为:

$$\frac{C(s)}{R(s)} = \frac{G_1(s)G_2(s) + G_2(s)G_c(s)}{1 + G_1(s)G_2(s)} \tag{8-46}$$

变桨驱动部分以及叶片的数学模型的表达式为:

$$G_2(s) = \frac{1}{S(0.2S + 1)} \tag{8-47}$$

根据现有的控制参数: $G_1(s) = 0.3$, $G_c(s) = S$, 代入式(8-46)中,整个系统的闭环传递函数为:

$$\frac{C(s)}{R(s)} = \frac{0.3 + S}{0.2S^2 + S + 0.3} = G(s) \tag{8-48}$$

系统稳定性是由闭环传递函数的极点决定的,令分母为零,解出两个极点为: $S_1 = -4.67$, $S_2 = -0.320$, 在复平面右半部分,所以系统稳定。

通过时域的阶跃信号观察系统的快速性和准确性。根据图8-58,现有系统变桨上升时间大约为1 s,调节时间在4 s左右。

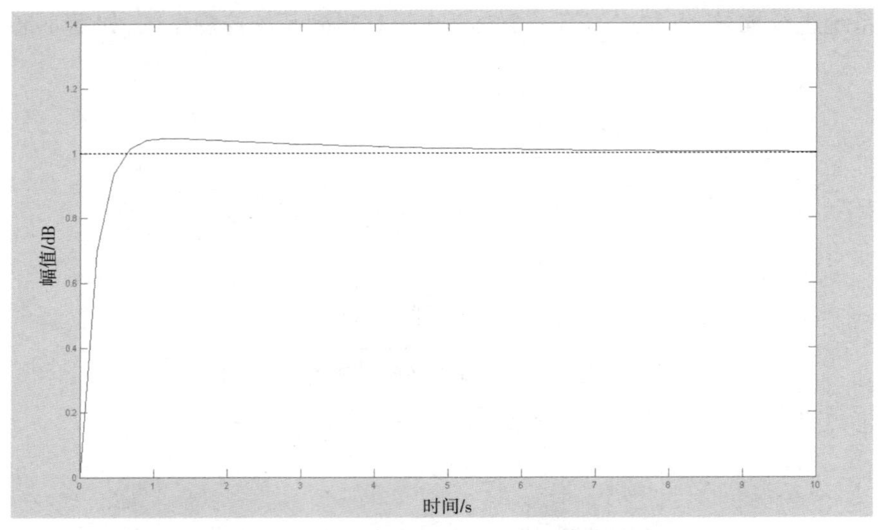

图 8-58　变桨系统闭环阶跃信号响应曲线

根据系统的闭环传递函数,可以推导出系统的单位反馈开环传递函数:

$$H(s)=\frac{G(s)}{1-G(s)} \tag{8-49}$$

代入式(8-49)可以计算出单位反馈开环传递函数为:

$$H(s)=\frac{0.2S^3+1.06S^2+0.6S+0.09}{0.04S^4+0.2S^3+0.06S^2} \tag{8-50}$$

单位开环传递函数的分母因式分解的表达式为:

$$S^2(0.04S^2+0.2S+0.06) \tag{8-51}$$

系统为Ⅱ型系统,对于单位阶跃信号,单位斜坡信号的稳态误差为0(图 8-59)。通过波特图观察系统对不同频率信号的衰减或放大情况:

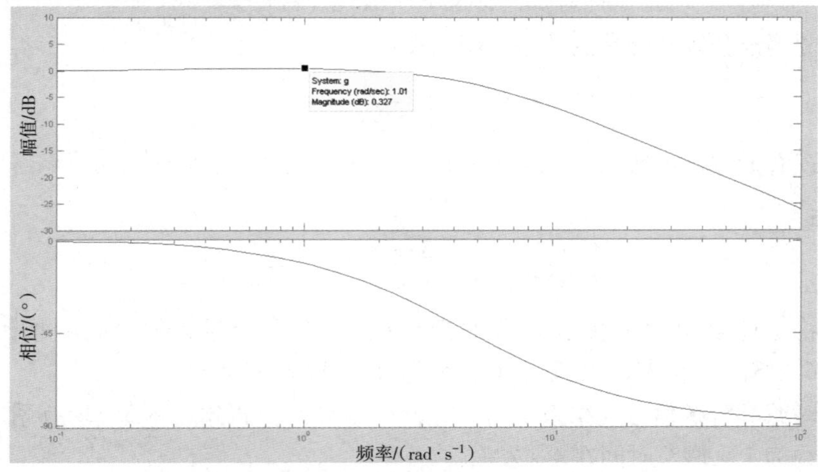

图 8-59　变桨系统闭环阶跃信号响应曲线

系统对频率为 1 rad/s(0. 16 Hz)的信号有放大作用,放大倍数为 1. 038,控制系统在低频段内的曲线平滑,且基本为 0 dB,截止频率为 0. 8 Hz。这说明对于风力发电机主控程序给出较为缓慢的桨矩角给定信号,桨叶反映基本是无差的,而对于变化较快的信号,实际执行是有衰减的。

桨矩角给定值设定为周期 1 rad/s、幅值为正负 1°的正弦信号,仿真步长为 0. 02 s,时域仿真结果如图 8-60 所示。

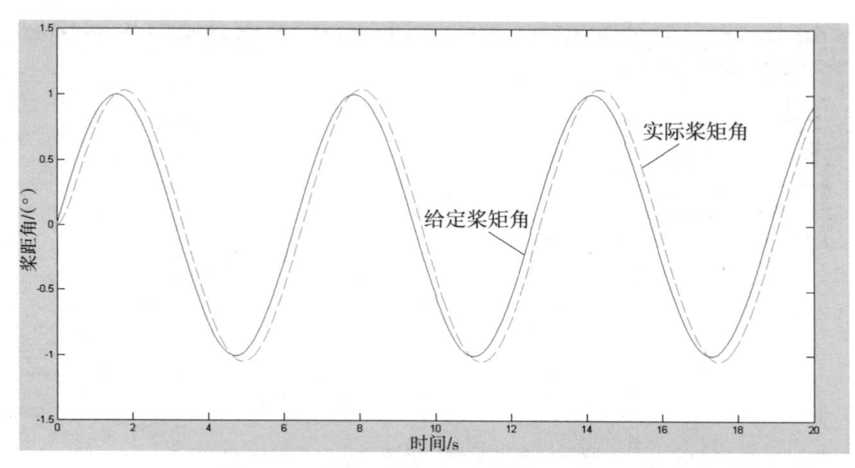

图 8-60　变桨系统闭环阶跃信号响应曲线

硬件实验平台测试:

为了验证上位机的闭环前馈加反馈补偿策略,搭建物理仿真平台,平台构成有变桨柜、变桨电机、负载电机、负载控制柜和上位机。上位机通过 profibus 现场总线同变桨柜中的 PLC 通信。

上位机 PLC 程序设计框图如图 8-61 所示。

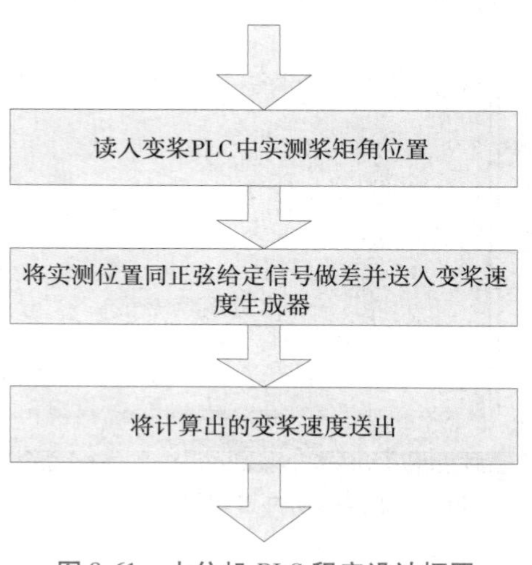

图 8-61　上位机 PLC 程序设计框图

变桨速度输出由两部分，即 pitch_rate_1 和 pitch_rate_2 构成。pitch_rate_1 代表 $G_1(s)$ 的输出，pitch_rate_2 代表 $G_c(s)$ 的输出，在合成之后经过速度限幅送出。变桨速度的上下限由机械载荷分析之后给出。

在物理平台上，采用不同负载对上位机算法进行测试，结果如下：

①负载为 30 N · m 时，上位机的给定桨矩角、旋转编码器采集的实际变桨角度跟踪情况如图 8-62 所示。

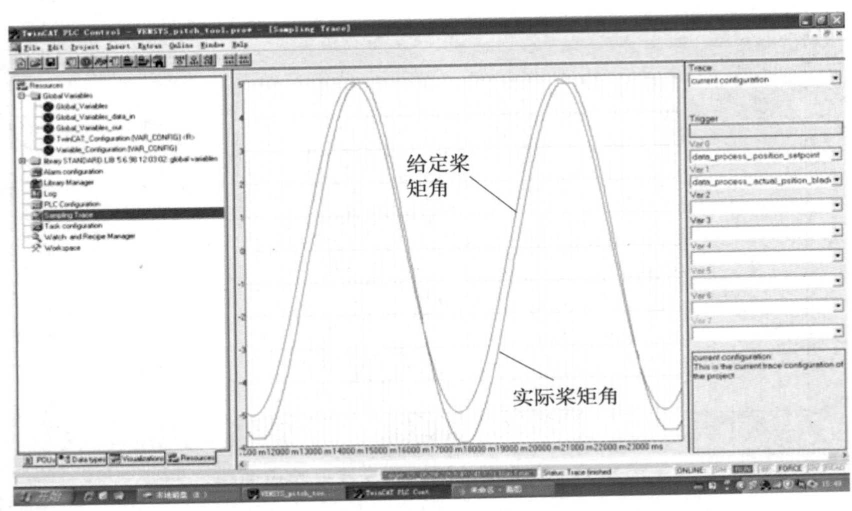

图 8-62 变桨驱动位置跟踪图(30 N · m)

②负载为 25 N · m 时，上位机的给定桨矩角、旋转编码器采集的实际变桨角度跟踪情况如图 8-63 所示。

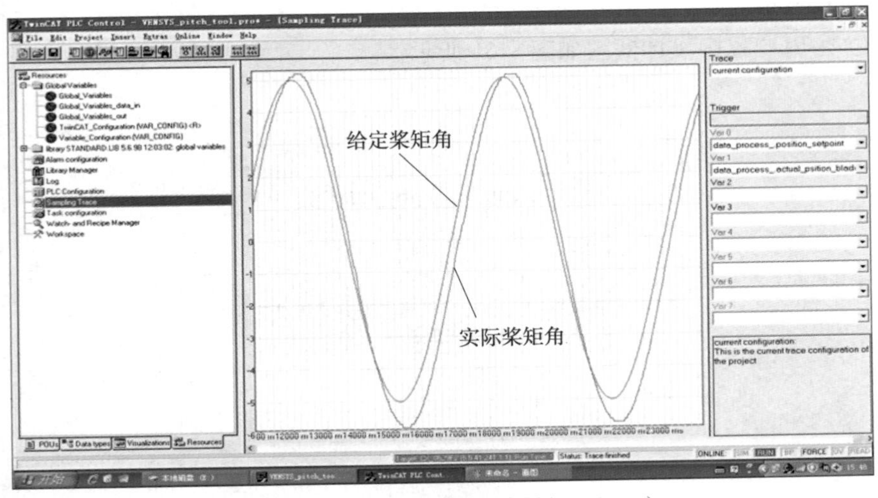

图 8-63 变桨驱动位置跟踪图(25 N · m)

③负载为 20 N · m 时，上位机的给定桨矩角、旋转编码器采集的实际变桨角度跟踪情况如图 8-64 所示。

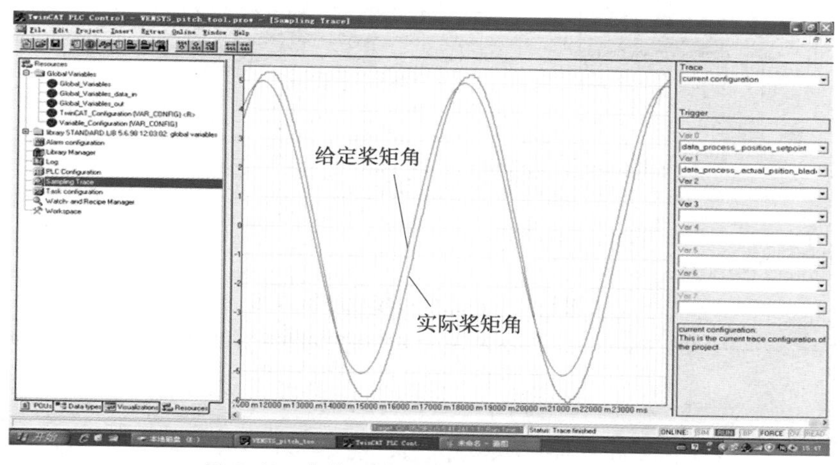

图 8-64　变桨驱动位置跟踪图(20 N · m)

当负载不同时，直接影响 $G_1(s)$ 部分的数学模型，如果变桨驱动部分采用一阶惯性环节描述，时间常数 T 也将变化，负载越重，惯性时间常数越大，而主控程序中的补偿器 $G_c(s)$ 是固定不变的，所以完全补偿所有的情况比较困难。

8.6.3　变桨系统上位机补偿优化

根据式(8-46)，如果补偿部分满足以下条件

$$C_c(s) = \frac{1}{G_2(s)} \tag{8-52}$$

则可以得到

$$C(s) = R(s) \tag{8-53}$$

即达到完全补偿的目的。在实际应用中，无法达到各种负载情况完全补偿的原因是：对于变桨驱动部分的传递函数，表达式会随负载的情况和描述的方式而变化，所以无法准确地给出变桨驱动部分的数学模型。

根据式(8-47)，可以在主控的闭环控制中对补偿器 $C_c(s)$ 进行修正，即

$$C_c(s) = S(0.2S + 1) \tag{8-54}$$

将补偿环节变成 0.2 倍信号的两阶导数加信号的一阶导数。修正后的主控程序仿真图如图 8-65 所示。

修正位置仿真跟踪图如图 8-66 所示。

由于完全补偿，所以从理论上讲，输入同输出是一致的。

在主控程序中，将添加补偿量 pitch_rate_3 作为输入给定信号二阶导数的 0.2 倍。

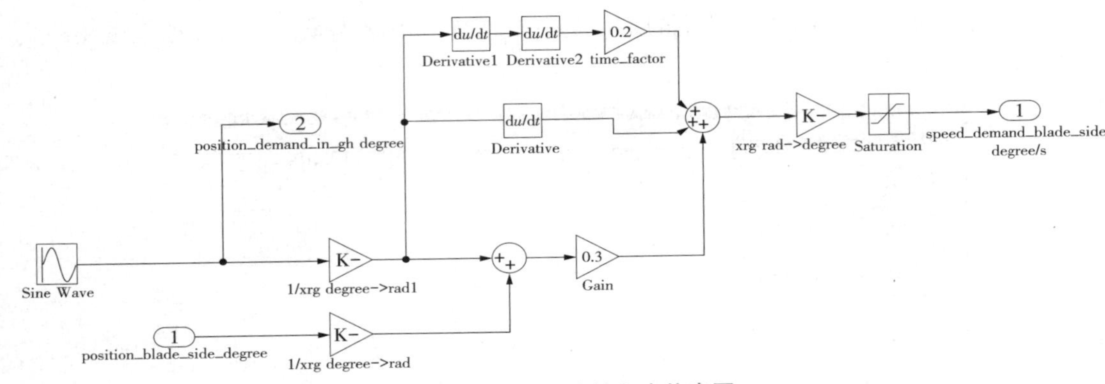

图 8-65　修正后主控程序仿真图

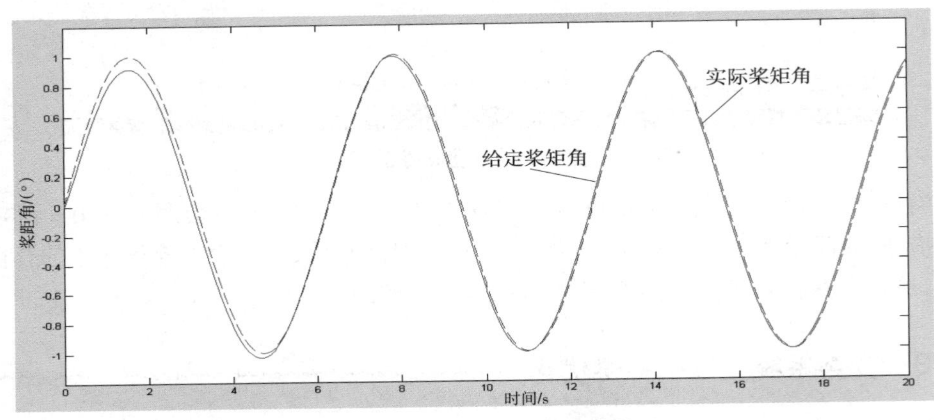

图 8-66　修正位置仿真跟踪图

在最后的变桨速度给定输出中,添加 pitch_rate_3 项。

为了同未加 pitch_rate_3 项的控制效果进行对比,分别将负载设定为 20 N・m,25 N・m,30 N・m。结果如图 8-67—图 8-69 所示。

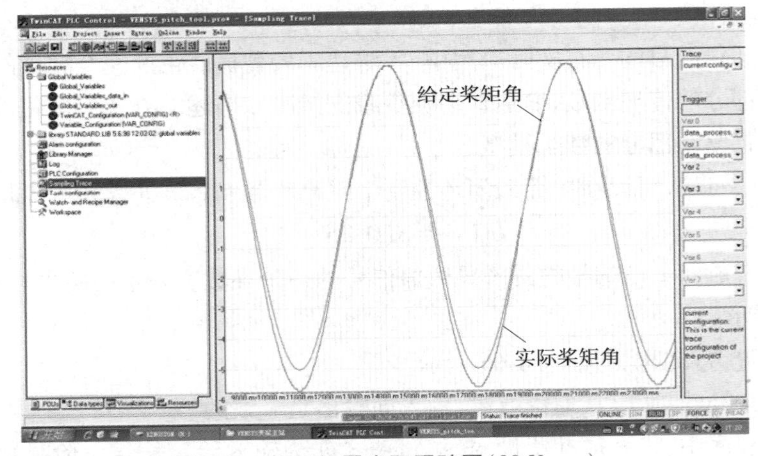

图 8-67　修正位置实际跟踪图(20 N・m)

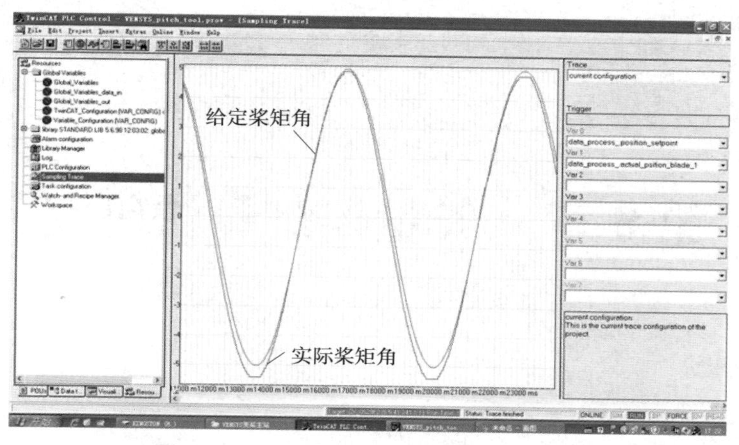

图 8-68　修正位置实际跟踪图(25 N·m)

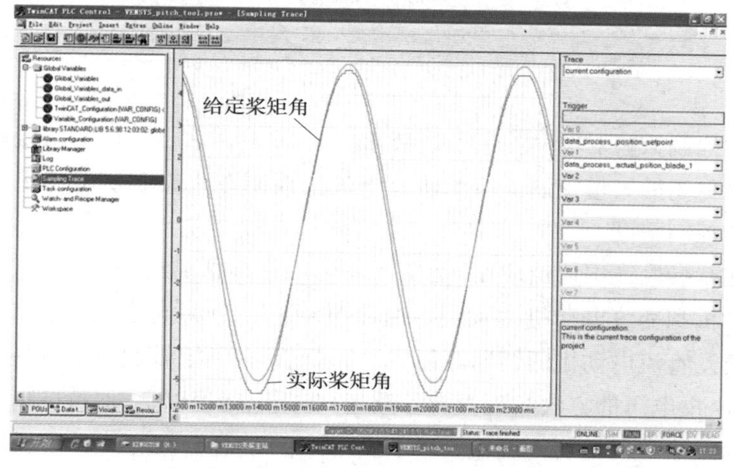

图 8-69　修正位置实际跟踪图(30 N·m)

8.6.4　结　论

通过在上位机中增加桨矩角给定的二阶导数补偿项,实际跟踪效果在整体转矩的基础上都有所提升,在 20 ~ 30 N·m 最为突出,但和理论预期的完全跟踪是有一定差距的,原因有两点:

第一,对于变桨驱动部分的数学方程,可以用一阶传递函数描述,也可以用更高阶的传递函数描述,没有固定的标准,按照在较低版本的 Bladed 理论手册中的描述,变桨驱动部分的变桨速度模型可做到 8 阶,所以完全精准地对变桨驱动部分进行数学建模比较困难。

第二,当电机负载不同时,执行机构表现的行为也不相同。

第9章　矢量控制算法研究

9.1 引　言

随着新的控制策略对驱动控制精度要求的提高,传统的 VF 控制精度已无法满足,需要控制精度更高的矢量控制。本章研究电矢量控制在永磁同步电机中的应用,以提升变桨驱动的控制精度。

电动机在社会生产中广泛应用,是生产和生活中最常见的设备之一。电动机一般分为直流电动机和交流电动机两大类。交流电动机又分为同步电动机和感应(异步)电动机两大类。直流电动机的转速容易控制和调节,在额定转速以下,保持励磁电流恒定,通过改变电枢电压的方法实现恒转矩调速;在额定转速以上,保持电枢电压恒定,可用改变励磁的方法实现恒功率调速。20 世纪 80 年代以前,在变速传动领域,直流调速一直占据主导地位。随着交流调速技术的发展,交流电动机的应用愈加广泛,但是其转矩控制性能却不如直流电机。因此如何使交流电动机的静态控制性能与直流系统媲美,一直是交流电动机的研究方向。

9.2 永磁交流伺服系统控制理论的发展

交流调速理论包括矢量控制和直接转矩控制。1971 年,由 F. Blaschke 提出的矢量控制理论第一次使交流电机控制理论获得了质的飞跃。矢量控制采用矢量变换的方法,把交流电机的磁通与转矩的控制解耦,使交流电机的控制类似于直流电动机。矢量控制方法在实现过程中需要复杂的坐标变换,而且对电机的参数依赖性较大。直接转矩控制是 1985 年德国鲁尔大学 Depenbrock 教授在研究异步电机控制方法时提出的。该方法是在定子坐标系下分析交流电机的数学模型,强调对电机的转矩进行直接控制,对转矩进行砰-砰控制,无须解耦,省掉了矢量旋转变换计算。控制定子磁链而不是转子磁链,不受转子参数变化的影响,但不可避免地会产生转矩脉动,低速性能较差,调速范围受到限制。而且由于它对实时性要求高、计算量大,对控制系统微处理器的性能要求也较高。

矢量控制的基本思想是:在普通的三相交流电动机上设法模拟直流电动机转矩控制的规律,在磁场定向坐标上,将电流矢量分解成产生磁通的励磁电流分量和产生转矩的转矩电流分量,并使两个分量互相垂直,彼此独立,然后分别进行调节。这样交流电动机的转矩控制,从原理和特性上就和直流电动机相似了。

控制策略选择的是 PID 控制,传统的数字 PID 控制是一种技术成熟、应用广泛的控制算法,结构简单,调节方便。

9.3　永磁交流伺服控制系统的发展趋势

电机调速技术的发展趋势是永磁同步电机取代原有直流有刷伺服电机、步进电机及感应电机。因为永磁同步电机相对其他形式的电机有着显著的优势,如:①永磁同步电机在基速以下不需要励磁电流,在稳定运行时没有转子电阻损耗,可以显著提高功率因数(可达到 1 甚至容性);②永磁同步电机不设电刷和滑环,因此结构简单、使用方便、可靠性高;③永磁同步电机转子结构多样,结构灵活,而且不同的转子结构往往能带来自身性能上的特点,因而永磁同步电机可根据使用需要选择不同的转子结构。而且在相同功率下,永磁同步电机比其他形式的电动机具有更小的体积。我国制作永磁电机永磁材料的稀土资源丰富——1984 年 7 月,我国成为世界上第三个能研制和生产第三代稀土钕铁硼永磁材料的国家,稀土资源占全世界的 80% 以上,永磁电机具有广阔的发展前景。

高性能控制策略广泛应用于交流伺服系统。基于常规控制理论设计的电机控制系统存在的缺陷和不足:传统控制器的设计通常需要被控对象有非常精确的数学模型,而永磁电机是一个非线性多变量系统,难以精确地确定其数学模型,按照近似模型得到的最优控制在实际中往往不能保证最优,受建模动态、非线性及其他一些不可预见参数变化的影响,有时甚至会引起控制品质严重下降,鲁棒性得不到保证。

绿色化发展。全球电能的 80% 以上通过电力变换装置来消耗,作为广泛使用的电力变换装置的变频器将朝着节约能源、降低对电网的污染和对环境的辐射干扰、延长电机使用寿命的绿色化方向发展。

9.4 永磁同步电机的内部结构和种类

永磁同步电机由定子、转子和外壳等部件组成。其中定子由定子铁芯(由冲槽孔的硅钢叠压而成)、定子绕组(在铁芯槽中嵌放三相绕组)构成。定子和普通感应电动机基本相同,也是采用叠片结构以减小电机运行时的铁耗。转子通常由轴、永久磁钢及磁轭组成,其主要作用是在电动机气隙内产生足够的磁场强度,与通电后的定子绕组相互作用产生转矩以驱动自身的运转。转子铁芯可以做成实心的,也可以用叠片叠压而成。转子上安装有永磁体,转子铁芯上可以有电枢绕组。为了减少电动机的杂散损耗,定子绕组通常采用星形接法。

永磁同步电机分类方法较多:按工作主磁场方向的不同,可分为径向磁场式电动机和轴向磁场式电动机;按电枢绕组位置不同,可分为内转子式电动机和外转子式电动机;按转子上有无启动绕组,可分为无启动绕组的电动机和有启动绕组的电动机(又称为异步启动永磁同步电动机);根据极对数的不同,可分为单极永磁同步电机和多极永磁同步电机;根据磁通分布或反电动势波形,可分为永磁无刷直流电动机和永磁同步电动机。

其中,永磁同步电动机中没有包含高次谐波,涡流和磁滞损耗减少,电机效率增加。永磁同步电动机产生的转矩脉动低于永磁无刷直流电动机,主要原因是永磁同步电动机不存在相间换流时的冲击电流。

9.5 永磁同步电机控制中的坐标系

交流电机的数学模型具有高阶次、多变量耦合、非线性等特征,难以直接应用于系统的设计和控制,与直流电机单变量、自然解耦和线性的数学模型相比较,交流电机显得异常复杂。因此需要通过适当的转换,将交流电机的控制变换为类似直流电机的控制,这将大大简化交流电机控制的复杂程度。

永磁同步电机控制中的坐标系有以下三种。

(1)三相定子坐标系(A—B—C 坐标系)

如图 9-1 所示,三相交流电机绕组轴线分别为 A、B、C,彼此之间互差 120°空间电角度，构成了一个 $A—B—C$ 三相坐标系。空间任意一矢量 $\boldsymbol{V}$ 在 3 个坐标上的投影代表了该矢量在 3 个绕组上的分量。

(2)两相定子坐标系($\alpha—\beta$ 坐标系)

两相对称绕组通以两相对称电流也能产生旋转磁场。对于空间的任意一矢量，数学描述时习惯采用两相直角坐标系来描述，所以定义一个两相静止坐标系，即 $\alpha—\beta$ 坐标系，它的 α 轴和三相定子坐标系的 A 轴重合，β 轴逆时针超前 α 轴 90°空间电角度。由于轴固定在定子 A 相绕组轴线上，所以 $\alpha—\beta$ 坐标系也是静止坐标系。

(3)转子坐标系($d—q$ 坐标系)

转子坐标系 d 轴位于转子磁链轴线上，q 轴逆时针超前 d 轴 90°空间电角度，该坐标系和转子一起在空间内以转子角速度旋转，故为旋转坐标系。对于同步电动机，d 轴是转子磁极的轴线。永磁同步电机的空间矢量图如图 9-1 所示。

如图 9-1 所示，选定 α 轴方向与电机定子 A 相绕组轴线一致，$\alpha—\beta$ 为定子两相静止坐标系，转子坐标系 $d—q$ 与转子同步旋转；θ 为转子磁极 d 轴相对定子 A 相绕组或 a 轴的转子空间位置角；δ 为定子磁链 $\bar{\psi}_s$ 、转子磁链矢量 $\bar{\psi}_f$ 间的夹角，即电机功角[8,9]。

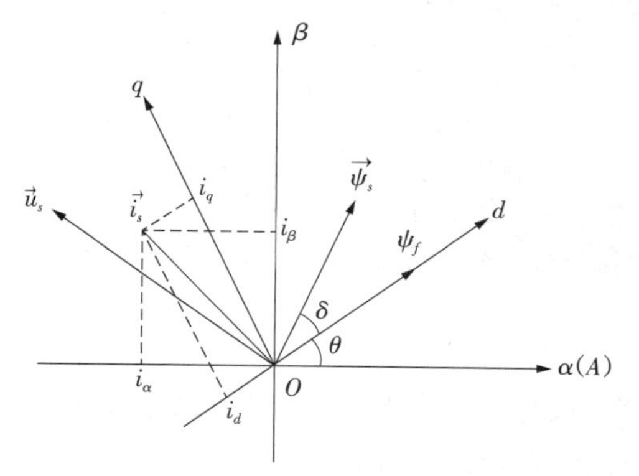

图 9-1　坐标变换矢量图

从三相定子坐标系($A—B—C$ 坐标系)变换到静止坐标系($\alpha—\beta$ 坐标系)的关系式为：

$$\begin{bmatrix} \varphi_\alpha \\ \varphi_\beta \end{bmatrix} = \sqrt{\frac{2}{3}} \begin{bmatrix} 1 & -\frac{1}{2} & -\frac{1}{2} \\ 0 & \frac{\sqrt{3}}{2} & -\frac{\sqrt{3}}{2} \end{bmatrix} \begin{bmatrix} \varphi_a \\ \varphi_b \\ \varphi_c \end{bmatrix} \tag{9-1}$$

从两相静止坐标系($\alpha—\beta$ 坐标系)变换到两相旋转坐标系($d—q$ 坐标系)的关系式为：

$$\begin{bmatrix} \varphi_d \\ \varphi_q \end{bmatrix} = \begin{bmatrix} \cos\theta & \sin\theta \\ -\sin\theta & \cos\theta \end{bmatrix} \begin{bmatrix} \varphi_\alpha \\ \varphi_\beta \end{bmatrix} \tag{9-2}$$

从两相旋转坐标系（$d—q$ 坐标系）变换到两相静止坐标系（$\alpha—\beta$ 坐标系）的关系式为：

$$\begin{bmatrix} \varphi_\alpha \\ \varphi_\beta \end{bmatrix} = \begin{bmatrix} \cos\theta & -\sin\theta \\ \sin\theta & \cos\theta \end{bmatrix} \begin{bmatrix} \varphi_d \\ \varphi_q \end{bmatrix} \tag{9-3}$$

9.6 永磁同步电机控制中的数学模型

9.6.1 三相定子坐标系（$A—B—C$ 坐标系）上的模型

（1）电压方程

三相永磁同步电机的定子绕组呈空间分布，轴线互差 120°空间电角度，每相绕组电压与电阻压降和磁链变化相平衡。永磁同步电机由定子三相绕组电流和转子永磁体产生。定子三相绕组电流产生的磁链与转子的位置角有关，其中，转子永磁磁链在每相绕组中产生反电动势。由此可得到定子电压方程为：

$$\begin{cases} U_A = R_s I_A + p\varphi_A \\ U_B = R_s I_B + p\varphi_B \\ U_C = R_s I_C + p\varphi_C \end{cases} \tag{9-4}$$

式中，U_A、U_B、U_C 为三相绕组相电压；R_s 为每相绕组电阻；I_A、I_B、I_C 为三相绕组相电流；φ_A、φ_B、φ_C 为三相绕组匝链的磁链；$p = \mathrm{d}/\mathrm{d}_t$ 为微分算子。

（2）磁链方程

定子每相绕组磁链不仅与三相绕组电流有关，而且与转子永磁极的励磁磁场和转子的位置角有关，因此磁链方程可以表示为：

$$\begin{cases} \varphi_A = L_{AA} I_A + M_{AB} I_B + M_{AC} I_C + \varphi_{fA} \\ \varphi_B = M_{BA} I_A + L_{BB} I_B + M_{BC} I_C + \varphi_{fB} \\ \varphi_C = M_{CA} I_A + M_{CB} I_B + L_{CC} I_C + \varphi_{fC} \end{cases} \tag{9-5}$$

式中，L_{AA}、L_{BB}、L_{CC} 为每相绕组互感；M_{AB}、M_{BA}、M_{BC}、M_{CB}、M_{CA}、M_{AC} 为两相绕组互感，且有 $M_{AB} = M_{BA}$，$M_{BC} = M_{CB}$，$M_{CA} = M_{AC}$；φ_{fA}、φ_{fB}、φ_{fC} 为三相绕组匝链的磁链的转子每极永磁磁链；φ_f 为 定子电枢绕组最大可能匝链的转子每极永磁磁链。

$$\begin{cases} \varphi_{fA} = \varphi_f \cos\theta \\ \varphi_{fB} = \varphi_f \cos(\theta - 2\pi/3) \\ \varphi_{fC} = \varphi_f \cos(\theta + 2\pi/3) \end{cases} \tag{9-6}$$

(3)转矩方程

$$T_{em}=\frac{P_{em}}{\Omega}\approx\frac{mpUE_0}{\omega X_d}\sin\theta+\frac{mpU^2}{2\omega}\left(\frac{1}{X_q}-\frac{1}{X_d}\right)\sin 2\theta \tag{9-7}$$

式中,ω 为电角速度,X_q,X_d 为交、直流同步电抗。

9.6.2　静止坐标系(α—β 坐标系)上的模型

(1)电压方程

$$\begin{bmatrix}U_\alpha\\U_\beta\end{bmatrix}=R_s\begin{bmatrix}i_\alpha\\i_\beta\end{bmatrix}+\frac{\mathrm{d}}{\mathrm{d}t}\begin{bmatrix}\psi_\alpha\\\psi_\beta\end{bmatrix} \tag{9-8}$$

(2)磁链方程

$$\begin{bmatrix}\psi_\alpha\\\psi_\beta\end{bmatrix}=\sqrt{\frac{2}{3}}\begin{bmatrix}1 & -\frac{1}{2} & -\frac{1}{2}\\0 & \frac{\sqrt{3}}{2} & -\frac{\sqrt{3}}{2}\end{bmatrix}\begin{bmatrix}\psi_a\\\psi_b\\\psi_c\end{bmatrix} \tag{9-9}$$

(3)转矩方程

$$T_e=I_\beta\psi_{PM}\cos\theta-I_\alpha\psi_{PM}\sin\theta \tag{9-10}$$

9.6.3　旋转坐标系(d—q 坐标系)上的模型

永磁同步电机是由电磁式同步电动机发展而来的,它用永磁体代替了电励磁,从而省去了励磁线圈、滑环和电刷,而定子与电磁式同步电机基本相同,仍要求输入三相对称正弦电流。现对其在 d—q 坐标系上的数学模型描述如下。

(1)电压方程

$$\begin{cases}U_d=\frac{\mathrm{d}\psi_d}{\mathrm{d}t}-\omega_r\psi_q+R_sI_d\\U_q=\frac{\mathrm{d}\psi_q}{\mathrm{d}t}-\omega_r\psi_d+R_sI_q\end{cases} \tag{9-11}$$

式中,U_d、U_q 为 d,q 轴上的电压分量;I_d、I_q 为 d—q 轴上的电流分量;ω_r 为 d,q 坐标系旋转角频率;ψ_d、ψ_q 为永磁体在 d,q 轴上的磁链。

(2)磁链方程

$$\psi_d = L_d I_d + \psi_f$$
$$\psi_q = L_q I_q \tag{9-12}$$

式中，ψ_d、ψ_q 为永磁体在 d,q 轴上的磁链；L_d、L_q 为 $d—q$ 坐标系上的等效电枢电感；I_d、I_q 为 d,q 轴上的电流分量；ψ_f 为永磁体产生的磁链。

(3)转矩方程

$$T_{em} = p_n(\psi_f I_q - \psi_f I_d) = p_n[\psi_f I_q + (L_d - L_q) \cdot I_d I_q] \tag{9-13}$$

式中，T_{em} 为输出电磁转矩；p_n 为磁极对数。

本节对永磁同步电机的结构、类型以及工作原理进行了介绍，并在坐标变换的基础上，建立了其在各个坐标下的数学模型，为下文控制系统的建立与相关模型的仿真提供了基础。

9.7 永磁同步电机控制系统

永磁同步电机有许多种控制方式，由于控制系统需要通过精确的转子位置和速度信号的反馈对控制系统进行调节与控制，根据转子位置和速度信号的获得可把控制系统分为有传感器控制和无传感器控制。而根据控制转矩的方式又可将控制系统分为矢量控制与直接转矩控制。

9.7.1 永磁同步电机有传感器控制和无传感器控制

有传感器控制精度高、控制算法简单，通过硬件方式来获得转子位置和速度的信息，如增量式编码器、绝对式编码器、光电编码器。其中光电编码器是将角位移转换成对应数字代码，集传感器和模数转换于一体的数字式测角仪，可直接与计算机相连，抗干扰能力强，具有很高的测速精度和测速范围。

无传感器控制则可不依赖电机参数和负载干扰，在高速段控制中已获得良好的控制性能。高性能的系统控制需要实现转速和位置的闭环控制，所需的转速反馈信号来自和电动机转轴相连的光电码盘、旋转变压器等位置速度传感器。然而，这些设备的加入就带来了一些问题：增加了系统成本，高温、潮湿、振动、粉尘、腐蚀性等环境都会对传感器造成一定的影响，从而制约系统在非理想环境中的使用，甚至在某些特殊场合根本不允许或很难安装传感器，因为传感器需要进行专门维护。除此之外，在系统设计的过程中还要考虑抑制外界干扰对速度传感器造成的影响,这样就进一步增加了系统的成本和复杂性。而无传感器技术可以有效地解决这些问题,其关键的因素就是位置转速信息的获得,如何借助所测量的电动机的电压和电流信号估计电动机的转速和位置,就是无传感器技术的关键因素。

获得电动机速度的方法主要有:基于电机模型的估计、基于控制理论的估计、调整模型进行速度辨识、利用齿谐波信号进行转速辨识、利用漏感脉动检测和饱和凸极检测。而获得转子位置信息的方法主要有基于转子凸极效应的估计和基于谐波信号的估计。

9.7.2 矢量控制

(1)概述

1971年,德国科学家Blaschke和Hasse提出了交流电动机的矢量理论,运用矢量控制可以使交流调速得到直流调速同样优良的控制性能。其基本思想是在普通的三相交流电动机上模拟直流电动机转矩控制的规律与方法,在磁场定向坐标上,将电流矢量分解成产生磁通的励磁电流分量和产生转矩的转矩电流分量,并使两个分量互相垂直,彼此独立,然后对励磁电流分量和转矩电流分量进行调节。通过这种方法,交流电动机的转矩控制,从原理和特性上就和直流电动机的转矩控制类似了。因此矢量控制的关键仍是对电流矢量的幅值和空间位置(频率和相位)的控制。虽然矢量控制的目的是提高转矩控制的性能,但最终实施仍然落实到对定子电流的控制上。由于在定子侧的各个物理量,包括电压、电流、电动势、磁动势等,采用的都是交流量,其空间矢量在空间以同步转速旋转,调节、控制和相对应的计算都不是很方便。因此,针对这一点,需要借助坐标变换,使各个物理量从两相静止坐标系(α—β坐标系)转换到两相转子同步旋转坐标系(d—q坐标系),然后,从同步旋转坐标系进行观察,电动机的各个空间矢量都变成了静止矢量,电流和电压都成了直流量,然后通过转矩公式,根据转矩和被控矢量的各个分量之间的数学关系,实时计算出转矩控制所需要的被控矢量的各个分量值。按照这些分量值进行实时控制,就可以达到直流电动机的控制性能的目的。

(2)永磁同步电机的矢量控制方式

电动机调速的关键是对其转矩的控制,矢量控制是为了改善转矩控制的性能,而最终实施落实在对定子电流的控制上。在系统参数不变的情况下,对电磁转矩的控制最终可以归结为对d,q轴电流的控制。对于给定的输出转矩,有多个d,q轴电流的控制组合,由此形成了永磁同步电机的电流控制策略。

①$i_d=0$的控制方法。其最大的优点是电机的输出转矩与定子电流的幅值成正比,

即实现了 PMSM 的解耦控制，其性能类似于直流电机，控制简单，且无去磁作用，因此得到了非常广泛的应用，尤其是对隐极式同步电机控制的系统。但使用该方法的电机功率因数较低，电机和逆变器的容量不能充分利用。

② $\cos\varphi=1$ 的控制方法。其特点是电机的功率因数恒定为 1，逆变器的容量得到了充分利用，但该方法所能输出的最大转矩比较小。

③磁链恒定的控制方法。其特点是电机的功率因数较高，电压基本是恒定的，转矩线性且可控，但需要较大的定子电流磁场分量来助磁。

④最优转矩控制。最优转矩控制也称定子电流最小控制，或称最大转矩电流控制，是指在转矩给定的情况下，最优配置 d，q 轴的电流分量，使定子的电流最小，即单位电流下电机输出转矩最大的矢量控制方法。该方法可以减小电机的铜耗，提高运行效率，从而使整个系统的性能得到优化。此外，由于逆变器需要输出的电流比较小，因此对逆变器容量的要求可相对降低。

通过公式变换后，我们由式(9-11)、式(9-12)、式(9-13)可知，采用 $i_d=0$ 的控制策略后，定子电流两个分量实现了解耦：当转子磁链 ψ_r 恒定时，电磁转矩 T_e 与 I_q 成正比，能达到直流电动机的控制性能。因此，本文采用 $i_d=0$ 的控制方法对永磁同步电机进行控制。

(3)矢量控制框图

永磁同步电机矢量控制系统结构框图如图 9-2 所示。

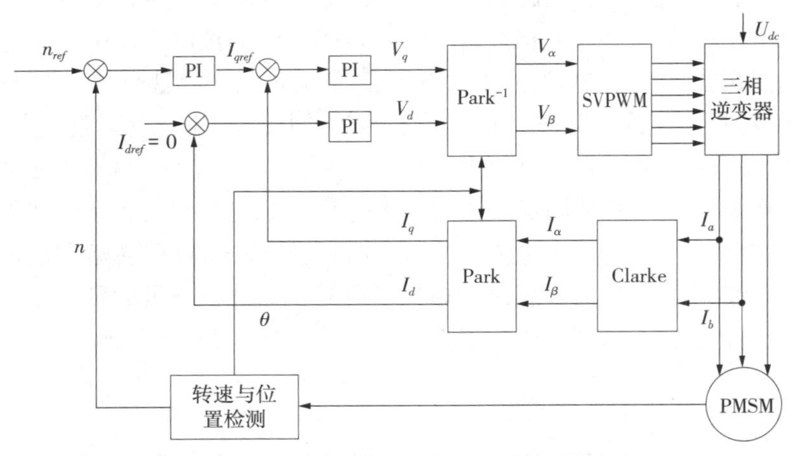

图 9-2 永磁同步电机矢量控制系统结构框图

由图 9-2 可得，永磁同步电机矢量控制的过程为：给定速度信号与检测到的速度信号相比较，经速度 PI 控制器调节后，输出交轴电流分量作为电流 PI 调节器的给定信号 I_{qref}，同时，经坐标变换后，定子反馈电流变为 I_d，I_q，控制直轴给定电流 $I_{qref}=0$，与变换后得到的直轴电流 I_d 相比较，经过 PI 调节器后输出直轴电压 V_d，给定交轴电流 I_{qref} 与变换后得到的交轴电流 I_q 相比较，经过 PI 调节器后输出交轴电压 V_q，然后经过 Park 逆变换得到 α,β 轴电压。最后通过 SVPWM 模块输出 6 路控制信号驱动逆变器工作，输出可变幅值和频率的三相正弦电流输入电动机定子。

9.7.3　直接转矩控制

(1)直接转矩控制概述

直接转矩控制(Direct Torque Control, DTC)技术自被提出以来，由于其诸多优点而被人们持续关注和研究。DTC 传统应用领域主要是感应电机的交流调速，而在感应电机上的应用却越来越得到肯定，现在人们也在尝试将它应用到无刷直流电动机和永磁同步电机的调速系统中。

直接转矩控制不通过控制电流、磁链等变量来间接控制电磁转矩，而是把转矩直接作为被控量来进行控制，将转子磁通定向更换为定子磁通定向。由于定子磁通定向只涉及定子电阻，因此对电机参数的依赖性大为减弱。在实际应用中，直接转矩控制取消旋转坐标变换，通过检测定子电压和电流，借助瞬时空间矢量理论计算电机的定子磁链和电磁转矩，并根据与给定值比较所得的差值，实现电机磁链和转矩的直接控制。

(2)直接转矩控制框图

在实际应用中，由于电机转矩和磁链的计算对控制系统性能影响很大，因此为了获得更好的转矩计算，应用了计算机仿真技术对控制系统进行研究。图 9-3 给出了永磁同步电机直接转矩控制原理图。

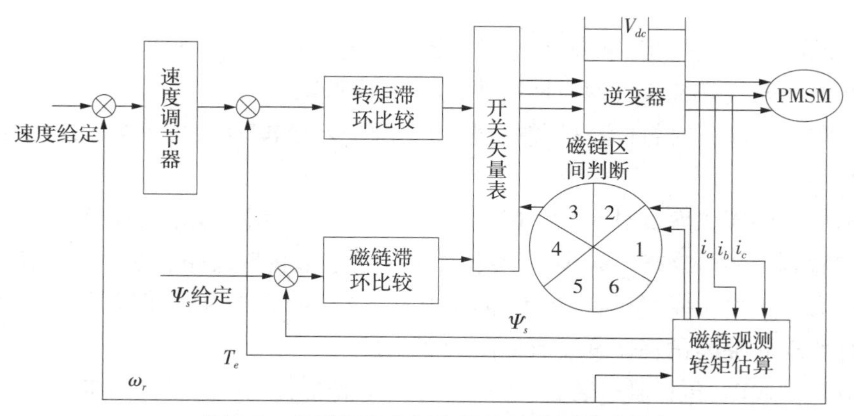

图 9-3　永磁同步电机直接转矩控制原理图

据图 9-3 可知，控制系统的控制功能完全由 DSP 软件实现。速度给定信号 ω^* 源于自动力总成系统，通过 CAN 总线实时对给定速度信号 ω^* 与速度反馈信号 ω 进行比较，误差经过 PI 控制器调节后作为转矩给定信号。磁链给定由函数发生器根据速度给定计算得到。直接转矩控制中最重要的部分是磁链/转矩的预估，如图 9-3 右下所示，它是通过定子电流反馈值和直流母线电压值以及逆变器当前开关状态计算实现的。转矩偏差和定子磁链偏差经过两点式调节分别输出信号 τ、φ，它们与定子磁链位置 θ 一起共同决定下一个时刻的逆变器开关状态，即选择电压矢量。

本章通过对有、无传感器控制系统的介绍，引出了有传感器控制的矢量控制和直接转矩控制以及无传感器控制的永磁同步电机的控制系统。由于不同的控制策略各有特点，且在不同的应用场合可取得不同的控制效果，所以需根据不同场合进行选择，才能得到最好的控制效果。

9.8 永磁同步电机建模与仿真

9.8.1 Matlab/Simulink 软件

Matlab 是 MathWorks 公司开发的用于数学计算的工具软件。它具有强大的矩阵运算能力、简便的绘图功能、可视化的仿真环境 Simulink。Simulink 可以对通信系统、非线性控制、电力系统等进行深入的建模、仿真和研究。Simulink 由模块库、模型构造及分析指令、演示程序 3 部分组成。用户进行仿真时很少需要写程序，只需要用鼠标完成拖拉等简单的操作，就可以形象地建立起被研究系统的数学模型，并进行仿真和分析研究。

Simulink 仿真工具箱还包括了专门用于电力电子、电气传动学科进行仿真的电气系统模块库。电气系统模块库包括以下 7 个子模块库：

①电源模块库，包括直流电压源、交流电压源、交流电流源、可控电压源和可控电流源等。

②基本元件模块库，包括串联 RCL 负载、并联 RCL 负载、线性变压器、饱和变压器、互感器、断路器、N 相分布参数线路、单相 π 型集中参数传输线路和浪涌放电器等。

③电力电子模块库，包括二极管、晶闸管、GTO、MOSFET 和理想开关等。为满足不同的仿真要求并提高仿真速度还有晶闸管简化模型。

④电机模块库，包括激磁装置、水轮机及其调节器、异步电动机、同步电动机及其简化模型和永磁同步电动机等。

⑤连接模块库，包括地、中性点和母线(公共点)等。

⑥测量模块库，包括电流测量模块和电压测量模块。

⑦附加电气系统模块库，包括均方根测算、有功与无功功率测算、傅立叶分析、可编

程定时器、同步脉冲发生器及三相库等。

在以上模块库的基础上，根据需要，还可以组合封装出常用的更为复杂的模块，添加到所需模块库中去。

9.8.2 永磁同步电机的建模方法

永磁同步电机的建模方法比较多，有微分方程法、状态空间法、Laplace 法、S 函数法及 Simulink 法。下面分别对这些方法进行介绍。

(1)微分方程法

微分方程法是根据电机各种电压、电磁、机械方程的微分形式，通过 Simulink 中最基本的控件元素搭建永磁同步电机的逻辑关系，从而实现电机输入输出的关系模型。图 9-4 所示即为微分方程法所实现的电机模型图。

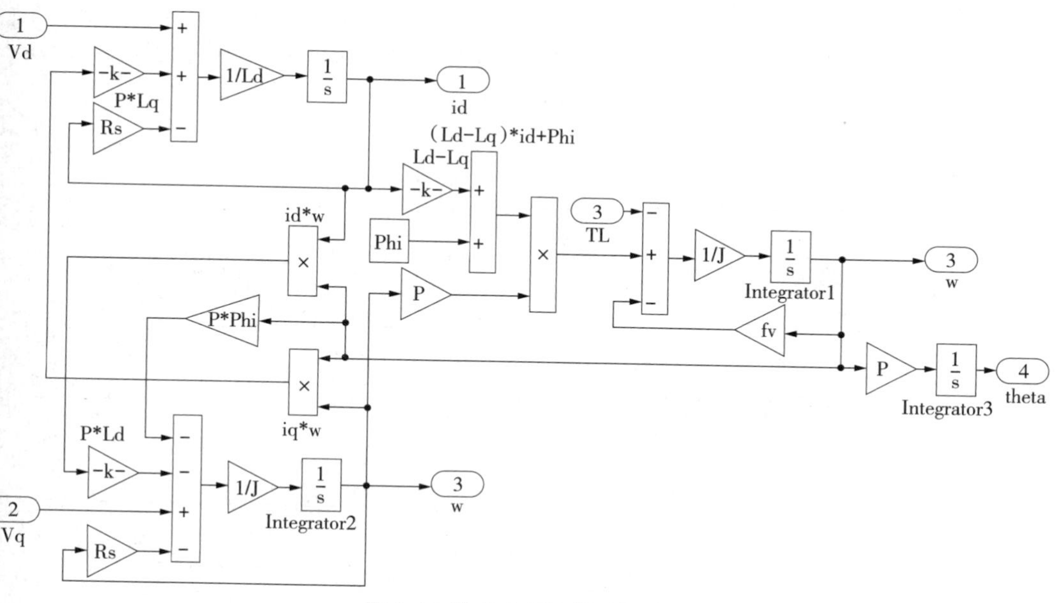

图 9-4　微分方程法模型框图

(2)状态空间法

状态空间法是直接利用状态方程的表达方式，通过矩阵变换和运算得到的系统结构，遇到非线性部分，则用 Simulink 的基本控件完成设计，图 9-5 所示即为该方法设计框架。状态空间法较微分方程法更加直观，逻辑层次较为清晰，对模型的再次修订十分有益。

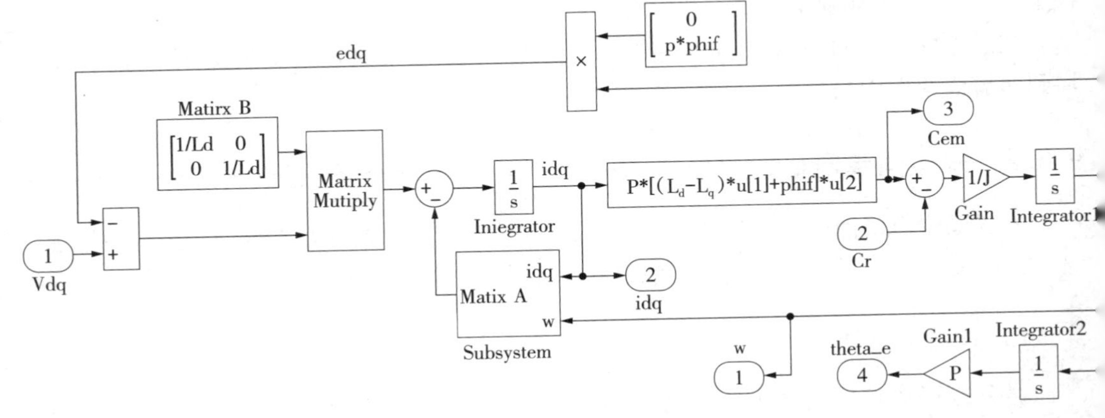

图 9-5　状态空间法模型框图

(3) Laplace 法

与自动控制原理一样,电机系统的微分方程可以通过 Laplace 变换,转换成 Laplace 函数进行建模,利用该方法的模型如图 9-6 所示。

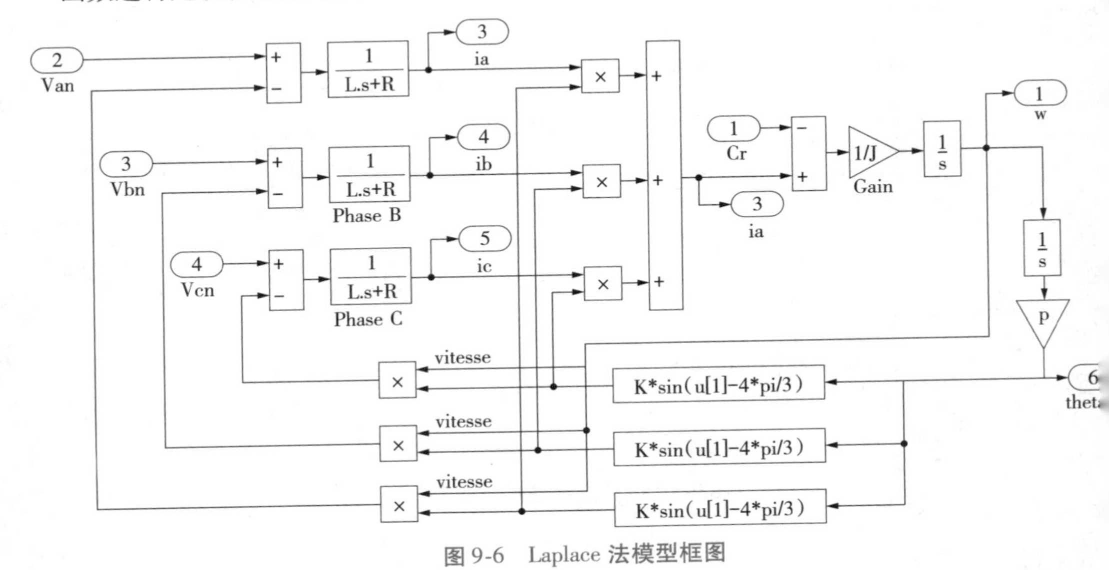

图 9-6　Laplace 法模型框图

(4) S 函数法

S 函数是动态系统中的计算机语言,在 Matlab 中可以通过 m 文件编写,也可通过 c 或 mex 文件编写。S 函数为 Simulink 的扩展提供了帮助,其运用特定的语言使函数和 Simulink 交互,可广泛运用于自己定义的 Simulink 模块。

(5)Simulink 法

Simulink 为用户提供了基本模块,只要从库中调出模块,就能够直观、快捷地构建控制系统的方块图模型,并在此基础上进行仿真结果的可视化分析。

综合以上建模方法,由于在生产和科研中的微分方程往往比较复杂且大多数得不出一般值,所以微分方程法不予采用。而状态空间法以状态和操作符为基础,需要扩展很多节点,容易产生组态错误,因而只能适用于表达比较简单的问题。Laplace 法则要用到拉普拉斯变换,S 函数法是 Simulink 中的一个系统模块,运用时要进行 Matlab 代码、C、C++等汇编语言的编写,比较烦琐,操作性不高。所以 Simulink 法是本书建模和仿真的主要方法。

9.8.3　PI 控制模块的建模和仿真

PID 控制是控制系统中运用比较成熟,且最为广泛的控制器。它结构简单,参数容易调整,不一定需要确切的数学模型,因此在工业中的各个领域都有应用。而 PI 调节器是应用最为广泛的,其未使用微分因素(D),避免了响应的震荡,而积分因素(I)的使用,则可以补偿只用比例因素(P)时的误差部分。

按照 $d—q$ 坐标系下的数学表达式可得:

$$\begin{cases} u_d = -\omega L_q i_q + r_1 i_d \\ u_q = \omega L_d i_d + \omega \psi_f + r_1 i_q \end{cases} \tag{9-14}$$

即可得电流 PI 模块的 Simulink 仿真,如图 9-7 所示。

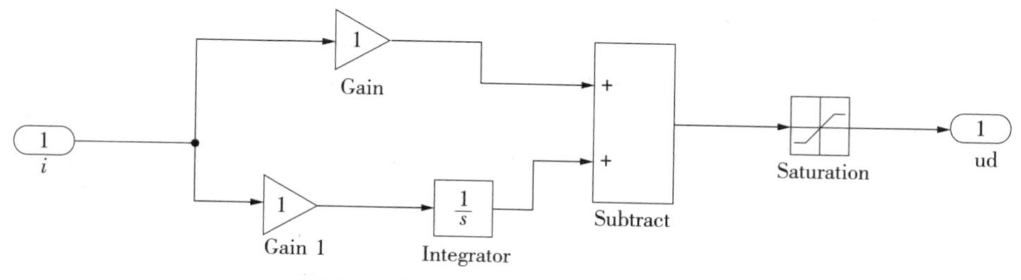

图 9-7　电流 PI 模块的 Simulink 仿真

同理,按照电流与转矩的关系式,可得转速 PI 模块的 Simulink 仿真,如图 9-8 所示。

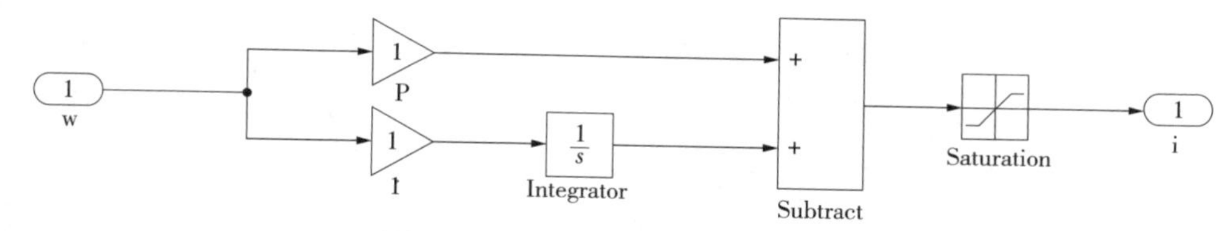

图 9-8　转速 PI 模块的 Simulink 仿真

9.8.4 坐标变换模块的建模和仿真

矢量控制中用到的坐标变换有：Clarke 变换（将三相平面坐标系向两相平面直角坐标系的转换）、Park 变换（将两相静止直角坐标系向两相旋转直角坐标系的变换）和 Park 逆变换。静止的三相坐标系（$A—B—C$ 坐标系）和静止的两相定子坐标系（$\alpha—\beta$ 坐标系）以及固定在转子上的两相旋转坐标系（$d—q$ 坐标系）间的变换矩阵如下所示。

（1）Clarke 变换

$$\begin{bmatrix} I_\alpha \\ I_\beta \end{bmatrix} = \sqrt{\frac{2}{3}} \begin{bmatrix} 1 & -\frac{1}{2} & -\frac{1}{2} \\ 0 & \frac{\sqrt{3}}{2} & -\frac{\sqrt{3}}{2} \end{bmatrix} \begin{bmatrix} I_a \\ I_b \\ I_c \end{bmatrix} \tag{9-15}$$

Clarke 变换的 Simulink 仿真如图 9-9 所示。

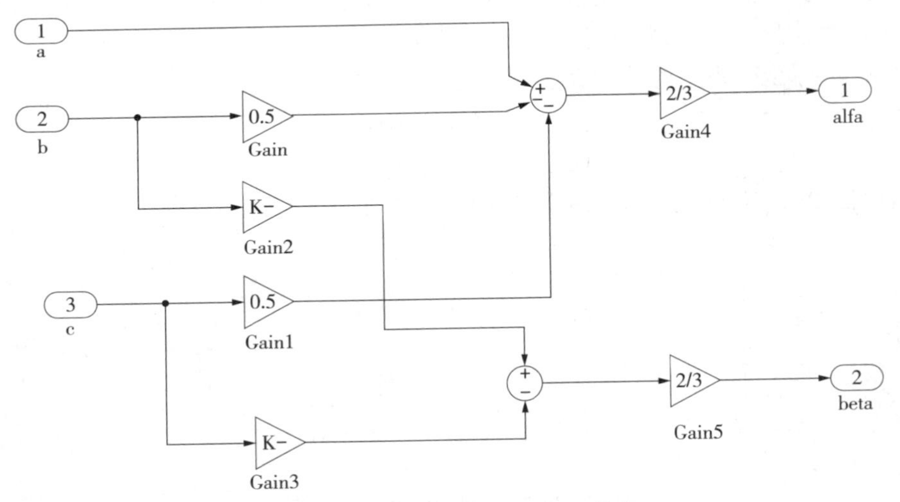

图 9-9 Clarke 变换的 Simulink 仿真

（2）Park 变换

$$\begin{bmatrix} I_d \\ I_q \end{bmatrix} = \begin{bmatrix} \cos\theta & \sin\theta \\ -\sin\theta & \cos\theta \end{bmatrix} \begin{bmatrix} I_\alpha \\ I_\beta \end{bmatrix} \tag{9-16}$$

Park 变换的 Simulink 仿真如图 9-10 所示。

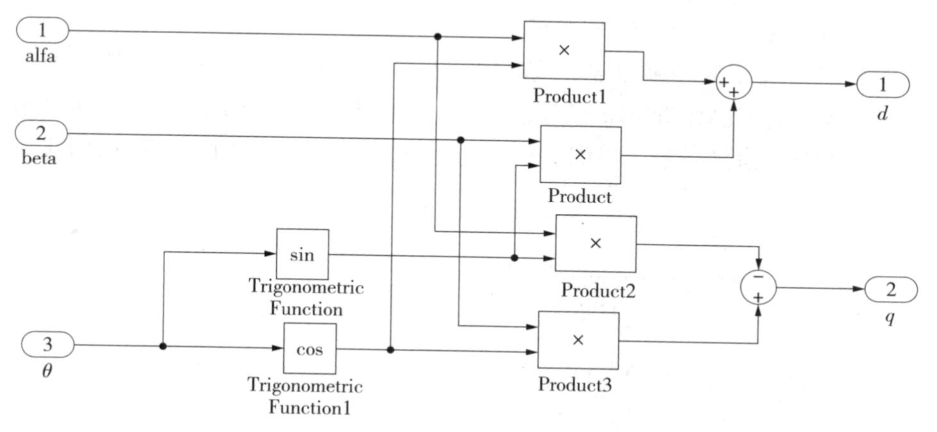

图 9-10　Park 变换的 Simulink 仿真

(3)Park 逆变换

$$\begin{bmatrix} I_\alpha \\ I_\beta \end{bmatrix} = \begin{bmatrix} \cos\theta & -\sin\theta \\ \sin\theta & \cos\theta \end{bmatrix} \begin{bmatrix} I_d \\ I_q \end{bmatrix} \tag{9-17}$$

Park 逆变换的 Simulink 仿真如图 9-11 所示。

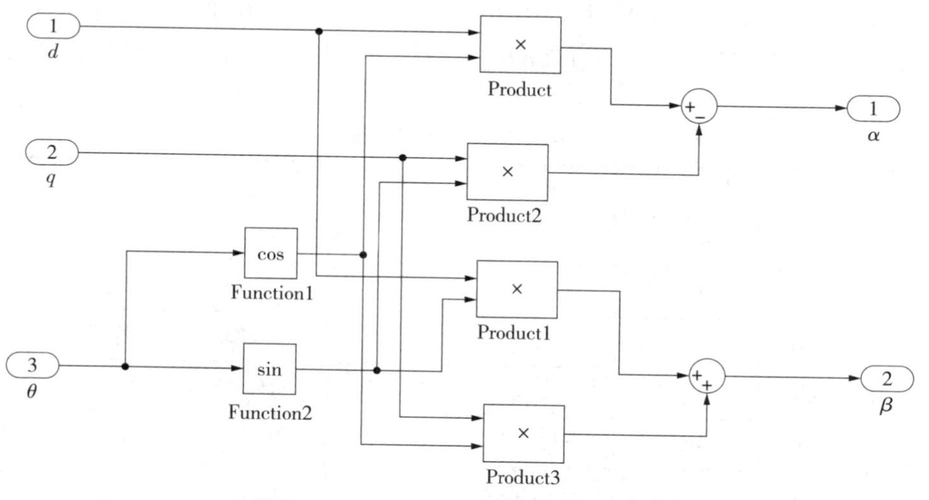

图 9-11　Park 逆变换的 Simulink 仿真

9.8.5　SVPWM 模块的建模和仿真

SVPWM 调制的原理是使逆变器瞬时输出三相脉冲电压合成的空间电压矢量与期望输出的三相正弦波电压合成的空间电压矢量相等。调制用于产生定子相电压,它用一种特别的方式开关功率管从而产生定子相的正弦电流。这种开关方式把(α,β)电压参考矢量转换成每个功率管的开关时间。

典型的三相电压源型逆变器的结构如图 9-12 所示,SVPWM 控制的主电路是由 VT1 到 VT6 6 个功率晶体管 IGBT 组成的三相逆变器。VT1—VT6 6 个功率晶体管分别由 PWM1—PWM6 信号控制。当同一桥臂的上方 IGBT 处于导通时,下方 IGBT 则处于关闭状态。

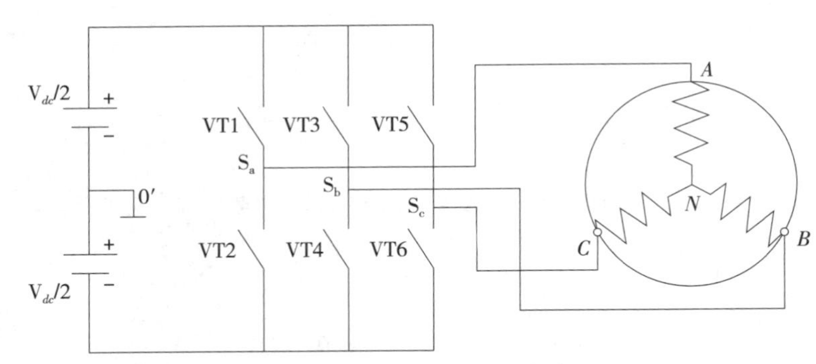

图 9-12　三相逆变器主电路

根据 3 组桥臂的通断,共有 8 个可能的开关状态,产生 6 个有效向量 $\boldsymbol{V}_1$(001), $\boldsymbol{V}_2$(010), $\boldsymbol{V}_3$(011), $\boldsymbol{V}_4$(100), $\boldsymbol{V}_5$(101), $\boldsymbol{V}_6$(110)(也称为 6 个基本空间矢量)和两个零矢量 $\boldsymbol{V}_0$(000), $\boldsymbol{V}_7$(111)。可能的组合情况下其相应的功率桥输出电压如表 9-1 所示。

表 9-1　功率桥输出电压表

a	b	c	V_{ao}	V_{bo}	V_{co}	V_{an}	V_{bn}	V_{cn}
0	0	0	$-V_{dc}/2$	$-V_{dc}/2$	$-V_{dc}/2$	0	0	0
0	0	1	$-V_{dc}/2$	$-V_{dc}/2$	$+V_{dc}/2$	$-V_{dc}/3$	$-V_{dc}/3$	$2V_{dc}/3$
0	1	0	$-V_{dc}/2$	$+V_{dc}/2$	$-V_{dc}/2$	$-V_{dc}/3$	$2V_{dc}/3$	$-V_{dc}/3$
0	1	1	$-V_{dc}/2$	$+V_{dc}/2$	$+V_{dc}/2$	$-2V_{dc}/3$	$V_{dc}/3$	$V_{dc}/3$
1	0	0	$+V_{dc}/2$	$-V_{dc}/2$	$-V_{dc}/2$	$2V_{dc}/3$	$-V_{dc}/3$	$-V_{dc}/3$
1	0	1	$+V_{dc}/2$	$-V_{dc}/2$	$+V_{dc}/2$	$V_{dc}/3$	$-2V_{dc}/3$	$V_{dc}/3$
1	1	0	$+V_{dc}/2$	$+V_{dc}/2$	$-V_{dc}/2$	$V_{dc}/3$	$V_{dc}/3$	$-2V_{dc}/3$
1	1	1	$+V_{dc}/2$	$+V_{dc}/2$	$+V_{dc}/2$	0	0	0

三相电压(V_{an}、V_{bn}、V_{cn})通过 Clark 变换,在 α—β 坐标系的电压输出如表 9-2 所示。

表 9-2　定子在(α,β)轴下的电压输出

a	b	c	$V_{s\alpha}$	$V_{s\beta}$
0	0	0	0	0
0	0	1	$-V_{dc}/3$	$-V_{dc}/\sqrt{3}$
0	1	0	$-V_{dc}/3$	$V_{dc}/\sqrt{3}$
0	1	1	$-2V_{dc}/3$	0
a	b	c	$V_{s\alpha}$	$V_{s\beta}$
1	0	0	$2V_{dc}/3$	0
1	0	1	$V_{dc}/3$	$-V_{dc}/\sqrt{3}$
1	1	0	$V_{dc}/3$	$V_{dc}/\sqrt{3}$
1	1	1	0	0

根据表 9-2,我们可以通过在 α—β 坐标系上来表示对应的电压,如图 9-13 所示。

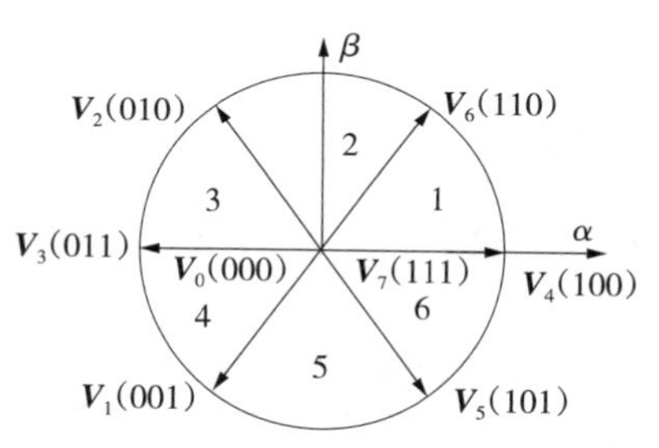

图 9-13　逆变器电压空间矢量

(1)计算开关矢量作用时间

为了使逆变器输出的电压矢量接近圆形,并最终获得圆形的旋转磁通,必须利用逆变器的输出电压的时间组合,形成多边形电压矢量轨迹,使之更加接近圆形。

从上述原理出发,要有效地控制磁通轨迹,首先要选择电压矢量,通常将圆平面分成6个扇区,并选择相邻的两个电压矢量用于合成每个扇区内的任意电压矢量,如图 9-13 所示,定子参考电压 V_s 位于第 I 区域,设定 PWM 中断周期为 T_0,两相邻矢量 V_4,V_6 的调制时间分别为 T_4、T_6,由图 9-14 可得以下公式:

$$\begin{cases} T = T_4 + T_6 + T_0 \\ V_s = \dfrac{T_4}{T}V_4 + \dfrac{T_6}{T}V_6 \end{cases} \tag{9-18}$$

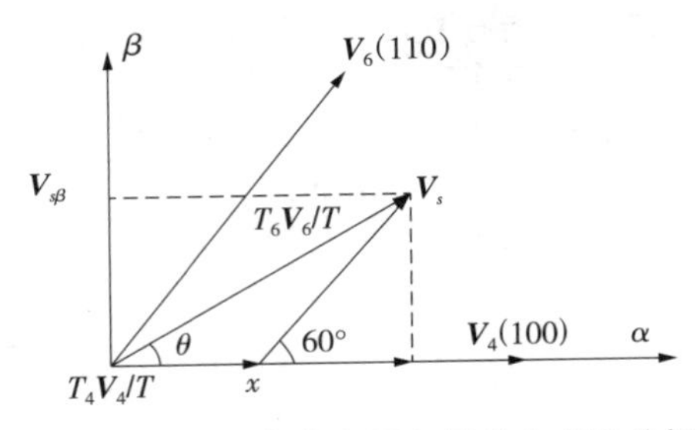

图 9-14　定子参考电压矢量的合成及分解

$$\begin{cases} V_{s\beta} = \dfrac{T_6}{T} \mid V_6 \mid \cos 30° \\ V_{s\alpha} = \dfrac{T_4}{T} \mid V_4 \mid + \dfrac{V_{s\beta}}{\sqrt{3}} \end{cases} \tag{9-19}$$

根据 $V_1 = V_2 = V_3 = V_4 = V_5 = V_6 = 2V_{dc}/3$，可解两相邻电压矢量及零矢量的作用时间分别为：

$$\begin{cases} T_4 = \dfrac{T}{2V_{dc}}(3V_{s\alpha} - \sqrt{3}V_{s\beta}) \\ T_6 = \sqrt{3}\dfrac{T}{V_{dc}}V_{s\beta} \\ T_0 = T - T_4 - T_6 \end{cases} \tag{9-20}$$

同理可以得到参考电压在其他扇区时，相邻两电压矢量在整个 PWM 中断周期中的作用时间，如表 9-3 所示。

表 9-3　相邻电压矢量在各扇区内的作用时间

扇　区	作用时间	扇　区	作用时间
1	$T_4 = -\dfrac{T}{2V_{dc}}(\sqrt{3}V_{s\beta} - 3V_{s\alpha})$ $T_6 = \dfrac{\sqrt{3}T}{V_{dc}}V_{s\beta}$	4	$T_3 = -\dfrac{\sqrt{3}T}{V_{dc}}V_{s\beta}$ $T_3 = \dfrac{T}{2V_{dc}}(\sqrt{3}V_{s\beta} - 3V_{s\alpha})$
2	$T_1 = \dfrac{T}{2V_{dc}}(\sqrt{3}V_{s\beta} + V_{s\alpha})$ $T_6 = -\dfrac{T}{2V_{dc}}(\sqrt{3}V_{s\beta} - V_{s\alpha})$	5	$T_1 = -\dfrac{T}{2V_{dc}}(\sqrt{3}V_{s\beta} + 3V_{s\alpha})$ $T_5 = -\dfrac{T}{2V_{dc}}(\sqrt{3}V_{s\beta} - 3V_{s\alpha})$
3	$T_2 = -\dfrac{\sqrt{3}T}{V_{dc}}V_{s\beta}$ $T_3 = \dfrac{T}{2V_{dc}}(\sqrt{3}V_{s\beta} - 3V_{s\alpha})$	6	$T_5 = -\dfrac{T}{2V_{dc}}(\sqrt{3}V_{s\beta} - 3V_{s\alpha})$ $T_4 = -\dfrac{\sqrt{3}T}{V_{dc}}V_{s\beta}$

综合上述表格分析，每个扇区中都要计算相关的部分，矢量在半个 PWM 中断周期中的作用时间与如下变量有关：

$$\begin{cases} X = \dfrac{\sqrt{3}\,T}{V_{dc}} V_{s\beta} \\ Y = \dfrac{T}{2V_{dc}}\left(\sqrt{3}\,V_{s\beta} + 3V_{s\alpha}\right) \\ Z = \dfrac{T}{2V_{dc}}\left(\sqrt{3}\,V_{s\beta} - 3V_{s\alpha}\right) \end{cases} \tag{9-21}$$

在每次程序计算过程中，只需计算出变量 X,Y,Z 的值即可，从而简化了程序。

相应的 Simulink 的仿真如图 9-15 所示。

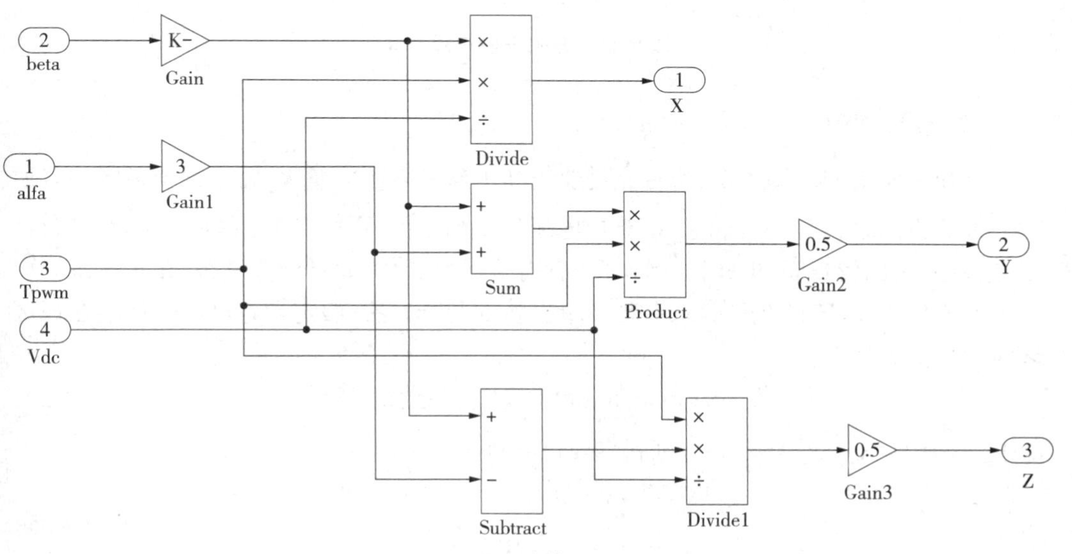

图 9-15　计算 X,Y,Z

T_1、T_2 幅值之后，要进行饱和性判断，换相周期 T 应由旋转磁场所需的频率决定，事实上，T 与 T_1+T_2 未必相等。当 $T_1+T_2<T$ 时，其间隙时间 T_0 可用零矢量 V_7，V_0 来填补，当 $T_1+T_2 \geqslant T$ 时，

$$T_1 = T_1 \frac{1}{T_1 + T_2} \times \frac{T}{2} \tag{9-22}$$

$$T_2 = T_2 \frac{1}{T_1 + T_2} \times \frac{T}{2} \tag{9-23}$$

相应的 Simulink 仿真如图 9-16 所示。

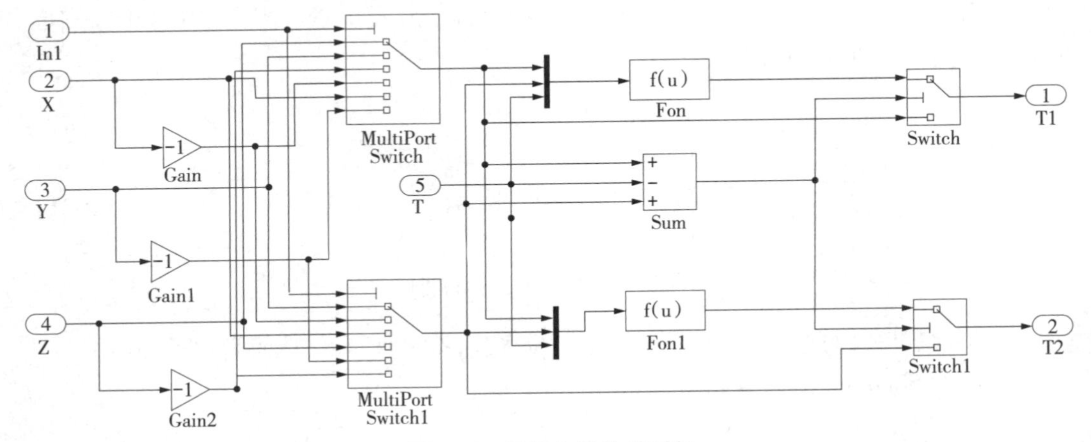

图 9-16 开关矢量作用时间

(2)扇形判断

要知道应用上述哪个变量,首先需要判断出参考电压矢量 V_s 位于哪个扇区内。通常的判断方法是:根据 $V_{s\alpha}$ 和 $V_{s\beta}$ 计算出电压矢量的幅值,再结合 $V_{s\alpha}$ 和 $V_{s\beta}$ 的正负进行判断,这种方法比较直观,但是因为计算中含有非线性函数,而且计算复杂,在实际系统应用中不容易实现,因此我们寻求一种简单有效的判断方法,假定参考电压矢量落在该区域内的等价条件为:

$$0 < \mathrm{arctg}(V_{s\beta}/V_{s\alpha}) < 60 \tag{9-24}$$

即 $V_{s\beta} > 0$ 且 $(V_{s\beta}/V_{s\alpha}) < \sqrt{3}$,则式(9-24)等价于

$$\begin{cases} V_{s\beta} > 0 \\ \sqrt{3}V_{s\alpha} - V_{s\beta} > 0 \end{cases} \tag{9-25}$$

同理可以得到在其他扇区内的等价条件,如表 9-4 所示。

表 9-4 各扇区内的等价条件

扇　区	等价条件	扇　区	等价条件
1	$V_{s\beta} > 0$ $\sqrt{3}V_{s\alpha} - V_{s\beta} < 0$	4	$V_{s\beta} < 0$ $-\sqrt{3}V_{s\alpha} - V_{s\beta} > 0$
2	$V_{s\beta} < 0$ $\sqrt{3}V_{s\alpha} - V_{s\beta} > 0$	5	$V_{s\beta} > 0$ $-\sqrt{3}V_{s\alpha} - V_{s\beta} > 0$
3	$V_{s\beta} > 0$ $\sqrt{3}V_{s\alpha} - V_{s\beta} > 0$	6	$V_{s\beta} < 0$ $\sqrt{3}V_{s\alpha} - V_{s\beta} > 0$

使用表 9-4 判断扇区避免了计算复杂的非线性函数，只需经过简单的加减及逻辑运算即可确定所在扇区，容易实现。如果综合以上条件进一步分析，可以看出 V_s 所在的扇区完全由 $V_{s\beta}$、$\sqrt{3}V_{s\alpha}-V_{s\beta}$、$-\sqrt{3}V_{s\alpha}-V_{s\beta}$ 3 式与 0 的关系决定，由此，可以定义以下变量：

$$\begin{cases} V_a = V_{s\varphi} \\ V_b = \sqrt{3}V_{s\alpha} - V_{s\beta} \\ V_c = -\sqrt{3}V_{s\alpha} - V_{s\beta} \end{cases} \tag{9-26}$$

如果设定当 $(V_a,V_b,V_c) > 0$ 时，相应的变量 $(A,B,C)=1$，否则 $(A,B,C)=0$，那么扇区号与变量 A、B、C 之间存在特定的关系：扇区号 $=A+2B+4C$。因此，用于 Matlab 实现时只需判断 3 个变量 V_a、V_b、V_c 与 0 的关系就能容易得到 V_s 所在的扇区。

相对应的 Simulink 仿真如图 9-17 所示。

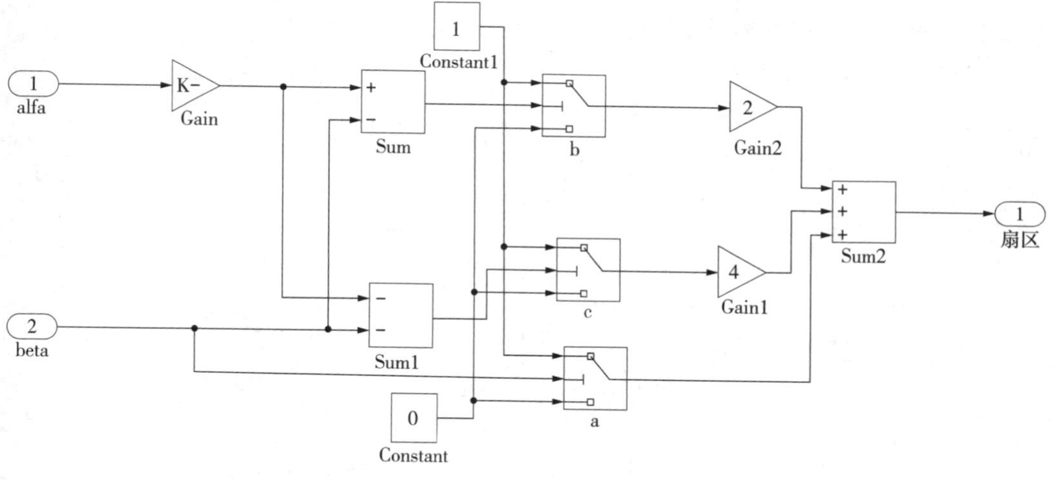

图 9-17 扇形区的选择

(3) 占空比时间的计算

计算出 T_1、T_2 后，就可以根据扇区号 S（在实际仿真中，用的是与扇区号对应的 N）计算三相脉冲开通的前沿延迟时间（前沿切换点）T_a, T_b, T_c。

定义占空比时间为 $T_{on1}, T_{on2}, T_{on3}$，则：

$$\begin{cases} T_{on1} = \dfrac{T - T_1 - T_2}{4} \\ T_{on2} = T_{on1} + \dfrac{T_1}{2} \\ T_{on3} = T_{on2} + \dfrac{T_2}{2} \end{cases} \tag{9-27}$$

T_{on1} 为最大宽度脉冲前沿切换点，即最先切换点；T_{on2} 为次宽度的前沿切换点，即中间时刻切换点；T_{on3} 为最小宽度脉冲的前沿切换点，即最后切换点。实际控制中所需的三相 PWM 波的占空比如表 9-5 所示。

表 9-5　三相 PWM 波的占空比

扇　区	1	2	3	4	5	6
T_a	T_{on2}	T_{on1}	T_{on1}	T_{on3}	T_{on3}	T_{on2}
T_b	T_{on1}	T_{on3}	T_{on2}	T_{on2}	T_{on1}	T_{on3}
T_c	T_{on3}	T_{on2}	T_{on3}	T_{on1}	T_{on2}	T_{on1}

当输出电压空间矢量 V_s 在扇区 3 时，A 相脉冲为最大宽度脉冲，B 相脉冲为次宽度脉冲，C 相脉冲为最小宽度脉冲；当 V_s 在扇区 1 时，B 相脉冲为最大宽度脉冲，A 相脉冲为次宽度脉冲，C 相脉冲为最小宽度脉冲。其余的扇区也可用表 9-5 所示。

其 Simulink 仿真如图 9-18 所示。

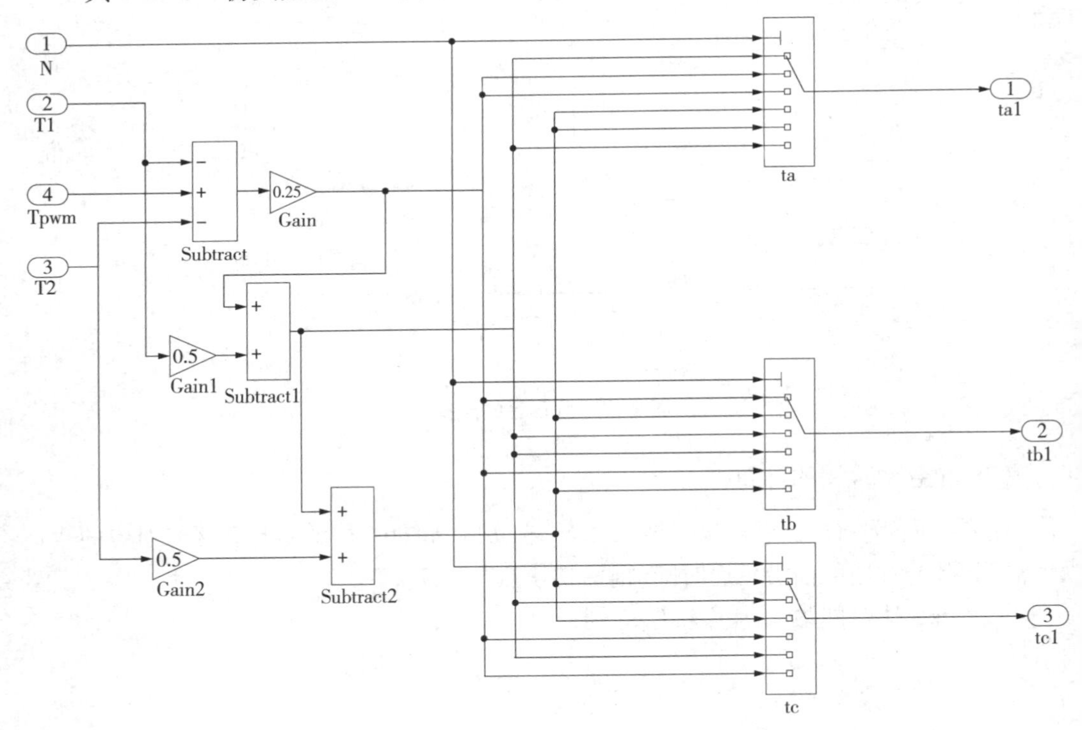

图 9-18　PWM 占空比

(4)PWM 波的产生

由以上几点，可得 SVPWM 调制的算法为：

①根据输入的参考电压 V_α 和 V_β 计算出空间电压矢量所处的扇区。

②计算两个有效矢量作用时间 T_1、T_2 和零矢量的作用时间 T_0。

③计算三相 PWM 脉冲前沿延迟时间 T_{on1}、T_{on2}、T_{on3}。

④根据扇区号选用各相的空间矢量切换点 T_a、T_b、T_c，从而输出三相 SVPWM 脉冲控制信号。

图 9-19 即为根据上文分析所得到的 SVPWM 的 Simulink 仿真。

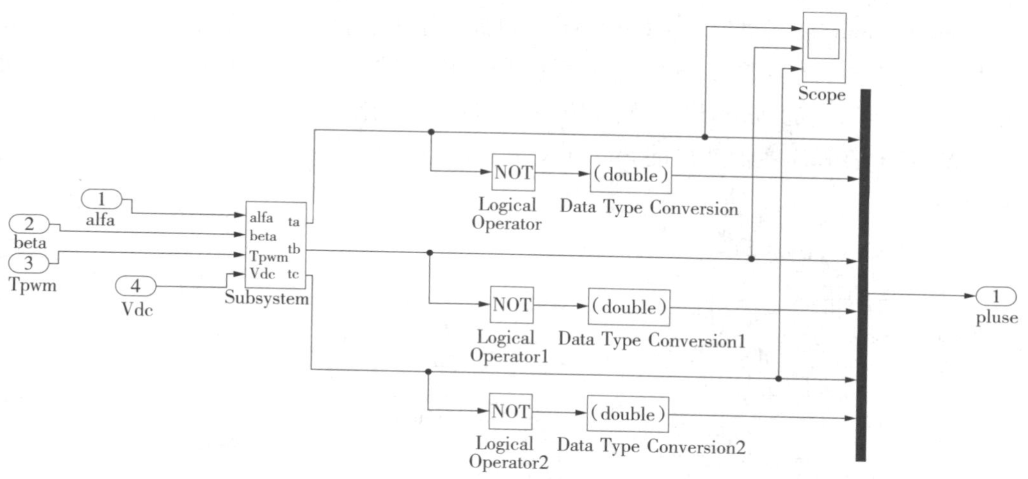

图 9-19　SVPWM 模型的 Simulink 仿真

其中，T_{on1}、T_{on2}、T_{on3} 与等腰三角形进行比较，就可以生成对称空间矢量 PWM 波形。将生成的 PWM1，PWM3，PWM5 进行非运算就可以生成 PWM2，PWM4，PWM6，并同时把数据类型由 bool 型转换为 double 型，并设置参数，即可得图 9-20 所示的 SVPWM 输出波形。

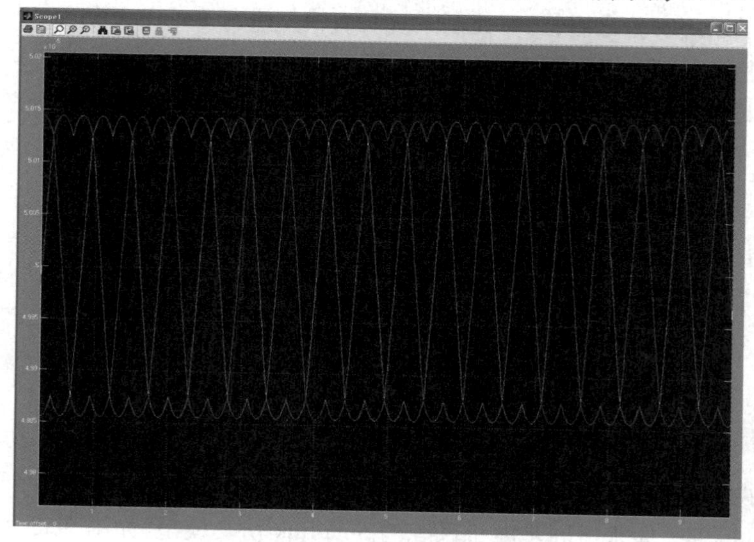

图 9-20　SVPWM 输出波形

9.8.6 电机与逆变器模块的建模和仿真

在整个控制系统的仿真模型中，PMSM 本体模块是最重要的部分，Matlab/Simulink 中的 Simpower System 提供了永磁同步电机对应的模型，并且提供了相应的测量电机输出量的模块，其中包括 A、B、C 三相电流，d、q 两相电流与电压，转速，角度和转矩，以根据不同的需要对电机的不同参数进行波形的输出和观察。

Matlab/Simulink 中的 Simpower System 也提供了逆变器所对应的模块，并对不同的应用场合和需要，提供了二极管、晶闸管、GTO、MOSFET、IGBT 和理想开关的电子变换模块。本文所采用的逆变器类型则是 IGBT 组成的逆变器。

PMSM 电机和逆变器连接的 Simulink 仿真如图 9-21 所示。

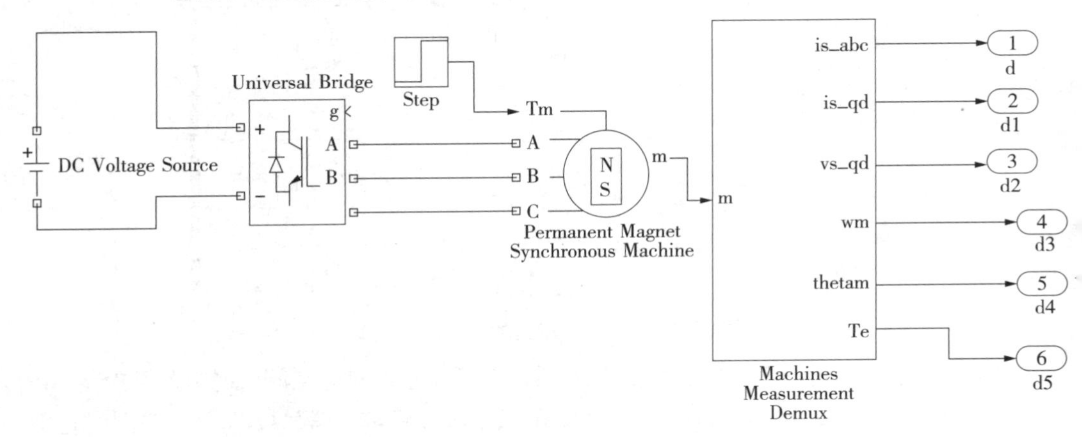

图 9-21　逆变器与 PMSM 模型的 Simulink 仿真

在进行了以上实验之后，已对控制系统所有模型进行 Simulink 仿真，最后要对把每个模型连接起来的部分进行相应的仿真，以达到模块正确连接的目的。

首先对两个信号连接模块进行仿真，假设一个信号是正弦波，另一个信号是幅值为常数 2 的信号，图 9-22 即是相应的 Simulink 仿真。

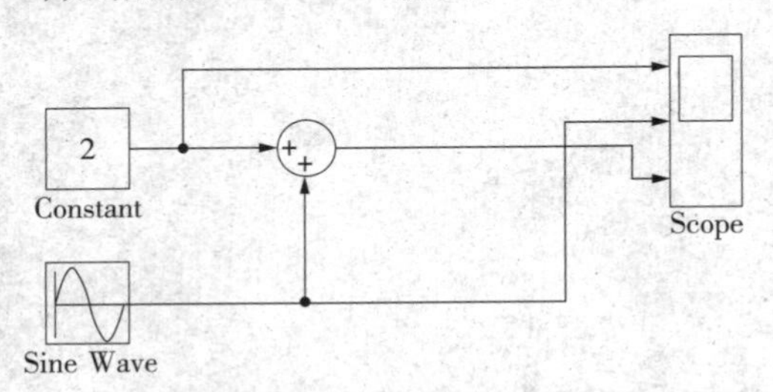

图 9-22　连接模块的 Simulink 仿真

根据永磁同步电机矢量控制图，对每个模块进行建模和仿真，在对各个模块进行搭建以后，便可得到整体永磁同步电机系统的 Simulink 仿真模型，如图 9-23 所示。

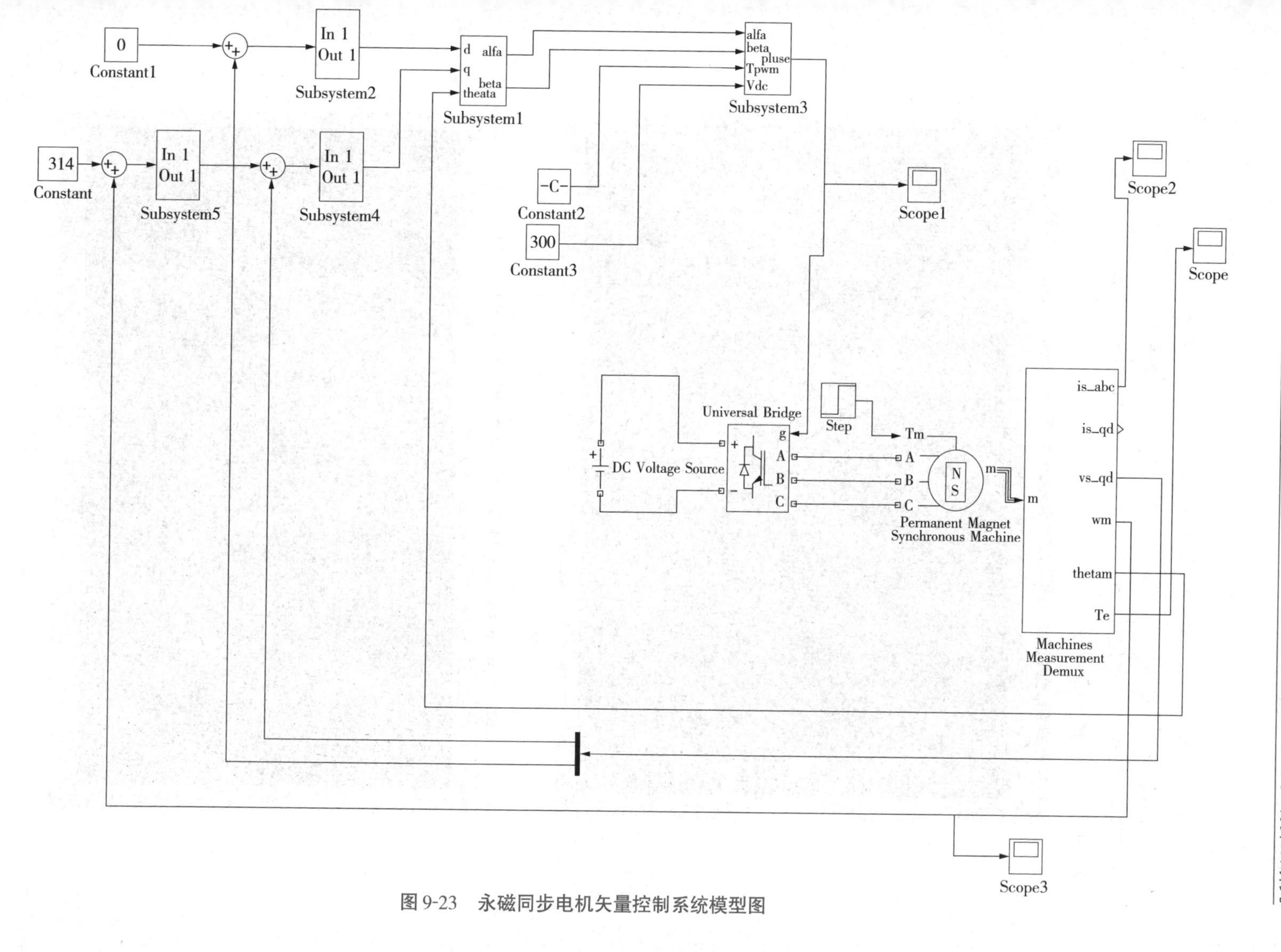

图 9-23　永磁同步电机矢量控制系统模型图

根据参数的调节,输入转矩 $\omega = 314\ \text{rad/s}$,$K_p = 20$,$K_i = 0.3$,三相逆变器为 IGBT,SVPWM 与逆变器的直流电源为 300 V,永磁同步电机电阻 $R = 2.875\ \Omega$,交直轴定子电感 $L_d(H)$、$L_q(H)$ 都为 0.008 5,电机转动惯量 $J = 0.000\ 8\ \text{kg}\cdot\text{m}^2$,电机极对数 $P = 4$,运用示波器观察,可得到永磁同步电机输出的三相电流波形、转速波形和转矩特性曲线,分别如图 9-24—图 9-26 所示。

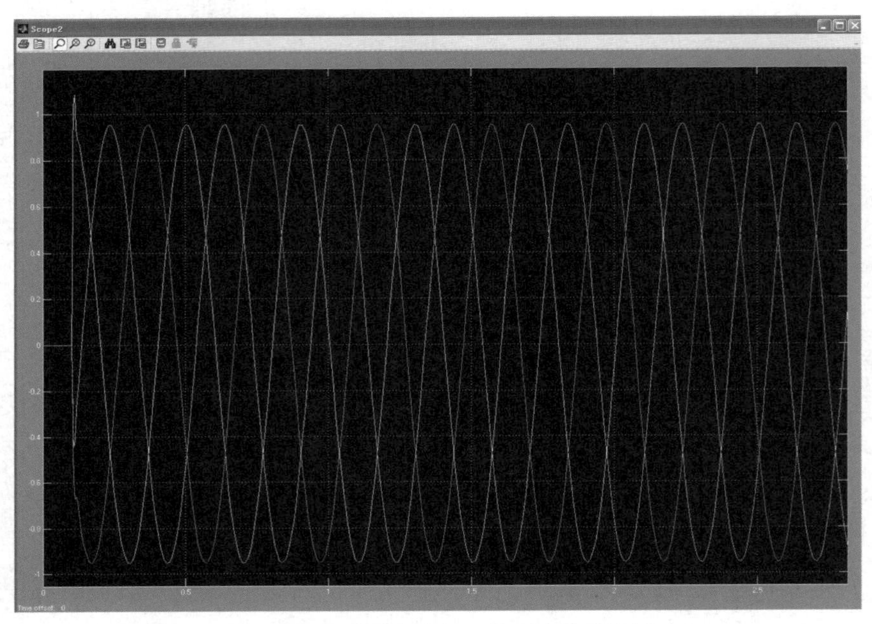

图 9-24　永磁同步电机三相电流输出波形

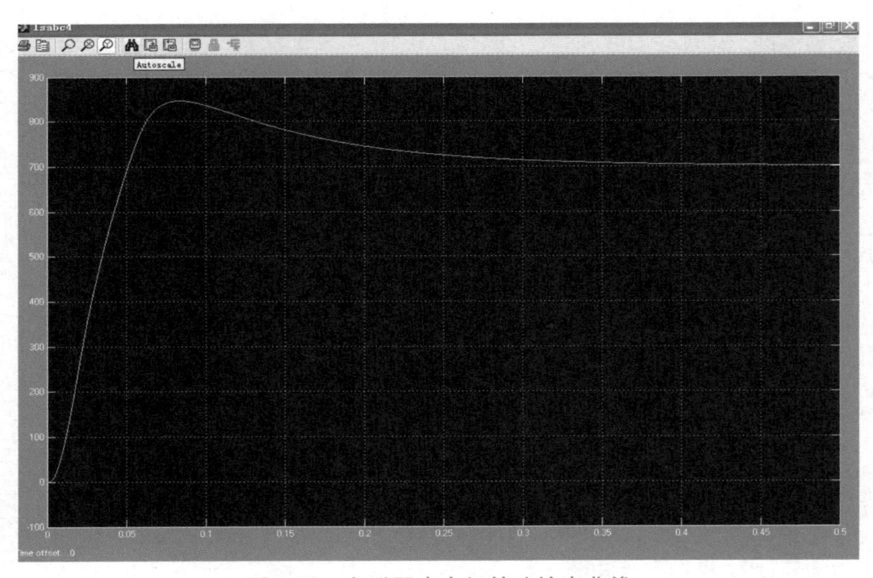

图 9-25　永磁同步电机转速输出曲线

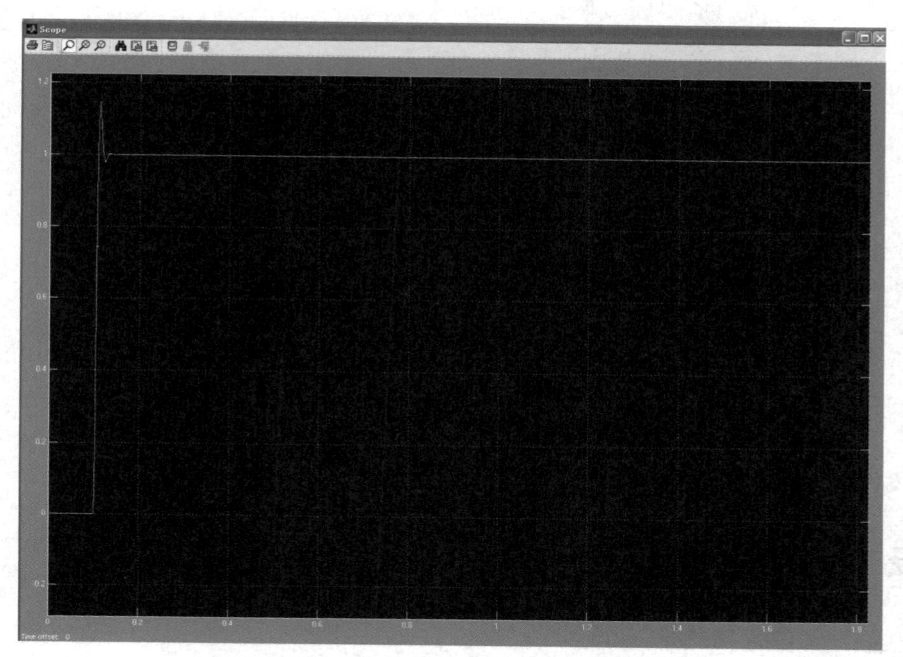

图 9-26　永磁同步电机转矩输出曲线

9.9　总　结

本章介绍了 Matlab/Simulink 软件及永磁同步电机的建模方法，在此基础上，根据永磁同步电机矢量控制框图，对各个模块进行了建模和仿真，搭建起整个永磁同步电机矢量控制系统的模型，并通过参数的调节，得到了较好的输入输出波形，验证了矢量控制的合理性。

附　录

附录Ⅰ　变速恒频变桨距风力发电机组主要参数

参数名称	数　值	参数名称	数　值
额定功率/MW	3	发电机转动惯量/（kg・f・m^2）	20
风轮直径/ m	106	塔筒的阻尼/(N・S・m^{-1})	500
桨叶个数	3	叶片的阻尼/(N・S・m^{-1})	100
桨叶长度/ m	47.5	塔的刚度	8×10^8
空气密度/(kg・m^{-3})	1.225	每个叶片的刚度	9×10^5
风轮转子额定转速/（r・min^{-1}）	18.5	齿轮传动比	80
额定风速/（m・s^{-1}）	12	桨距执行机构的时间常数 τ	0.2
切入风速/（m・s^{-1}）	4	阻转矩系数 c_1	1 000
切出风速/（m・s^{-1}）	25	阻转矩系数 c_2	1 000
风速廓线指数	0.25	阻转矩系数 c_3	100
轮毂高度/ m	100		
湍流相关长度/ m	200		
湍流强度	0.16		
塔和机舱的质量/ kg	60 000		
叶片的质量/ kg	12 000		
风轮转子转动惯量/（kg・f・m^2）	6 250 000		

附录Ⅱ　轴向诱导因子 *a* 和周向诱导因子 *b* 的迭代计算方法

第一步，设定轴向诱导因子 a 和周向诱导因子 b 的初值。

第二步，计算入流角 φ，$\varphi = \arctan \dfrac{(1-a)V_1}{(1+b)\Omega r}$。

第三步，计算攻角 α，$\alpha = \varphi - \beta$。

第四步，计算升力系数 C_l 和阻力系数 C_d。

第五步，计算法向力系数 C_n 和切向力系数 C_t。

$$C_n = C_l \cos \varphi + C_d \sin \varphi$$

$$C_t = C_l \sin \varphi - C_d \cos \varphi$$

第六步，计算新的轴向诱导因子 a 和周向诱导因子 b 的值。

$$\frac{a}{1-a} = \frac{\sigma C_n}{4 \sin^2 \varphi}$$

$$\frac{b}{1+b} = \frac{\sigma C_t}{4 \sin \varphi \cos \varphi}$$

第七步，分别计算新的轴向诱导因子 a 和周向诱导因子 b 的值与原来的 a、b 的差值，若误差小于设定的误差值，则认为求出了 a、b 的值，停止迭代；否则，用新的 a、b 值代替原来的 a、b 值，回到第二步继续。

参考文献

[1] 赵小平,薛惠锋,宋立强. 能源和环境与区域经济协调发展研究[J]. 环境保护科学,2014,40(1)57-60.

[2] Kumbaroğlu G S. Environmental taxation and economic effects: A computable general equilibrium analysis for Turkey[J]. Journal of Policy Modeling, 2003, 25(8): 795-810.

[3] 宋敏,刘学敏. 西北地区能源-环境-经济可持续发展预警研究:以陕西省为例[J]. 中国人口·资源与环境, 2012, 22(5): 133-138.

[4] Wang S J, Liu J, Ren L J, et al. The development and practices of Strategic Environmental Assessment in Shandong Province, China[J]. Environmental Impact Assessment Review, 2009, 29(6): 408-420.

[5] 徐维晖,孙广庆. 试从经济学的角度解释 2003 夏季"电荒"现象[J]. 东北水利水电, 2004, 22(1): 4-6.

[6] 刘振亚,张启平,董存,等. 通过特高压直流实现大型能源基地风、光、火电力大规模高效率安全外送研究[J]. 中国电机工程学报, 2014, 34(16): 2513-2522.

[7] 张文珺,喻炜. 中国风电建设的区域分布及其对风力发电水平的影响[J]. 经济问题探索, 2014(1): 77-84.

[8] 高峰. 风力发电机组建模与变桨距控制研究[D]. 北京:华北电力大学, 2009.

[9] 陈卿. 大型风力机组独立液压变桨距系统研究[D]. 长沙:中南大学, 2009.

[10] 商立峰,解百臣. 我国不同省份的风电发展趋势研究[J]. 可再生能源, 2014, 32(2)191-195.

[11] 窦真兰. 大型风机异步变桨技术的研究[D]. 上海:上海交通大学, 2013.

[12] Stotsky A, Egardt B. Individual pitch control of wind turbines: Model-based approach[J]. Proceedings of the Institution of Mechanical Engineers, Part Ⅰ: Journal of Systems and Control Engineering, 2013, 227(7): 602-609.

[13] Bossanyi E A, Fleming P A, Wright A D. Validation of individual pitch control by field

tests on two- and three-bladed wind turbines[J]. IEEE Transactions on Control Systems Technology, 2013, 21(4): 1067-1078.

[14] Dou Z, Shi G, Cao Y, et al. Individual pitch control for reducing wind turbine torque fluctuation[J]. Diangong Jishu Xuebao/Transactions of China Electrotechnical Society, 2014, 29(1): 236-245.

[15] 吴永忠,苏志勇. 关于风力机异步变桨的初步研究[J]. 应用能源技术, 2007(3): 39-41.

[16] 吴永忠,苏志勇,张丽娜. 风力机异步变桨的初步研究[J]. 节能, 2007, 26(5): 23-25.

[17] Hansen M O L. Aerodynamics of wind turbines[M]. 2nd ed. London: Earthscan, 2008.

[18] Hau E, von Renouard H. Wind Turbines: Fundamentals, Technologies, Application, Economics[M]. Berlin, Heidelberg: Springer Berlin Heidelberg, 2006.

[19] Camblong H, Nourdine S, Vechiu I, et al. Comparison of an island wind turbine collective and individual pitch LQG controllers designed to alleviate fatigue loads [J]. IET Renewable Power Generation, 2012, 6(4): 267.

[20] Hand M M, Balas M J. Blade load mitigation control design for a wind turbine operating in the path of vortices[J]. Wind Energy, 2007, 10(4): 339-355.

[21] Gao F. Individual pitch control of large-scale wind turbine based on load calculation [C]//Proceedings of the 10th World Congress on Intelligent Control and Automation. July 6-8, 2012, Beijing, China. IEEE, 2012: 3384-3388.

[22] Burton T, Sharpe D, Jenkins N, et al. Wind Energy Handbook[M]. Chichester, UK: John Wiley & Sons, Ltd, 2001.

[23] Braam H, Rademakers L, Holierhoek J. Determination of load cases and critical design variables[R]. Technical Report ECN-E-10-007, 2010.

[24] Xing Z X, Cui J, Jing Y J, et al. Use of independent pitch controllers to reduce load fluctuations caused by blade icing[C]//2012 15th International Conference on Electrical Machines and Systems (ICEMS). October 21-24, 2012, Sapporo, Japan. IEEE, 2013: 1-4.

[25] Trudnowski D, LeMieux D. Independent pitch control using rotor position feedback for wind-shear and gravity fatigue reduction in a wind turbine[C]//Proceedings of the 2002 American Control Conference (IEEE Cat. No. CH37301). May 8-10, 2002, Anchorage, AK, USA. IEEE, 2002, vol. 6: 4335-4340.

[26] Peeringa J. Comparison of extreme load extrapolations using measured and calculated

loads of a MW wind turbine[C]. European Wind Energy Conference, 2009:16-19.

[27] Qin B, Guo B S. Azimuth weight coefficient based independent variable pitch control strategy[C]//2013 Chinese Automation Congress. November 7-8, 2013, Changsha, China. IEEE, 2014:143-147.

[28] Eggers A, Digumarthi R, Chaney K. Wind shear and turbulence effects on rotor fatigue and loads control[C]//41st Aerospace Sciences Meeting and Exhibit. 06 January 2003-09 January 2003, Reno, Nevada. Reston, Virginia: AIAA, 2003:863.

[29] 霍志红,郑源,左潞. 风力发电机组控制[M]. 北京:中国水利水电出版社,2014.

[30] 张纯明. 大型风力发电机组独立变桨距控制策略研究[D]. 沈阳:沈阳工业大学,2011.

[31] 王哲. 大型风电机组变桨距控制策略研究[D]. 沈阳:沈阳工业大学,2010.

[32] 叶杭冶,潘东浩. 风电机组变速与变桨距控制过程中的动力学问题研究[J]. 太阳能学报,2007,28(12):1321-1328.

[33] 吴定会. 风能转换系统的分析、控制与优化方法研究[D]. 无锡:江南大学,2011.

[34] 吴卫珍. 基于分数阶微积分风力发电机变桨距控制方法研究[D]. 南京:南京林业大学,2010.

[35] Slootweg J G, Kling W L. Aggregated modelling of wind parks in power system dynamics simulations[C]//2003 IEEE Bologna Power Tech Conference Proceedings. June 23-26, 2003, Bologna, Italy. IEEE, 2004, Vol. 3:6.

[36] 姚红菊,赵斌. 变速恒频风电机组额定风速以上恒功率控制[J]. 能源与环境,2005(3):12-13.

[37] 孙涛,秦录芳. 风力机变桨距的模糊 PID 参数自整定控制[J]. 机床与液压,2011,39(10):121-123,130.

[38] 郭鹏. 模糊前馈与模糊 PID 结合的风力发电机组变桨距控制[J]. 中国电机工程学报,2010,30(8):123-128.

[39] Gao F, Xu D P, Lv Y G. Pitch-control for large-scale wind turbines based on feed forward fuzzy-PI [C]//2008 7th World Congress on Intelligent Control and Automation. June 25-27, 2008, Chongqing, China. IEEE, 2008:2277-2282.

[40] 任海军,何玉林. 风力机变桨系统单神经元自适应 PID 控制[J]. 动力工程学报,2011,31(1):22-26.

[41] 陈光宇. 基于神经网络 PID 的变速变桨距控制设计[J]. 制造业自动化,2010,32(9):85-87.

[42] 张天鸿,程利民,吴菘,等. 风电机组模糊自适应整定 PID 控制技术研究[J]. 控制工程,2014,21(S1):107-110,140.

[43] 宋新甫,梁波. 基于模糊自适应 PID 的风力发电系统变桨距控制[J]. 电力系统保护与控制,2009,37(16):50-53.

[44] 刘颖明. 永磁式直驱风电机组控制技术研究[D]. 沈阳:沈阳工业大学,2011.

[45] Yao X J, Liu Y M, Xing Z X, et al. Active vibration control strategy based on Expert PID pitch control of variable speed wind turbine[C]//2008 International Conference on Electrical Machines and Systems. October 17-20,2008, Wuhan. IEEE,2009:635-639.

[46] 范晓旭. 变速恒频风力发电机组建模、仿真及其协调优化控制[D]. 北京:华北电力大学,2010.

[47] 田艳丰,王哲,张纯明. 大型风电机组多变量 LQG 最优独立变桨距控制[J]. 太阳能学报,2012,33(11):2010-2015.

[48] 秦生升. 风电机组非线性最优变桨距控制器的设计[J]. 电气制造,2011(9):44-46.

[49] 白焰,范晓旭,吕跃刚,等. 大型风力发电机组动态最优控制策略研究[J]. 电力系统自动化,2010,34(12):90-94.

[50] Munteanu I, Cutululis N A, Bratcu A I, et al. Optimization of variable speed wind power systems based on a LQG approach[J]. Control Engineering Practice, 2005,13(7):903-912.

[51] Muhando E B, Senjyu T, Kinjo H, et al. Augmented LQG controller for enhancement of online dynamic performance for WTG system[J]. Renewable Energy,2008,33(8):1942-1952.

[52] 秦生升. 风力发电系统的变桨距控制策略研究[D]. 南京:南京理工大学,2009.

[53] Sakamoto R, Senjyu T, Kaneko T, et al. Output power leveling of wind turbine generator by pitch angle control using H∞ control[J]. Electrical Engineering in Japan, 2008,162(4):17-24.

[54] Athanasius G X, Zhu J G. Design of robust controller for wind turbines[C]//Proceedings of the 2009 Second International Conference on Emerging Trends in Engineering & Technology. New York: ACM, 2009:7-12.

[55] Lima M L, Silvino J L. H_∞ control for a variable speed adjustable pitch wind energy conversion system[J]. Proc of the IEEE Canadian Conf on Elec and Computer Engineering, 1999:556-561.

[56] Leith D J, Leithead W E. Implementation of wind turbine controllers[J]. International Journal of Control, 1997,66(3):349-380.

[57] Ruben P, Daniel S. Integer variable structure controllers for small wind energy systems

[J]. Proc of the IEEE Canadian Conf on Elec and Computer Engineering. 1999:1067-1072.

[58] De Battista H, Mantz R J. Sliding mode control of torque ripple in wind energy conversion systems with slip power recovery[C]//IECON,98. Proceedings of the 24th Annual Conference of the IEEE Industrial Electronics Society (Cat. No.98CH36200). August 31-September 4,1998, Aachen, Germany. IEEE,2002:651-656.

[59] 王东风,贾增周,孙剑,等. 变桨距风力发电系统的滑模变结构控制[J]. 华北电力大学学报(自然科学版),2008,35(1):1-3.

[60] De Battista H, Mantz R J, Christiansen C F. Dynamical sliding mode power control of wind driven induction generators[J]. IEEE Transactions on Energy Conversion, 2000,15(4):451-457.

[61] Johnson K, Fingersh L. Adaptive pitch control of variable-speed wind turbines [C]//45th AIAA Aerospace Sciences Meeting and Exhibit. 08 January 2007-11 January 2007, Reno, Nevada. Reston, Virginia: AIAA,2007:1023.

[62] Song Y D, Dhinakaran B,Bao X Y. Variable speed control of wind turbines using nonlinear and adaptive algorithms[J]. Journal of Wind Engineering and Industrial Aerodynamics,2000,85(3):293-308.

[63] 林勇刚. 大型风电机组变桨距控制技术研究[D]. 浙江:浙江大学,2005.

[64] Dadone A, Dambrosio L. Estimator based adaptive fuzzy logic control technique for a wind turbine-generator system[J]. Energy Conversion and Management, 2003,44(1):135-153.

[65] 姚兴佳,张雅楠,郭庆鼎,等. 分段模糊变桨距控制系统的设计与仿真[J]. 太阳能学报,2011,32(9):1288-1293.

[66] 孔屹刚,王志新. 大型风电机组模糊滑模鲁棒控制器设计与仿真[J]. 中国电机工程学报,2008,28(14):136-141.

[67] 韦徵,陈冉,陈家伟,等. 基于功率变化和模糊控制的风力发电机组变速变桨距控制[J]. 中国电机工程学报,2011,31(17):121-126.

[68] 何玉林,刘军,杜静,等. 大型风力发电机组变桨距控制技术研究[J]. 计算机仿真,2010,27(7):244-247,252.

[69] 许凌峰,徐大平,高峰,等. 基于神经网络的风力发电机组变桨距复合控制[J]. 华北电力大学学报(自然科学版),2009,36(1):28-34.

[70] Zhang J Z, Cheng M,Zhe C, et al. Pitch angle control for variable speed wind turbines[C]//2008 Third International Conference on Electric Utility Deregulation and Restructuring and Power Technologies. April 6-9,2008, Nanjing, China. IEEE,

2008:2691-2696.

[71] 王爽心,李朝霞,刘海瑞.基于小世界优化的变桨距风电机组神经网络预测控制[J].中国电机工程学报,2012,32(30):105-111.

[72] 房俊龙,付冬梅,赵庆峰.基于攻角权系数独立变桨距控制系统的研究[J].沈阳农业大学学报,2013,44(3):295-299.

[73] 姚兴佳,马晓岩,郭庆鼎,等.基于单神经元权系数的风电机组独立变桨控制[J].可再生能源,2010,28(3):19-23.

[74] 何玉林,黄帅,苏东旭,等.变速风力发电机组最大风能追踪与桨距控制[J].控制工程,2012,19(3):523-526.

[75] Gao F, Guo P. Individual pitch control of doubly-fed wind turbine generator based on blade element theory [C]//2012 24th Chinese Control and Decision Conference (CCDC). May 23-25,2012, Taiyuan, China. IEEE,2012:252-257.

[76] Gao F. Individual pitch control of large-scale wind turbine based on load calculation [C]//Proceedings of the 10th World Congress on Intelligent Control and Automation. July 6-8,2012, Beijing, China. IEEE,2012:3384-3388.

[77] 胡岩,刘玥,姚兴佳,等.兆瓦级风力发电机组多段权系数独立变桨控制[J].沈阳工业大学学报,2009,31(6):633-638.

[78] 姚兴佳,马佳,郭庆鼎,等.基于倾斜角权系数校正的风电机组变桨控制[J].电源学报,2012,10(1):54-59.

[79] Yang M, Gang X. Research on individual pitch control based on inflow angle [C]//2011 International Conference on Control, Automation and Systems Engineering (CASE). July 30-31,2011, Singapore. IEEE,2011:1-4.

[80] 邢钢,郭威.风力发电机组变桨距控制方法研究[J].农业工程学报,2008,24(5):181-186.

[81] Yao xing jia, Li H. Individual pitch regulation for wind turbine[J]. Advanced Materials Research,2011,383/384/385/386/387/388/389/390:4341-4345.

[82] Jelavić M,Petrović V,Perić N. Estimation based individual pitch control of wind turbine[J]. Automatika,2010,51(2):181-192.

[83] Hassan H M, ElShafei A L,Farag W A, et al. A robust LMI-based pitch controller for large wind turbines[J]. Renewable Energy,2012,44:63-71.

[84] Zhang Y Q, Chen Z,Cheng M, et al. Mitigation of fatigue loads using individual pitch control of wind turbines based on FAST[C]//2011 46th International Universities' Power Engineering Conference (UPEC). September 5-8,2011, Soest, Germany. VDE,2012:1-6.

[85] Hassan H M, Farag W A, Shawkey M, et al. Designing pitch controller for large wind turbines via LMI techniques[J]. Energy Procedia, 2011, 12:808-818.

[86] Bossanyi E A. Further load reductions with individual pitch control[J]. Wind Energy, 2005, 8(4):481-485.

[87] 姚兴佳,李缓,郭庆鼎,等.基于坐标变换的独立桨距调节技术[J].可再生能源,2010,28(5):19-22.

[88] 郑宇.基于神经元PID的风力发电机组独立变桨控制[J].水电能源科学,2012,30(2):151-154.

[89] 鲁效平,李伟,林勇刚.基于无模型自适应控制器的风力发电机载荷控制[J].农业机械学报,2011,42(2):109-114.

[90] 金鑫,巨文斌,何玉林,等.独立变桨控制对大功率风力发电机受载的影响[J].重庆大学学报,2014,37(4):1-7.

[91] 潘庭龙,马忠鑫,卢恩超,等.风力发电系统独立变桨距载荷优化控制研究[J].控制工程,2014,21(2):219-222.

[92] 邢作霞,陈雷,厉伟,等.减小塔影和风切变效应的变桨距控制方法研究[J].太阳能学报,2013,34(6):915-923.

[93] Li W, Sun hong li, Xing zuo xia, et al. The study of individual pitch control on reducing the load fluctuation of tower shadow[J]. Advanced Materials Research, 2011, 347/348/349/350/351/352/353:2260-2267.

[94] Kim J, Cho J, Choi H, et al. Control system of a MW-class wind turbine[C]//ICCAS. October 27-30, 2010, Gyeonggi-do, Korea (South). IEEE, 2010: 1062-1065.

[95] Engelen T. Design model and load reduction assessment for multi-rotational mode individual pitch control (higher harmonics control)[C]. European Wind Energy Conference, 2006:1-9.

[96] Engelen T G V, Hooft E L V D. Individual pitch control inventory[R]. ECN, 2005: 2-6.

[97] Selvam K, Kanev S, van Wingerden J W, et al. Feedback-feedforward individual pitch control for wind turbine load reduction[J]. International Journal of Robust and Nonlinear Control, 2009, 19(1):72-91.

[98] Kanev S, Engelen T G V. Exploring the limits in individual pitch control[C]. European Wind Energy Conference, 2009:1-10

[99] Sandquist F, Moe G, Anaya-Lara O. Individual pitch control of horizontal axis wind turbines[J]. Journal of Offshore Mechanics and Arctic Engineering, 2012, 134(3):1.

[100] Laks J, Pao L, Wright A. Combined feed-forward/feedback control of wind turbines to reduce blade flap bending moments[C]//47th AIAA Aerospace Sciences Meeting including The New Horizons Forum and Aerospace Exposition. 05 January 2009-08 January 2009, Orlando, Florida. Reston, Virginia: AIAA, 2009: 687.

[101] 邢作霞,陈雷,孙宏利,等. 独立变桨距控制策略研究[J]. 中国电机工程学报, 2011, 31(26): 131-138.

[102] Apkarian P, Noll D. Nonsmooth H_∞ synthesis[J]. IEEE Transactions on Automatic Control, 2006, 51(1): 71-86.

[103] Gahinet P, Apkarian P. Structured H_∞ synthesis in MATLAB[J]. IFAC Proceedings Volumes, 2011, 44(1): 1435-1440.

[104] van Solingen E, van Wingerden J W. Fixed-structure H_∞ control design for linear Individual Pitch Control of two-bladed wind turbines[C]//2014 American Control Conference. June 4-6, 2014, Portland, OR, USA. IEEE, 2014: 3748-3753.

[105] 秦生升,胡国文,顾春雷,等. 风力发电系统的恒功率非线性 H∞ 鲁棒控制[J]. 控制理论与应用, 2012, 29(5): 617-622.

[106] 曹九发,王同光,王珑. 柔性风力机的 H_∞ 鲁棒控制律设计及仿真[J]. 太阳能学报, 2014, 35(1): 94-100.

[107] Ozbay U, Zergeroglu E, Sivrioglu S. Adaptive backstepping control of variable speed wind turbines[J]. International Journal of Control, 2008, 81(6): 910-919.

[108] Song Y D, Dhinakaran B, Bao X Y. Variable speed control of wind turbines using nonlinear and adaptive algorithms[J]. Journal of Wind Engineering and Industrial Aerodynamics, 2000, 85(3): 293-308.

[109] Mancilla-David F, Ortega R. Adaptive passivity-based control for maximum power extraction of stand-alone windmill systems[J]. Control Engineering Practice, 2012, 20(2): 173-181.

[110] Sørensen K L. Nonlinear repetitive control of wind turbine[D]. Denmark: The Technical University of Denmark, 2013.

[111] 张纯明,姚兴佳. 基于风电机组 LPV 模型参考自适应独立变桨控制[J]. 沈阳工业大学学报, 2012, 34(6): 618-622.

[112] 金鑫,钟翔,何玉林,等. 独立变桨控制对大功率风力发电机振动影响[J]. 电力系统保护与控制, 2013, 41(8): 49-53.

[113] Xiao S, Yang G, Geng H. Individual pitch control design of wind turbines for load reduction using[C]//2013 IEEE ECCE Asia Downunder. June 3-6, 2013, Melbourne, VIC, Australia. IEEE, 2013: 227-232.

[114] Wang S Y, Xing G. Application of neural network technology in the individual pitch control system[C]//2011 International Conference on Control, Automation and Systems Engineering (CASE). July 30-31,2011, Singapore. IEEE,2011:1-4.

[115] 姚兴佳,马佳,郭庆鼎.基于模糊控制的风电机组独立变桨距控制[J].可再生能源,2011,29(6):34-38.

[116] 鲁效平,顾海港,林勇刚,等.基于独立变桨距技术的风力发电机组载荷控制研究[J].太阳能学报,2011,32(11):1591-1598.

[117] 张宏立,李贵彬.风力发电机多域物理建模方法及独立变桨模糊控制器优化研究[J].可再生能源,2013,31(9):44-48.

[118] Yao X J, Cao Y,Xing Z X, et al. Fuzzy individual pitch control based on distribution of azimuth angle weight coefficient[C]//2009 International Conference on Energy and Environment Technology. October 16-18,2009, Guilin, China. IEEE,2009:676-678.

[119] 贺德馨.风工程与工业空气动力学[M].北京:国防工业出版社,2006.

[120] 魏慧荣.风电场微观选址的数值模拟[D].北京:华北电力大学,2007.

[121] Dolan D S L, Lehn P W. Simulation model of wind turbine 3p torque oscillations due to wind shear and tower shadow[J]. IEEE Transactions on Energy Conversion,2006,21(3):717-724.

[122] Schmitz G. Theory and practice of wind farm optimal layout[D]. Jahrgang: Wissenschaftliche Zeitschrift University Rostock,1955.

[123] 王利兵,毛承雄,陆继明,等.基于反馈线性化原理的直驱风力发电机组控制系统设计[J].电工技术学报,2011,26(7):1-6.

[124] Delfino F, Pampararo F,Procopio R, et al. A feedback linearization control scheme for the integration of wind energy conversion systems into distribution grids[J]. IEEE Systems Journal,2012,6(1):85-93.

[125] 王伟,陈奇,纪志成.基于反馈线性化 PMSG 风力发电系统控制[J].系统仿真学报,2010,22(6):1397-1401.

[126] 肖劲松.风力发电机组的动态建模与鲁棒控制[D].北京:清华大学,1996.

[127] 卢强,梅生伟,孙元章.电力系统非线性控制[M].2 版.北京:清华大学出版社,2008.

[128] 郑大钟.线性系统理论[M].2 版.北京:清华大学出版社,2002.

[129] 侯忠生.非参数模型及其自适应控制理论[M].北京:科学出版社,1999.

[130] 郭鹏.模糊前馈与模糊 PID 结合的风力发电机组变桨距控制[J].中国电机工程学报,2010,30(8):123-128.

[131] 韦徵,陈冉,陈家伟,等.基于功率变化和模糊控制的风力发电机组变速变桨距控制[J].中国电机工程学报,2011,31(17):121-126.
[132] 姚兴佳,张雅楠,郭庆鼎.风力发电机组的多模变桨距控制[J].沈阳工业大学学报,2009,31(2):149-152.
[133] 姚兴佳,温和煦,邓英.变速恒频风力发电系统变桨距智能控制[J].沈阳工业大学学报,2008,30(2):159-162.
[134] 窦真兰,王晗,凌志斌,等.电动变桨距控制系统设计与实现[J].电力电子技术,2011,45(7):1-4.
[135] 秦斌,周浩,杜康,等.基于 RBF 网络的风电机组变桨距滑模控制[J].电工技术学报,2013,28(5):37-41.
[136] 何真,龚春英.变速风力发电机组的自适应滑模变桨距控制[J].计算机仿真,2013,30(6):121-124.
[137] 朱凯,齐乃明,秦昌茂. BTT 导弹的自适应滑模反演控制设计[J].宇航学报,2010,31(3):769-773.
[138] 孙棣华,崔明月,李永福.具有参数不确定性的轮式移动机器人自适应 backstepping 控制[J].控制理论与应用,2012,29(9):1198-1204.
[139] 缪志强,王耀南.基于径向小波神经网络的混沌系统鲁棒自适应反演控制[J].物理学报,2012,61(3):64-70.
[140] 郑剑飞,冯勇,郑雪梅,等.不确定非线性系统的自适应反演终端滑模控制[J].控制理论与应用,2009,26(4):410-414.
[141] 王芳,宗群,田栢苓,等.基于鲁棒自适应反步的可重复使用飞行器再入姿态控制[J].控制与决策,2014,29(1):12-18.
[142] 李树荣,马慧超.基于反步法的机械臂鲁棒自适应位置/力控制[J].中国石油大学学报(自然科学版),2014,38(1):172-176.
[143] 周衍柏.理论力学教程[M].3 版.北京:高等教育出版社,2009.
[144] Gregor E van Baars, Peter M M Bongers. Flexible wind turbine model validation [J]. Wind Engineering, 1991:1660-1661.
[145] 尹明,李庚银,张建成,等.直驱式永磁同步风力发电机组建模及其控制策略[J].电网技术,2007,31(15):61-65.
[146] 杨俊华,吴捷,杨金明,等.现代控制技术在风能转换系统中的应用[J].太阳能学报,2004,25(4):530-541.
[147] Barlas T K, van Kuik G A M. Review of state of the art in smart rotor control research for wind turbines[J]. Progress in Aerospace Sciences, 2010,46(1):1-27.
[148] 叶杭冶.风力发电机组的控制技术[M].北京:机械工业出版社,2006.

[149] 戴巨川,胡燕平,刘德顺,等.大型风电机组变桨距载荷计算与特性分析[J].中国科学:技术科学,2010,40(7):778-785.

[150] Dolan D S L, Lehn P W. Simulation model of wind turbine 3p torque oscillations due to wind shear and tower shadow[C]//2006 IEEE PES Power Systems Conference and Exposition. October 29-November 1,2006, Atlanta, GA, USA. IEEE, 2007: 2050-2057.

[151] 李少林,张兴,谢震,等.双馈风力发电系统3次功率脉动的研究[J].电网技术,2010,34(4):37-42.

[152] Bossanyi E A. Further load reductions with individual pitch control[J]. Wind Energy,2005,8(4):481-485.

[153] Wei T Z, Wang S B, Qi Z P. Design of supercapacitor based ride through system for wind turbine pitch systems[C]//2007 International Conference on Electrical Machines and Systems (ICEMS). October 8-11,2007, Seoul, Korea (South). IEEE, 2007:294-297.

[154] 宋聚明,苏彦民.基于精确建模下的永磁同步电动机(PMSM)最佳效率控制研究[J].电工电能新技术,2004,23(2):22-25.

[155] 薛丽英,齐蓉.六相永磁同步电机驱动系统的建模与仿真[J].电力系统及其自动化学报,2006,18(4):49-52.

[156] 贺凯,熊光煜.基于 Matlab 7.1/Simulink 的永磁直线同步电机的建模与仿真[J].电力学报,2007,22(4):450-453.

[157] 李秋菊,郭恒.空调用永磁同步电动机直接转矩控制的仿真建模研究[J].华电技术,2006,28(7):53-56.

[158] 汤新舟.永磁同步电机的矢量控制系统[D].杭州:浙江大学,2005.

[159] 张志强,夏立,马丰民.基于随机脉宽调制技术的感应电机矢量控制系统研究[J].海军工程大学学报,2005,17(6):90-94.

[160] 曾建安.永磁同步电机矢量控制研究[D].广州:广东工业大学,2005.

[161] Jahns T M, Soong W L. Pulsating torque minimization techniques for permanent magnet AC motor drives-a review[J]. IEEE Transactions on Industrial Electronics, 1996,43(2):321-330.

[162] Zhong L, Rahman M F, Hu W Y, et al. Analysis of direct torque control in permanent magnet synchronous motor drives[J]. IEEE Transactions on Power Electronics, 1997,12(3):528-536.

[163] 周渊深.交直流调速系统与 MATLAB 仿真[M].北京:中国电力出版社,2007.

[164] 陈伯时.电力拖动自动控制系统:运动控制系统[M].3版.北京:机械工业出版

社,2003.
[165] 李志民,张遇杰. 同步电动机调速系统[M]. 北京:机械工业出版社,1996.
[166] 李永东. 交流电机数字控制系统[M]. 北京:机械工业出版社,2002.
[167] 龚云飞,富历新. 基于 Matlab 的永磁同步电机矢量控制系统仿真研究[J]. 微电机,2007,40(2):33-36.
[168] Gu B G, Nam K. A vector control scheme for a PM linear synchronous motor in extended region[J]. IEEE Transactions on Industry Applications,2003,39(5):1280-1286.
[169] 肖春燕. 电压空间矢量脉宽调制技术的研究及其实现[D]. 南昌:南昌大学,2005.
[170] 赖重平. 永磁同步电机交流伺服控制系统的研究[D]. 成都:西南交通大学,2009.
[171] 李宁,刘启新. 电机自动控制系统[M]. 北京:机械工业出版社,2003.
[172] 李永东. 交流电机数字控制系统[M]. 北京:机械工业出版社,2002.
[173] 戴文进,李晖龄. 永磁同步电机直接转矩控制系统分析[J]. 微特电机,2001,29(5):10-11.
[174] 李季. 永磁同步电机矢量控制系统仿真[D]. 阜新:辽宁工程技术大学,2005.
[175] 刘风春,孙建忠,牟宪民. 电机与拖动 MATLAB 仿真与学习指导[M]. 北京:机械工业出版社,2008
[176] 陈国呈. PWM 变频调速及软开关电力变换技术[M]. 北京:机械工业出版社,2002.
[177] Pillay P, Krishnan R. Modeling, simulation, and analysis of permanent-magnet motor drives. I. The permanent-magnet synchronous motor drive[J]. IEEE Transactions on Industry Applications,1989,25(2):265-273.
[178] 刘金琨. 先进 PID 控制及其 MATLAB 仿真[M]. 北京:电子工业出版社,2003.
[179] 陶永华. 新型 PID 控制及其应用[M]. 2 版. 北京:机械工业出版社,2002.
[180] Utkin V. Variable structure systems with sliding modes[J]. IEEE Transactions on Automatic Control,1977,22(2):212-222.
[181] 李建超. 永磁同步电机直接转矩控制技术的研究[D]. 哈尔滨:哈尔滨工业大学,2007.
[182] 黄慧敏. 永磁同步电机控制方法建模与仿真研究[D]. 武汉:武汉理工大学,2007.
[183] 高景德,王祥珩,李发海. 交流电机及其系统的分析[M]. 北京:清华大学出版社,1993.

[184] 胡崇岳. 现代交流调速技术[M]. 北京:机械工业出版社, 1998.
[185] 马志源. 电力拖动控制系统[M]. 北京:科学出版社, 2004.
[186] Bowes S R, Lai Y S. The relationship between space-vector modulation and regular-sampled PWM[J]. IEEE Transactions on Industrial Electronics, 1997, 44(5): 670-679.
[187] 杨贵杰,孙力,崔乃政,等. 空间矢量脉宽调制方法的研究[J]. 中国电机工程学报, 2001, 21(5): 79-83.
[188] 李颖,朱伯立,张威. Simulink 动态系统建模与仿真基础[M]. 西安:西安电子科技大学出版社, 2004.
[189] 张春喜,廖文建,王佳子. 异步电机 SVPWM 矢量控制仿真分析[J]. 电机与控制学报, 2008, 12(2): 160-163.
[190] 王秀和,等. 永磁电机[M]. 北京:中国电力出版社, 2007.
[191] 龙文枫. 大功率永磁无刷直流电机控制技术的研究[D]. 武汉:华中科技大学, 2005.
[192] 康现伟,于克训,刘志华. 空间矢量脉宽调制仿真及其谐波分析[J]. 电气传动自动化, 2005, 27(1): 11-13.
[193] 陈先锋,舒志兵,赵英凯. 基于矢量控制的 PMSM 位置伺服系统电流滞环控制仿真分析[J]. 电气传动, 2006, 36(6): 19-22, 30.
[194] Guney Ⅰ, Oguz Y, Serteller F. Dynamic behaviour model of permanent magnet synchronous motor fed by PWM inverter and fuzzy logic controller for stator phase current, flux and torque control of PMSM[C]//IEMDC 2001. IEEE International Electric Machines and Drives Conference (Cat. No. 01EX485). June 17-20, 2001, Cambridge, MA, USA. IEEE, 2002: 479-485.
[195] Cheng K Y, Tzou Y Y. Fuzzy optimization techniques applied to the design of a digital PMSM servo drive[J]. IEEE Transactions on Power Electronics, 2004, 19(4): 1085-1099.
[196] 杨贵杰,孙力,崔乃政,等. 空间矢量脉宽调制方法的研究[J]. 中国电机工程学报, 2001, 21(5): 79-83.
[197] 季画. 永磁同步电机调速系统矢量控制的研究[D]. 南京:南京航空航天大学, 2004.